Ningchuan Tea Context

宁川茶脉

宁德市蕉城区茶业协会 编

中国农业出版社

图书在版编目（CIP）数据

宁川茶脉 / 宁德市蕉城区茶业协会编. —北京：
中国农业出版社, 2015.5
ISBN 978-7-109-20587-1

Ⅰ. ①宁… Ⅱ. ①宁… Ⅲ. ①茶叶-文化-宁德市
Ⅳ. ①TS971

中国版本图书馆CIP数据核字（2015）第122313号

中国农业出版社出版
（北京市朝阳区麦子店街18号楼）
（邮政编码 100125）
责任编辑　孙鸣凤

北京通州皇家印刷厂印刷　　新华书店北京发行所发行
2015年5月第1版　　2015年5月北京第1次印刷

开本：787mm × 1092mm　1/16　　印张：19.75
字数：400千字
定价：128.00元
（凡本版图书出现印刷、装订错误，请向出版社发行部调换）

《宁川茶脉》编委会

顾　　问：王世雄　毛祚松

总 策 划：黄少芳　郑贻雄　林校生

主　　任：张蕉生

副 主 任：钟荣辉　郑康麟

成　　员：甘　峰　陈玉海　吴洪新
黄明海　林　峰　黄钲平
陈言汣　宋　经　杨徐添
陈永怀　陈仕玲

主　　编：郑康麟

编　　者：林　峰　吴洪新　陈永怀
杨徐添　方文杰

图片提供：唐招增　郑承东　俞明寿
宋　经　林　峰　李建平
李怀涌　吴洪新　陈赞铃

校　　对：宋岸伟　陈言概　林慧清
游乐婷

序

看到《宁川茶脉》这本书，大有旧地重游之感。因为我早年对宁德县（现称蕉城区）的茶，做过深入研究。20世纪30年代，我正在闽东从事茶叶工作。当时，一到开春，福州百余号大茶庄，便进驻蕉城各村镇采购茶叶，这不能不引我的关注和兴趣。

蕉城区历史悠久，是闽省的产茶大县，历史可上溯到商周时代。神仙家以入世修行为本，戒酒戒色，对养性清心的茶情有独钟，由是独擅植茶、制茶、饮茶。据当地茶人介绍：商周时，神仙家霍童君执麈天山山麓，以清修著名；丹丘子居天山，借饮茶强身。南朝时陶弘景居天山，以茶为药。唐武后时，韩国僧人元表负《华严经》到天山那罗岩修行，也对“支提茶”大为嗜爱。宋代因人文昌盛、山峦秀异，水源澄澈，评为中国三十六洞天第一。蕉城唐代的“蜡面贡茶”，宋代的“支提佳茗”，元、明时期的朝廷贡品“芽茶”，极品众多。茶质之优良，制工之精致，均镌刻着时代印记，与深厚的历史渊源分不开。清代，三都澳福海关开放，蕉城天山茶远渡重洋，销往英国、美国、意大利等十余个国家，更加风光亮丽。

天山绿茶“香高、味浓、色翠、耐泡”，这四大特色，非一般地方茶所能企及。这是环境拒绝污染、选材摒弃粗劣、制作力求精细的综合结果，所以能数次摘下“全国名茶”桂冠。2003年，正值天山绿茶评为“全国名茶”二十周年，我题了“天山绿茶，香味独珍”，大家都说好，过后我总感不足概其全。2013年，“天山绿茶”被认定为中国驰名商标，2014年初“天山红”被注册为中国地理标志证明商标。这标志着蕉城区茶产业支柱的公共品牌开始了一次新的飞跃。那是蕉城茶应当享有的荣誉。

“天山绿茶”凝聚了蕉城区历任领导和几代茶人的心血，“天山红”又是新时代蕉城茶走向更宽广市场的里程碑，蕉城茶业薪火相传，宁川茶脉延绵不绝。读罢

茶界泰斗张天福先生（106岁）为《宁川茶脉》作序

《宁川茶脉》一书，颇识后辈茶人努力进取之心。其一，他们立足于乡土，数十年如一日，深入资源调查，证实天山山脉是中国茶树物种起源的同源“演化区域”；其二，深入历史发掘悠远绵长的茶脉，从商周、东汉一路“求索”而来，由茶种找茶人，由茶人寻茶行，由茶行觅茶事，继承、光大茶文化；其三，拓展海内外交流，特别是韩国《茶的世界》杂志发行人所撰之《考察元表法师的茶脉》一文，多角度、多方位揭示唐时高丽元表法师与支提茶的渊源，有助于把蕉城茶推向国际。

我非常赞赏他们的努力。蕉城（宁德县）茶历史文化有着深厚积淀，他们的努力定然要出成果。我由衷地祝愿他们在现有的基础上取得更大成功。

是为序。

張天福
2015.5.5.

Contents 目录

序

第三章　茶事茶人 … 133

第四章　茶档寻真 … 203

第五章　茶余佳话 … 259

第一章 茶韵千年

Ningchuan Tea Context

宁川茶脉

宁德县
茶历史文化概述

郑康麟　吴洪新　方文杰

宁德县（今宁德市蕉城区）产茶历史悠久，源远流长。早在旧石器时代，百越族先民于此生息、繁衍时就认识和接触了茶。宁德境内有中国道家三十六洞天中之“第一霍林洞天”；明万历皇帝敕赐为“天下第一山”的“震旦佛窟”支提寺；中国东南“海上茶叶之路”称誉的三都澳和福海关；优越的自然地理环境所孕育的野生古茶树群落（为中国茶树同源“演化区域”）；千年以来的种茶和制茶传统，有唐以来历代产制的名茶贡品、精美的茶具文物以及流传久远的民间茶俗风情。这一切，构成了一部古老而厚重的宁德县茶叶文化史。

独特的生态环境和野生茶

宁德县地处我国东南沿海，位于福建省东北部的东海之滨，东临世界著名的三都澳港湾，岸线曲折绵长；西靠鹫峰山脉，山谷深邃巍峨，丘陵盆谷错落，水系呈树枝状分布，水资源丰富。境内地貌基石以中生代的上白垩纪侏罗统和下白垩统石帽山火山岩和火山碎屑沉积岩为主，土壤以红壤、黄壤为主（占95.5%）。这里气候温和，降水量充沛，系中亚热带温湿海洋性气候，冬无严寒，夏无酷暑，年平均气温13.9~19.3℃，≥10℃活动积温4 092~6 362℃，年平均降水量1 616~2 143毫米，境内植被群落属亚热带常绿阔叶林，亦有部分混交林，具有生物多样性，森林覆盖率达66.1%以上。

独特的自然生态环境，使得这里成为中国茶树同源“演化区域”或“隔离分布”区域，到目前为止，已在域内发现10余处的野生大茶树群落。

姑娘坪野生茶。梅鹤村姑娘坪，系宁德县西部虎贝乡一处偏远的小山村。这里地处天山山脉西北部长岗山麓，离梅鹤村40余公里，海拔700~800米。其南部山峰海拔1 500米，东部山峰海拔1 334米，周边数十座千米高的山峰环绕，山麓间有霍童溪源头溪流，形成了适于针阔叶林树木生长的独特环境，造就了原始森林和野生大茶树群落。因为临溪，从先民伐木留下的遗迹看，野生茶树曾遭砍伐，但在这片古老的森林中仍生存着许多世代繁衍、大小不一的野生大茶树群落，其演变类型较多。

1979年10月在虎贝乡姑娘坪发现野生大茶树，初期发现地主要分布于门头厂、乌

姑娘坪野生大茶树（直径53厘米）

坑等处，后于2007—2009年经郑康麟、吴洪新、宋岸伟、陈言概和王明海等人四次进山深入考察调查，又发现大片野生大茶树群落，其中遗桩直径53厘米，遗桩上的次生主枝6个，其中最大直径13厘米，高5.3米，树幅5.2米。2010年12月，中国科学院昆明植物研究所杨世雄博士考察姑娘坪野生大茶树后，评价说："这是迄今华东地区发现最大的野生茶树"。

霍童大茶树。霍童大茶树位于霍童镇小坑村，在天山山脉北部霍童山麓，处于海拔1 000米的中山上。1960年6月，福建省农业科学院茶叶研究所郭元超研究员考察发现了单株生长、树高6.4米、直径19厘米的野生茶树，被命名为"霍童大茶树"，并入选1992年《福建茶树品种志》，这是茶叶科研部门首度在天山茶区观察记载的福建省境内最大的野生大茶树。

八都洋头野生茶群落。八都洋头野生茶群落位于今八都镇洋头行政村后约800米的森林中，南屏峰东南山腰，海拔500米左右。这里山林茂密，野生茶树单株散布于林中。1984年8月，发现有苦茶1号、苦茶2号、苦茶3号、苦茶4号。1994年福建农业大学詹梓金和周玉璠等又于大车坪发现两株野生茶树，称大车坪1号苦茶、大车坪2号苦茶，其中一株具有特殊香气。

此外，在蕉城域内，还发现了洋中天山野生茶遗址、霍童山西湾野生茶遗址、洪口库山野生茶遗址、霍童瓮窑顶野生茶遗址等。

十分优越的生态环境，为茶树的长期遗传繁育提供了优良的生态环境，经过历代茶农的培育，宁德县西部山区成为中国名茶"天山绿茶"的原产地。

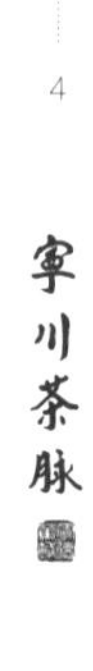

茶史源远流长

丰富的野生茶资源及其他草药资源，为远古的百越先民提供了治病强身的医药条件。古代百越人将“巫”“医”融为一体。由于霍童山一带百越人“巫”术闻名遐迩，一些方家术士前来探访修炼。东汉之后，一些著名道士前来采药、修炼，留下一些遗址与传说，有的在历史文献中也有记载。

最早的与茶有关的传说是商周丹丘子以茶健身的故事。中国当代著名茶叶专家、浙江大学庄晚芳教授所著《饮茶漫话》中记曰：“浙江余姚人卢洪，上山采茗，遇仙人丹丘子，获得大茗。”他又于《中国茶史散论》撰道：“我国古代传说中的丹丘子，是四千多年前圣君唐尧的儿子丹朱的后代，专以炼丹术长生的道士。”关于丹丘子和丹丘山的故事，不但在江浙民间相传，在宁德县一带民间也多有流传。南朝梁（502—557年）道教理论家陶弘景曾来到霍童修炼，也曾隐居宁德天山山麓（今洋中镇中和坪）的元禧观修炼。他在《杂录》中亦记载：“服苦茶轻身换骨，昔丹丘子、黄山君服之。”《闽县乡土志·版籍略》和《侯官县乡土志·版籍略》亦都记载，“东汉赵昞，东阳人，来闽，从徐登习为越巫，疗病。初家霍童，后人迁省。”徐登，是《东汉书》中确切记载的福建人。这也间接佐证了巫道当时盛行于吴越荆楚，有人（赵昞）不辞万里远涉来闽寻求学问，寻师习“越方、禁术”治病。在百越人的医术中，茶是不可缺少的一种重要草药。

到东汉时期，道教兴起，一些著名道士来到霍童山修炼，同时与茶结下了更深的渊源。名山出名道、名僧、名茶，名山促进了名茶的源起和发展。

横贯今霍童、九都、洋中、虎贝等乡镇的宁德县西部山区一带的崇山峻岭，古称“天老山”。据东汉刘向《列仙传》记，相传周时，有仙人名霍桐者，入山修炼，后得道于此，故将此山名为霍桐山。北宋初《太平寰宇记》记载：“天宝六年敕改为霍童山，亦曰游仙山。”宋开宝四年（971年），山中修建支提寺后，又称“支提山”。

据道家史籍以及地方志记载，早在秦时，已有青齐人氏韩众真人霍山修炼。汉代顺帝汉安元年（142年）张道陵倡导道教后，其宫观多建于名山胜境，道士们以种茶品饮为乐。那时道教求仙学道者，闻霍童山之美，相继入山修身养性。东汉末年，江苏句容人左慈、葛玄、郑思远、葛洪等著名道人，以及此后邓伯元、王玄甫、褚伯玉、司马承祯、白玉蟾（葛长庚）、程仙翁、周兴能等，先后来到霍童山修炼。

庄晚芳先生在《饮茶漫话》一书中写道：“浙江临海盖竹山有仙翁茶园，汉朝名士葛玄曾植茗于此。”东汉名士葛玄等道家、炼丹家、医学家，不仅云游于江苏、浙江等名山，还长期驻足于天下三十六洞天中的第一洞天——福建宁德县霍童山。葛玄的修炼遗址和“葛仙山”的名称，在宁德县同样出现，《宁德县志》等史籍均有记载。据乾隆《宁德县志》记载，在古时的十二都、二十都（即天山山脉北部的霍童山至天山西北的虎贝第一高山），至今仍有葛仙岩、葛仙峰、沙帽山、浴剑泉（葛洪磨剑之处）、葛陂龙湫等山和泉的遗址。

葛仙岩

陆游

自东汉著名道教思想家、炼丹家、医学家左慈、葛玄之后，历代道家，多居此山种茶、炼丹、制药。两晋时期，中原文化较大规模地传入闽东，一些著名道士也在霍童山一带留下了足迹。

据一些道教典籍以及《三山志》《宁德县志》《支提寺志》等古籍记载，晋朝时，有道教理论家、医学家、化学家葛玄之孙葛洪（284—364）在此修炼、制茶。吴都著名道士邓伯元，与沛国王元甫（即玄甫）学道霍童山，“……兴宁三年（365年）正月五日，同元甫白日飞升”；王元甫与其师邓伯元亦在三都笔架山（五马峰，今蕉城区三都镇）“驻锡”炼丹，今仍遗有丹炉、石杵和泉石等古迹。最为著名的是号称“山中宰相”的道教理论家陶弘景（456—536），曾率弟子来霍童山修炼，也曾隐居宁德天山山麓的洋中中和坪的元禧观怡云堂（该址今存）。施舟人教授在《第一洞天》中提到：“《太上灵宝五符序》保存了较多中国南方闽浙地区的古老文化，其中尤为重要的是有关霍林仙人及其隐于浙江东部劳盛山的弟子乐子长的传说，以及霍林仙人传授的各种草药和药方。该书‘灵宝要诀’说：道士入山采药，采八石灵芝合丹液，及隐身林岫，以却众精，诸无灵宝五符者，神药沈匿，八石隐形，芝英藏光。霍林仙人的‘五符’是帮助道士们上山找药，特别是灵芝。书中有一‘灵宝黄精方’，黄精也被称为‘太阳之精，入口使人长生’。”今人考证，这些草药和药书中无疑包括了当地所产的野生苦茶。施舟人教授还提到：“僻在闽东的霍童山和它的自然环境一直没有发生多大的变化，而且它生产的‘五芝’还是一样的宝贵。从这一角度看，我们今天还可以承认它是‘天下第一洞天’。”

道教说茶是“仙草”“草中英”，栽茶品茗，摘茶、采药、炼丹，是道士们平日的常事和乐事。这些道家方士来到霍童山修炼，使得原产于此地的茶被制作、提炼和推广，可以说，道教名山的兴起促进了“天老山”茶区名茶的发展和传播。

中原文明传入福建闽东之后，推动了茶的饮用、制作以及在民间的推广。尤其唐末之后，中原文化在福建成为主流，茶的文化更加成熟。这其中，佛教的兴起，也起到了关键的作用。

到唐代，随着佛教的盛行，在庙宇、道观、风景胜地等已多有栽培茶树。宁德县西乡（今洋中、石后、虎贝及支提山）一带的天山茶区，大量垦植茶园。

唐天宝年间，高丽僧人元表隐居于霍童山那罗延石窟。史书载其“饮木食”，经后人考证，“木食”也包括了茶。后来，元表法师回到朝鲜半岛，将霍童支提山的茶及制茶方法带到新罗迦智山宝林寺，“传为天冠茶”。元表法师遂成中国闽东茶到韩国的传播者。

据《福建名茶·天山绿茶》载，“西乡天山产茶历史悠久”。相传，在唐代末期，有一批随闽王王审知从河南光州入闽到天山山麓定居的先民，他们带来了古代中原先进的茶叶产制技艺和农业生产、水利等技术，经与当地原有的种茶技术相结合，产制出的贡茶、礼茶，品质优异。宁德县很早就产制“乌茶”（即红茶），据修至清朝光绪年间的《石堂黄氏家谱》记载：“自同治至今（光绪十八年）栽茶大盛，谷雨至立夏撮做乌者，用日晡成干，以运闽省售卖洋人，以通番国价好……”

据宋代福州知州梁克家主修的《三山志》记载：宋代，朝廷额定宁德职官六员，即知县一员，县丞一员，主簿一员，县尉一员，巡检一员[①]，监商税务一员[②]，区区六员秩官，就有一员专司巡检巡抓私茶盐矾；“宁德县设城都务、临河务、号里、外茶盐税务，专置监务官，并从徽宗政和八年（1118年）定县务。临河务设水漈里长境渡口（今八都铜镜村），巡查、征茶盐税……县故有拦脚巡税”。又据《三山志》和《洋中村志》记载：“天山茶”是当时宁德县西乡的主要特产之一，茶叶交易主要在西乡中心地点的洋中村进行。宋初规定官给园（茶）户本钱，茶叶交易专卖；仁宗天圣时（1023—1032年）停止官给本钱，任商人与园户自相交易，由商人向官输“息钱”，由此使洋中村的墟市发展壮大并市场化。每年清明节后开始，有茶商贩收购毛茶，袋装成包运往县城或福州；徽宗崇宁元年（1102年）行“茶引法”，商人交纳茶价和税款领“引”，凭“引”卖茶，运销数量、地点都有限制，是政府统制下商人专利的办法。卫王祥兴二年（1279年），在洋中村增设巡检一名，加强市场管理和报税收税，因为茶叶是西乡的主要税源。由此可见，在当时，茶叶的生产与销售已经成了历代官府特别重视的重要产业。

宋代以来，宁德文人在吟诵宁德名川、寺庙的诗赋中多有记“茶”“茗”之句。

---

① 宋初，设寨三屿。元丰元年（1078年）徙三都蛇崎山，因水界福宁、福安，故名三县寨；巡检“衔带长溪、宁德巡检，巡捉私茶盐矾”（号称两县巡检）。
② 徽宗政和八年（1118年）后由县官兼监。

定泉井

宋乾道元年（1165年），阮元龄（宁德县人）在《悫旱魃文》中有“啖茶不足以拟其苦”的记载。宋淳熙十一年（1184年），进士周牧（宁德洋中人）有“烹茶”的诗话。宋代大诗人陆游于绍兴二十八年（1158年）任宁德县主簿，其《定泉井》诗中有“惠山之泉甘如饴，但随茗碗争新奇”等名泉泡茶品饮的述句。定泉井，位于宁德城西灵溪寺右。

到了明代，宁德县天山茶区所产茶不仅质优，而且有了相当的规模。

明洪武二十七年（1394年），进士林保童（宁德一都人）曾在浙江历史著名茶区湖州长兴任知县，其描写家乡“宁川八景”的《茶园晓霁》是对产制“雀舌”茶、“龙团”茶和名茶品质的生动写照，他写道：“雀舌露晞金点翠”，“龙团火活玉生香”，“品归陆谱（指陆羽《茶经》）英华美，歌入庐咽兴味长”，等等，足证那时宁德茶区已普遍建立有茶园并产制多品类茶。

明代，宁德县的茶区不断扩大，西乡一带已遍植茶树。据万历《宁德县志》载：“于今西乡……其地山陂洎附近民居旷地遍植茶树，高冈之上多培修竹。计茶所收，有春夏二季，年获利不让桑麻。”可见当时茶叶已成为当地村庄主要的经济作物，且

其收入“年获利不让桑麻”。

这个时期关于“茶”的诗赋也更多了。明成化元年（1465年），陈宇在大应庄观光之余写有：“风引清烟新茗熟，径堆香雪落花增。”明弘治十一年（1498年），举人龚道于三元道院进香供佛中留有“看竹未遑重拾草，焚香初罢更烹茶”句。背山面海的六都中峰寺建于1591年，《宁德县志》曰：“其峰高接云霄，产茶甚美。”

自北宋初肇建支提寺之后，霍童山已被称为“支提山”，并随着佛教的影响声名远播。其山方圆百里，层峦叠嶂，四周环拱，状似千叶莲花。曾被明永乐皇帝钦赐为“天下第一山”。支提名山与名茶结下了不解之缘，“支提茶”也扬名四海。

明万历辛卯年（1591年）编纂的《宁德县志》记载：“茶——西路各乡多有，支提尤佳。”明广西右布政司、长乐人谢肇淛在《长溪琐语》（1609）中写道：“环长溪百里诸山，皆产茗，山丁僧俗，半衣食焉。支提、太姥无论。”他还在《五杂俎·物部》中写道：“闽方山、太姥、支提俱产佳茗”，进一步阐明支提“产佳茗”。

清代，支提山所产茶叶更负盛名，茶品冠闽东，名扬八闽，为许多名士所称颂。

支提山

福海关邮戳

支提茶“为最”之载屡见于文献。乾隆二十七年（1762年），郡守李拔纂《福宁府志·物产》亦记云：“茶，郡治俱有，佳者福鼎白琳、福安松萝，以宁德支提为最。”光绪丙戌（1886年），郭柏苍《闽产录异卷一·货属·茶》中亦赞曰：“福鼎白琳、福安松萝，以宁德支提为最。”足证，明清间，支提茶不仅成为天山名茶的上品之一，而且名列闽东三大茶区榜首。在清代，宁德县的茶经常出现于文人笔下，其生产、经营也引起了官家的重视。明崇祯十年（1630年）陈克勤（后任南京镇江府金坛县知县）撰茶叶专著《茗林》一卷，分别收藏于福州徐𤊹的《徐氏家藏书目》和清安黄虞稷《千顷堂书目》中。

康熙八年（1669年），宁德县文士徐启元所撰《秋怀三十咏》中有“煮茗长披陆羽经”。

释通质撰《游碧支岩》云“茶罢欲归去”。

顺治十一年（1654年），周亮工《闽小纪》中有“支提新茗出”之叙。

乾隆四十年（1775年），叶开树《采茶曲》对茶叶采制有生动咏述。

为保护“支提禅林所产茶芽”，康熙四年（1665年）六月十六日，福建右路福宁镇标右营游击高满敖奉太子太保、福建省总督李率泰令牌，在支提寺张榜禁谕：“……近闻文武各官及棍徒影射营头名色，短价勒买，或贩卖觅利，或派取以馈，遗所产之茶不足以供，溪壑络绎，骚害混扰清规，殊可痛恨，除出示严禁外，合行申饬”；康熙五年五月，福建巡抚许世昌，为禁止文武各官、兵役、地棍勒买支提山茶，私索茶税事禁谕张榜；康熙八年三月二十日，钦差福建督理粮饷道带管清军驿传盐法道布政使司参议李，为严禁“本省地方游棍串冒兵役，假藉当行垄断，借端助税勒抽，及沿途守隘兵役借端私索”支提禅林茶税张榜告示；康熙十年正月二十日，总镇福建延建等处地方、驻扎福宁州右都督吴万福，为支提山茶树因虫害无收，严禁地棍兵役擅进山寺买茶索勒事禁谕张榜。

从上列史实，可见西部山区及支提山周边所产茶叶品色之优，在当时名气之大，它们自然也成了日后宁德县各茶行的首选。

清代中叶，福建花茶兴起，需要大量绿茶作为窨制花茶的茶坯原料，宁德县天山茶区产制的绿茶品质优异，叶张肥厚，茶香独特，且具有很强的吸香能力，制出花茶，特别浓郁芬芳，故成为福州、宁德许多茶行窨制花茶的高级原料。清代咸丰、同治年间，茶树已遍布县域内，茶叶为宁德县主要物产之一。

民国全木制手推揉捻机

清同治八年（1869年），卞宝第在《闽峤輶轩录》一文中载：“宁德县……物产茶、纸、粗瓷。”

清光绪二十五年（1899年），三都澳“福海关”开关，海上运输更加便捷，天山绿茶成为我国北方绿茶市场的茶品主要来源地之一，并出口世界各国。从清后期至民国间，省内外、国内外客商络绎不绝地到天山茶区采购天山绿茶。这大大促进了天山绿茶的生产，更促使天山绿茶盛名远播，名扬四海。据福海关署税务司英人F.W.Carey《中华民国七年三都澳口华洋贸易情形论略》（1919年2月20日）载：“本处所产之茶[①]，中国北方一带颇畅销。此亦本埠商务一要点也。”

1940年，福建省《民政月刊统计副刊·福建产茶种类之研究》云：“宁德（县）所产之清水绿、炒绿，水色均佳，条子美观，极易窨花，唯微带土味，以天山所产为上，九仙次之，高山再次之。”再据《闽东茶树栽培技术》记载道：“炒绿和清水绿：……自从红茶兴起之后，茶区大多改制红茶，仅罗源、宁德二县至今仍保持为这种茶类的主要产区。产于宁德天山茶区的，品质最佳，特称为‘天山绿茶’，素有名茶之誉。”该书在介绍茶区、茶类的划分时记曰：“绿茶区：有宁德、罗源二县，年产量59 741担[②]，占全省绿茶产量78.66%，其中宁德天山一带所产的，称‘天山绿茶’，品质较佳。”

由于天山茶区的茶叶品质优良，加上制作的考究与技术精湛，所产茶品质量达到贡品的水准。

唐代贡“蜡面茶”。自唐代以来，天山茶区已有产制贡茶、礼茶，至唐朝已产制团饼茶贡品——“蜡面”贡茶。据《三山志》引《唐书·地理志》记载，福州在唐时“贡蜡面茶”，此后，建阳一带所产茶也成为贡品，名“北苑”贡茶。在建阳所产贡茶之前，宁德县天山茶区已能生产“蜡面”贡茶。《唐书·地理志》载：“福州贡蜡

① “本处所产之茶”指宁德县“天山绿茶”。
② 担为非法定计量单位，1担=50千克。下同。——编者注

面茶。盖建茶未产以前也。今古田、长溪近建宁界亦能采造，然气味不及。”文中所述“今古田、长溪近建宁界（‘建宁’即今建阳一带）”的三地毗邻地区，正是宁德县西部天山茶区。

宋至清贡“芽茶”。宋代后，朝廷废团饼贡茶，遂以绿茶散茶为贡品。宋、明、清时期，宁德天山茶区产制的“芽茶”“茶叶”为常贡品。宋代周绛撰写的《补茶经》一文中记道：“芽茶只作早茶，驰奉乘尝之可矣。如一旗一枪，可谓奇茶也。”据清乾隆四十六年修《宁德县志·赋役志》记载：“常贡：……芽茶、茶叶……”当时，天山茶区所产制的“芽茶”，是以早春幼嫩鲜叶制成的早茶，急驰送往京城，供皇帝品尝。

茶文化遗址

有关茶以及茶文化的遗址，遍布宁德全县。其中包括分布于如今盛产茶的地域内的史前人类定居遗址，一些分布于茶区内早期道教、佛教的遗址，以及分布于全县各处与茶文化相关的茶具、茶行、贸易商行的印迹履痕。

在天山山脉周围茶区发掘有旧石器、新石器时代的遗址多处。如芦坪岗遗址、瓦窑岗遗址、虎龙岩遗址、棋盘顶遗址、狮子岩遗址、猫头山遗址等。还有约在商周时期天山西部的丹丘子文化遗址，至今仍有“丹丘山”“丹丘洋”“丹丘田”等民间传说。

位于天山山脉北部的霍童山，是中国道教文化的重要遗址。唐代道教名家司马承祯（647—735）曾在此修炼，他的《天地宫府图》中曰：“三十六洞天中之第一霍桐，又名霍林洞天”。东汉以来，中国“丹鼎”派道家先后到霍童山植茶、炼丹、制药，在许多山峰岩洞或道观留下足迹，遗下丹灶、石臼、泉眼等“仙迹”。如霍林洞（霍童）、葛仙峰（虎贝乡）、葛仙岩（霍童）、笔架山（三都）、大童峰、小童峰（霍童）；又如鹤林宫遗址（霍童）、棋峰观遗址（洋中）、元禧观遗址（洋中）等。

宁德县天山茶的名气远播，与佛教关系密切。唐代佛教兴起后，许多寺庙多有种茶，以茶叶祀神、敬客、品饮，将当地茶叶的名称演变为“支提茶”。遍布于全县的百余座寺庙，为后人留下了丰富的佛教文化和茶文化。较为著名的寺庙如支提寺、金邶寺、安仁寺等，都流传下一些高僧大德或文人雅士关于品茗饮茶的诗篇。

早在宋代时期，随着茶业的兴盛，宁德县境内特别是沿海地带，兴起了一批瓷业制造作坊，其中有些是精美的茶具。宁德全县至今发现的宋窑达6处，在闽东亦属少见。

据黄幼声等人《城澳岛瓷业史探》一文记载，宁德县三都澳之滨，早在宋代就已生产当时名贵的茶具——黑釉兔毫茶盏和青花瓷碗等。其后历代，这里产制饮具的制瓷业非常发达，并输往中外。其中规模较大的有宋代兔毫盏窑址、宋代青瓷窑址。

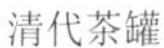

清代茶罐

鹤林宫

鹤林宫是福建省最早的道教宫观，始建于梁大通二年（528年），明嘉靖十三年（1535年）为洪水荡折，重建于2007年8月

据出土文物发现，宁德县三都澳畔的飞鸾一带，宋窑遗址有5处之多，包括麦房溪、包厝里、牛栏岩、亭里、城澳等，其中又以麦房溪窑址最具代表性。飞鸾古称“飞泉渡”，麦房溪窑址在今飞鸾镇政府旁，位于飞鸾村北约0.5公里的山坡上，当时正位于飞泉古渡之畔。该窑遗址占地面积700平方米，堆积层厚约6米，有匣钵片、垫片、青花瓷碗片和黑釉兔毫盏片。几次发掘，都出土一两个完整无缺的黑釉兔毫茶盏。包厝里窑亦见大量的兔毫盏片堆积，现海军驻军营房区内还有牛栏岩窑。以上三窑相距甚近，宋代这里是窑群。

北宋青窑，即碗窑村附近的亭里窑。早在建阳开始烧制兔毫盏的同时，亭里窑已烧制青瓷。亭里古窑址在碗窑村后的大岭头，由3个小山包组成，现仍可见到7个透窑，面积约500平方米，堆积层6米。考古发现，今仍有大量青瓷片、碗、碟、盘碎片，现存窑孔内还有一沓沓碗坯。这里是城澳半岛最早的制瓷窑址。

北宋元祐八年（1092年），“移官营飞泉渡于焦门颊（今礁头渡）”，大岭头成了由陆路转水道的重要通道，促进了古瓷制造业向渡口转移，这表明，当时宁德县青瓷制造有相当部分是供出口所需。

近代以来，随着宁德县对外交流的扩大，作为本地主要的物产，质优价廉的茶叶，越来越成为对外输出的重要商品。

自清光绪二十四年（1898年）五月八日成立“福海关”，至新中国成立之前，宁德县三都澳是近代长达半个世纪我国东南方的著名茶叶对外通商口岸。在一些年份，三都澳茶叶出口数量、货值和茶税等比重构成，不亚于上海、广州、汉口等中国名港

民国时期宁德县茶行与茶山分布图

开埠前期的贸易情况，在国内外茶叶贸易中，都占有相当重要的地位。

三都澳福海关成立次年（即1899年），茶叶输出量占全国出口茶叶总量163万担的5.5%，以后逐步发展。第一次世界大战后，1918—1932年，占13.8%；1933—1949年，占到30.1%。

抗日战争期间，福州、上海、汉口等三大茶市海口被封锁，1938年6月7日民国政府财政部颁布了第一次战时实行统制的《管理全国茶叶办法大纲》，由贸易委员会主办茶叶对外出口贸易，茶叶市场移至香港。此时，三都澳港口将福建等地的大量茶叶输出到香港转口，直至1949年，该港茶叶通商量约占全国四分之一强，即27.3%左右。

三都澳的茶叶等货物还直接或间接地与世界数十个国家进行交流。

据《闽东四十年》一文载："1899年，三都澳辟为对外通商口岸，英、美、意、俄、日、荷兰、瑞典、葡萄牙等十三个国家的二十一个公司在三都澳设立子公司或商行。闽东的茶叶……等货物，从这里漂洋过海，进入欧美市场，'美孚'、'德士古'煤油和其他洋货也通过这个口岸，相继流往闽东、闽北、浙南等地。"

三都澳茶叶出口贸易的兴盛，带动了宁德县域内茶业生产和贸易的兴旺。民国时期，全县范围内兴起大小数百家"茶庄"，至今仍有迹可觅。其中主要有：

京帮"全祥"茶庄。清同治六年（1867年），山东"京帮"谢姓茶商于天山绿茶原产地之一的洋中章后村鞠多岭头路口建立了"全祥"茶庄，至今仍可见其墙基。

"一团春"茶行。清末，宁德县城关富绅林廷伸设立"一团春"茶行，其遗址在宁德县城区镜台山麓碧山村的可园，即今宁德市邮电局的办公楼和宿舍。址内如今仍留有数株当时种植的用于窨制花茶的白玉兰树。

铁砂溪"如意茶行"。清光绪二十六年（1900年），宁德县西乡洋中的洋中街周洪烈等于金涵乡濂坑村铁砂溪埠头开设"如意茶行"，专营"天山绿茶"中转出口。

“一团春茶行”林廷伸等于西山路邮政公寓（原称“聘直花坪”）种植的白玉兰

古茶壶

由于20世纪70年代西陂塘围垦，该码头成为内陆，如今茶行遗址也已难寻觅。

洋中“同泰店”。民国初年，天山山麓的宁德西乡洋中村成为天山绿茶集散中心，兴办起许多茶庄。其中，由周洪意、周伏增、周吉朝、周苦营、周玉坎等7户联办的“同泰店”，经营天山绿茶大桩生意，是当时宁德西乡闻名的大茶庄。其店址坐落于洋中街头下岭路交叉路口，后由于抗日战争影响而破落。新中国成立后，同泰店址成为洋中供销合作社的百货店、邮电所等。

猴盾“雷氏”茶庄。清同治十三年（1874年），宁德县八都狮子山下畲族山村——猴盾村的雷志波将自家房屋前半部开敞为“雷震昌”茶庄，经营茶叶，经由三都澳出口。该村还有“雷泰盛”“雷成学”等茶庄，抗日战争后三家并为一家，称“合茗珍”茶庄。

茶俗风情

宁德县产茶历史悠久，因而流传了十分广泛的饮茶、用茶习俗。在产茶区，户户种茶、人人饮茶。人们种茶，制茶，除了作为礼品、商品，家中均存茶叶，供自家饮用、待客、送客、祭祀、婚丧、祛病等俗用。风俗中，以饮茶、敬茶、祭祀、为药最为常见，而在婚丧嫁娶等红白大事及寺院茶礼中，茶更是充当了重要的角色。

饮茶。自古，城乡民众均有饮茶、品茶的习惯，每当清晨、夜晚或工暇时间，

蕉城区漳湾镇南埕村南埕陈宗祠藏清同治年间紫砂茶具

古老的支提寺僧人节“普茶”

人们多有冲茶品饮之习。农民、工人在田间或场间劳动、生产，均用陶瓷罐壶、锡茶壶或竹筒装茶水备渴。一些产茶区的贫苦人家，因为常年缺菜肴配饭，常以茶水当汤送饭。

敬茶。茶区各地自古“以茶敬客”，是传统的民间礼俗。民谚云：“过厝就是客，茶烟没分家。”宾客临门，必定是先茶后点心、饭，故有“茶哥米弟”之称。有客来家，家庭主妇手托茶盘奉上一杯香茗，以示对客人的尊重、亲和。对贵宾稀客登门，还敬之于“糖茶”，更表礼敬。客人临走时还要送一包山茶“做手信”，又称“做面前”。明、清时，儒生进学、升迁等均要岁办“茶饼”。

祭祀。民间常以茶作为祀天祭祖的供品，逢年过节，茶在祭祀中更是常品。如天山山麓的洋中村，每年春节、端午节、七月初一、七月十四烧纸、七月十五日兰盘节、十二月二十四日请灶神、十二月三十日除夕等节日，都得用“三茶六酒”祭祀，告慰神灵、祖先，庇佑平安，寄托未来。十二月二十四日祭灶供“送神茶”，除夕春节供“茶米水”，正月初一人人要喝“做年糖茶”，到别人家拜年要喝“冰糖茶”，象征一年到头口甜心甜。有的山区还用红枣、橘皮丝或其他调味品等冲茶待客。

宁德县八都猴盾一带的畲族村庄，正月初一晨，还有向祖宗“讲茶”的民族礼尚。“讲茶”时，每个祖宗牌位前均放一盅茶，而后膜拜，其捧茶、举茶、献茶等仪式之手势及祷词，都依制而行，非族长或家长莫能为之。正月十五日是畲民的“祭祖节”，他们于宗祠内的祭案桌上摆供茶、酒、三牲，敬祭祖先。

为药。茶区村民们在漫长的种茶和饮茶历史中，探索和积累了许多以茶为药、药食同源的经验。例如：乡村间流传“早饮一杯茶，可轻身明目”之民谚，说明饮茶有药理作用。此外，茶区人民还有吃浓茶蛋健身及祛病的习俗。

婚俗茶礼。宁德县人民自古以来认为茶性最洁，为男女爱情冰清玉洁的表征。茶多籽，又成祈求子孙繁衍、家庭幸福的象征。如天山绿茶产区的洋中村，男女从定亲到结婚有三道茶的礼节：一是订婚时“下茶礼”，男家用红纸喜袋，包上好茶和冰糖，与衣衫等物一起送给女方，同时在送定亲聘礼的槛（圆形木制）两边用红线扎上“茶婆”（茶枝）和“宝花”（柏枝），女家收一半；二是新婚之夜“定茶礼”，闹房者有喝新人敬泡的“新娘茶”之礼俗；三是同房“合茶礼”，当夜夫妻互敬蜜糖茶，次晨新媳妇还要给长辈亲属礼敬“会亲茶”。新妇进门前的陪嫁物中，还备有锡茶罐、锡茶壶。

畲族男女新婚拜堂，先要用茶、酒、五果摆香案。婚日傍晚宴请六亲九眷，酒过“三巡”，新娘出房敬茶，戚友要送给“茶仪”，作为给新娘的“见面礼”。宴毕，又举行“佳期酒”，招待其他子弟，席前由“佳期头”领队从门外走进新郎家，边走边唱：“文武客官齐请坐，新郎新娘茶捧来”，新郎新娘于厅前恭候，新郎递烟，新娘捧茶。茶烟用后开宴。

丧俗茶仪。丧礼茶仪由来久远。治丧期间，大厅灵堂前应敬祀“茶米水”。奔丧客人到来后，以茶敬之，以示安神节哀。逝者入殓时，尚要于其手旁放一小茶枝。停柩待殡灵堂期间，夜晚还供以茶点等，称“拿茶”。在老茶区，逝者出殡之日，亲朋好友集体送葬（送灵）到停放灵柩的丁楼或墓地后，送灵的妇人们返回时，必要折茶枝带回到家中，以示吉祥、长青。

寺院茶礼。在一些寺庙，名山僧人多为“禅农并重”，一边修行，一边从事种茶、制茶及其他农业生产。由于产茶、制茶、品茶的传统悠久，更有一些特殊的茶礼仪文化。如支提山华严寺（971年，由“天下大元帅”吴越国王钱俶敕建的国家大寺院）、龟山雍熙院、中漈香积院、金鄁院、霍童都尉寺等寺院奉行《百丈清规》，设茶头、茶堂，行茶鼓、普茶，每日于佛前、祖前、灵前供茶汤，及迎送用茶水为恒例。他们还沿袭着唐代流传下来的佛教“普茶”仪式，在春节来临之际，他们手捧茶杯或茶碗，聚集一起进行“普茶”活动，既奉祀佛祖，又品饮僧侣自行产制的名茶，庆贺新春佳节。寺院中还设有茶堂或茶具，香客游人到达寺院，僧人必汲取甘泉活水，烹煮新茶招待客人。此俗仍传至今。

参考文献 >>

施舟人.2002.第一洞天：闽东宁德霍童山初考[J].福州大学学报：哲学社会科学版（1）：5-8.
周玉璠，周国文.2009.宁川佳茗：天山绿茶[M].北京：中国农业出版社.

支提山
——中国天山名茶胜地

周玉璠

宁德县是茶叶故地，其西部的“西乡”是中国名茶天山绿茶的故乡，支提山是名茶发祥地之一，其东南的三都澳又是中国近代“海上茶叶之路”。历史上，“天山（名茶）—支提（名山）—三都澳（名港）”，誉冠中华，闻名中外。

支提茶属天山名茶品类之一，天山名茶古为贡品。近代产制绿茶，故称“天山绿茶”（又称天山绿、天山茶），其品质以“香高、味浓、色翠、耐泡”四大特色著称。20世纪80年代，天山绿茶曾先后两次被评为“全国名茶”，同时有十余个特种茶六次获福建名茶或优质名茶称号。

天山名茶历史渊源

天山绿茶，于唐代中叶源自宁德县前身感德场西片（即唐代长溪县的西部，与古田县、建宁州相邻，宁德建县后称为西乡）天山一带。“天山绿茶”原产地处天山冈下的中天山、铁坪坑、梨坪等村。从无坪山（宝顶）中心湖向四面延伸，计有洋中镇章后、际头、留田、南坪、芹屿、邑堡等百余个山村，宋后一直延续至支提山。据考，天山既是古代福州（曾称泉州或闽州）的产茶区之一，又是闽东最古老的茶叶发源地。

宁德，唐代属长溪县。五代后唐长兴四年（933年），升感德场为宁德县。此后直到清乾隆四年（1734年）以前，宁德县亦属福州，后归福宁府。故而，在古代国内史籍中关于福州产茶和贡茶的记述中，其辖地宁德的天山茶也包含在内。

天山名茶源远流长，世界上第一部茶书——唐代陆羽《茶经》（758年左右）记载我国唐朝产茶地区有十三省四十二州，福州亦列其中。

有关史料还记载，唐代天山茶区亦产贡茶，贡茶促进了名茶的发展。《唐书·地理志》载：“福州贡蜡面茶。盖建茶未产以前也（据《三山志》引《唐书·地理志》，则福州唐时先贡蜡面茶）。今古田、长溪近建宁界，亦能采造。”[1]

又据《古代闽东茶叶史略·上》道：“唐朝，‘古田、长溪近建宁界’乃是宁德县西乡天山茶区（含支提山）。‘天山茶’原产地洋中镇章后、际头一带有条古大

① 陈祖槼，朱自振.1981.中国茶叶历史资料选辑［M］.北京：农业出版社.

道，系闽东沿海（特别是三都澳）通往古田、建州（今南平地区）的必由之路，这大大便利了茶叶的传播，由于地理和自然环境原因，使这里成为闽东最古老的茶区之一”。[①]自宋以后，茶业更加兴盛，支提等名山寺院及山区多有植茶，并出现不少吟茶述著的诗文，见诸《宁德支提寺图志》卷五。

近、现代最兴旺时期是抗日战争前，天山原产地茶园面积达千余亩[②]，产量为50多吨。抗日战争期间，因三都澳港口遭毁，出海口堵塞，外销停滞，造成茶园荒芜，茶农于20世纪40年代末濒于破产，50年代茶叶生产得到恢复，后又经几次曲折，终在80年代天山名茶又得振兴，并荣获“全国名茶”桂冠。

支提胜地茶品蜚声

天山优质名茶，总是和山水紧密相关，总是与名胜古刹结缘。支提出名山，与天山名茶也结下不解之缘。历史上，佛教颂茶为神物，唐宋期间，佛教盛行，禅宗提倡坐禅饮茶，驱除睡魔彻悟心性。寺院推崇饮茶风尚，僧侣更多自行种植茶树。支提山华严禅寺建成后，茶叶遂得发展和扬名。

《中国福建茶叶》（1991）文曰：“福建境内名山古寺众多，尤以武夷山、太姥山、支提山、蓬莱山等重峦叠嶂，云雾缭绕，岩泉潺潺，利于茶树生长。自古以来均产名茶。”该画册在刊登支提山的彩照说明中，云：“闽东宁德市境内的古刹——支提寺。这里是全国名茶‘天山绿茶’的原产地之一。”[③]

支提，群山起伏，峰高林荫，泉清雾重，清水长流。华严寺“四面高耸，中有坦地，寺建其间，群峰环抱，状似莲花”。寺前有“五龙潭”，溪涧迂回，层层茶园青翠欲滴；后山有竹木成林，碧绿如染，构成一个优异的自然生态环境。茶树生长于得天独厚的条件中，茶芽特嫩，成分丰富，茶品香高味浓，品质优良。该寺及支提山诸胜自开光后，周围山坡上多开辟有茶园，形成了“绕寺青山万树茶”的兴旺景象，无愧是茶、山、寺、泉俱美的历史文化和佛教圣地。

支提山于宋代建寺后，“闽浙两省来支提参拜朝山的僧侣香客连绵不断”（见《支提山图志》）。人们在游山之际，必多尝饮支提山或天山出产的好茶。因而，明、清以来，天山名茶乃以“支提”称著，关于记述“支提”茶叶的墨迹渐多。

明代广西右布政使、长乐人谢肇淛在《长溪琐语》（1690）中写道：“环长溪百里诸山，皆产茗，山丁僧俗，半依食焉，支提、太姥无论。”他还在《五杂俎·物部》一文中写道：“闽方山，太姥、支提俱产佳茗。”

清代，支提茶叶更加扬名，茶品誉冠闽东，名扬八闽，为许多名士所称颂，支提茶

① 周玉璠.1992.古代闽东茶叶史略［J］.福建茶叶（1/2）.
② 亩为非法定计量单位，1亩≈666.7米^2。下同。——编者注
③ 福建省茶叶公司.1991.中国福建茶叶［M］.香港：香港新中国新闻有限公司.

"为最"之载屡见于文献。乾隆二十七年（1762年），郡守李拔纂《福宁府志·物产》亦记云："茶，郡治俱有。佳者福鼎白琳、福安松萝，以宁德支提为最。"乾隆《宁德县志》记载："茶——西路各乡多有，支提尤佳。"光绪丙戌（1886年），郭柏苍《闽产录异·卷一·货属·茶》中亦赞曰："福鼎白琳、福安松萝，以宁德支提为最。"足证明、清间支提茶不仅成为天山名茶的上品之一，而且名列闽东三大茶区榜首。

那时，寺院僧人在茶叶生产方面多有采茶僧、制茶僧、种茶僧之分。清初，林士恩《读支提志》诗曰："看竹人从青嶂去，采茶僧自白云还"，反映了支提采茶僧早出晚归勤采茶叶的情景。

支提山紫芝峰上旧有茶亭，后于明万历三十七年（1609年）由支提住持禅师明启建有"紫芝静室"。清康熙宁邑人崔世召在《募天岩静室开山疏》中写及紫芝庵时，云："庵为茶亭旧址，飘笠相望，游履之所必经。皖城方仁植刺史额其处曰'初欢喜地'。师意欲以接众勤行，自翻经华藏中，而令一比丘常住煮茗以供游客，数十年于兹，亦可谓疲于津梁矣……"

很早以前，人们在崇尚品饮茶叶的同时就十分注意茶叶制造、贮藏的器具，以保护茶叶品质。清朝之前，多以瓷瓶装茶；清后，遂以金属制品（如锡器）贮茶，色香味俱佳。清初，周亮工《闽小记》曾撰道："闽人以粗瓷胆瓶贮茶。近鼓山、支提新茗出，一时学新安，制方圆锡具，遂觉神采奕奕。"明末清初支提山等天山茶区已采用各种不同形状的锡制贮茶器具，直至今日仍在沿用。

名茶品类产销演变

天山名茶，自唐代以来漫长的生产历程中，劳动人民积累了丰富的产制经验，生产技术不断改进和提高，茶业发展更旺盛，品种更丰富多彩。产品从贡品、礼品、祭祀品发展为商品茶叶，从上层社会发展到民间饮料；茶叶贸易从国内发展到国外。支提茶，不仅是"神物"，更成为待客的礼茶。

天山和支提山地理生态条件优越，具有"高山云雾出好茶"的环境。名茶原产地周围还有洋中"午日龙潭""住泊龙潭"的千寻瀑布，鞠多岭的雄伟五峰，棋盘山、凤鼻峰、鞠多寺等自然景观。名茶发祥地更有支提山等数十处胜迹。这里自然气候、土壤、植被均呈梯状分布，不仅分布有野生茶树群落，还形成众多的茶树品种。按其发芽期分为早芽种、中芽种、迟芽种等类：早芽种有"雷鸣茶""春风茶""早清明"等；中芽种有"半清明""谷雨茶"等；迟芽种有"不知春"等。此外，在原产地周围还发现稀有的大叶种"银针茶""椭叶茶""栲叶茶"，小叶种的"瓜籽茶"。中天山坎下楼尚存奇枞"曲枝叶茶"。[1]

① 周玉璠，吴洪新.1990.天山茶树品种资源调查［J］.茶叶科学简报，04-25.

悠久的栽培制造历史，丰富的茶树品种，使这里的成品茶逐步演变：唐“蜡面茶”→宋“芽茶”“团、饼、乳茶”→元、明“茶饼”→明、清“炒青”→当代“烘青”（或特种炒青）。

天山名茶的成茶品类、花色，几经繁衍演变，由蜡面研膏团茶，变革为条形绿茶；由团、饼“片茶”演变成“散茶”（蒸青和炒青之类）；后又由蒸青演化为炒绿，再由炒绿演变为烘青条形绿茶，亦有供专制花茶的高级茶坯。据《福建名茶·天山绿茶》（1980）记载曰：“历史上，天山绿茶的花色、标号名目繁多。按季节迟早分为‘雷鸣’、‘明前’、‘清明’、‘谷雨’茶等；按形状分为‘雀舌’、‘凤眉’（或‘凤眼’）、‘珍眉’、‘秀眉’、‘蛾眉’等；按标号分为‘岩茶’、‘天上丁’、‘一生春’、‘七杯茶’（或‘七碗茶’）等。其中‘雷鸣’、‘雀舌’、‘珍眉’、‘岩茶’等最为名贵……现在天山绿茶品级分类较简单，曾分为一至十二等。”20世纪70年代，“新创制的上品有天山‘一路银豪’、际岭峰的‘清水绿’、支提的‘香亨云’等。宁德茶厂曾以天山‘一路银毫’为原料窨制的‘天山银毫’茉莉花茶，在1979年全国内销花茶评比会上名列前茅”，1990年此种花茶又获国家金奖。

19世纪末，三都澳对外开放，“天山绿茶”也有直接运往温州、上海、天津、厦门、潮汕、广州、香港等地。据福海关署税务司英人F.W.Carey《中华民国七年三都澳口华洋贸易情形论略》（1919年2月20日）载：“本处所产之茶[①]中国北方一带颇畅销。此亦本埠商务一要点也。”近、现代，亦有少量“天山绿茶”输欧、美。据洋中镇留田村天坪黄国耀老人1979年4月间回忆：“民国期间，宁德城关商人冯杰（祖籍洋中莒溪村），行销到美国的茶叶都是天山茶。而后一位儿子留学美国，并留居美国（即现已逝世的美国华侨商会前会长冯近凡先生）。”同时，邑宝村彭云相、彭金年老人也忆道：“以前有外国人（传教士）到邑宝村，喝了天山茶，说是全身感到轻松，眼睛也‘发亮了’了，高兴得大笑不止。”茶区人民的回忆与叙述，充分证明当时“天山绿茶”以其独特的风味赢得国内外消费者的欢迎。

20世纪50年代，“天山绿茶”从炒青改烘青，由国家茶叶收购部门统一收购后，全数调往福州茶厂加工花茶销出。1972年，宁德茶厂正式建立，天山绿茶乃统一调到该厂为花茶原料。从此，又开始挖掘产制天山和支提山的特种绿茶名茶，并创制了高级特种茉莉花茶。80年代，恢复和创新“天山雀舌”“天山清水绿”“天山毛尖”“天山四季春”“天山银芽”等10多种名茶上品，直接进入茶叶贸易市场，销往京、沪、苏、浙等国内较大的绿茶消费市场，每年达百余吨，少量销往海外。90年代，宁德市（县级市）茶叶公司还试制扁形炒青特种名茶——天山毫芽、天山翠芽等，进一步增加了名茶品类，拓宽市场。

---

① 注：“本处所产之茶”指宁德“天山绿茶”。

支提山总图

名茶文化源远流长

天山名茶产区，与支提山等名山、名泉、名寺，紧密相连。优异的环境与茶叶品质，是名士借题抒怀的对象，茶墨结缘，以茶为题材的文艺作品众多，充分反映了当时人民的物质文化生活与思想感情。

宋淳熙十一年（1184年），进士周牧（洋中人）撰有“烹茶亟取盈瓶雪，一味清霜齿颊含”。

元中叶，宁德名贤陈自新在“宁川八景”中有“茶园淡淡山头月”的诗句，记叙了临山面海开辟园地种茶的真实写照。

历明、清两代，许多文著诗篇，都尽情赞美了天山及支提山无限美好的风光和名胜古迹。明成化元年（1465年），云南道监察御史、宁德人陈宇的“风引清烟新茗熟，径堆香雪落花增”；明末，释隆琦《寄支提非我耆宿》的“要吃茶，问赵老；要游山，支提好”；清代释通质的“茶罢欲归云，题诗拂壁苔”等诗句，都吟咏了令人回味无穷的茶叶产制、烹泉煮茗等妙诗佳句，为后人留下了茶叶文化遗产。

现、当代，名茶文化得到进一步发扬。自20世纪70年代开展名茶调研以来，尤其是近10余年中，国内有二三十种文献刊物，登载或发表过“天山绿茶”的有关文章数十篇，其中有天山名茶的产、制、销等著述。1991年由香港新中国新闻有限公司出版、福建省茶叶公司编著的《中国福建茶叶》，首次入选由北京高级摄影师李荃禄拍摄的反映“天山绿茶”及胜地支提寺的彩色照片。书中有多篇（中、英文并存）文著均记及“天山绿茶”，真实地向国内外展现了天山名茶，弘扬了天山名茶文化。

名茶衍今誉中华

天山名茶自唐起源迄今已1 000多年，曾经历多次兴衰，至20世纪50年代，茶叶生产从40年代的败落中，又逐步得到恢复，由于1959—1961年三年困难时期及“文化大革命”，产量再度下降。1971年宁德茶厂（精制厂）建成后，在地、县政府和茶叶部门的重视下，开展了“天山绿茶”的调研、规划和开发，70年代中期，开辟了部分新茶园，建立了部分名茶基地，并开始挖掘、试制特种名茶和特种高级茉莉花茶。这些特种茶于70年代均为首都接待贵宾的高级礼茶。后来，北京茶叶加工厂（北京市茶叶购销、加工主管单位）还在繁华的王府井开设有“天山绿茶”及特种花茶专柜。当年，天山早春特种名茶在北京供不应求，备受首都消费者赞赏。这均为20世纪80年代以来天山名茶的大发展和载誉中华奠定了坚实的基础。

“天山绿茶”声誉久盛不衰。20世纪60年代至今，全国及省内多有刊载文著盛赞天山名茶。1994年5月，由中国农业出版社出版的《中国名优茶选集》，将笔者主笔的《天山绿茶》一文收入该集（第169-172页）。

1982年，天山绿茶跃上“全国名茶”之列时，再度轰动了省内外茶业界，京、沪两市销区茶叶主管部门率先打开了“天山绿茶”的销售市场，接着苏、浙、皖等省主销绿茶的城市，也纷纷来宁德订购“天山绿茶”特种名茶，这些都更有力地促进了“天山绿茶”的大发展。

考察元表大师的茶脉

崔锡焕 （韩国国际禅茶文化研究会会长、《茶的世界》发行人）

序言

自从这个世界上有了茶树，茶与人的第一次邂逅便宿命般地实现。茶起初用于药材，后来用于祭祀或祭物，并随着饮茶文化的传播与推广，茶与人的情缘延绵了几千年。茶始于神农氏，并通过丝绸之路传播海内外。学界对于韩国茶的传入时期众说纷纭，正说是新罗善德女王（？—647年）时期传入中国唐朝的饮茶习俗，而遣唐使大廉持茶种回国，在兴德王的命令下种植在智异山之说被认定为茶传入韩国的象征。第二次是由金地藏（696—794）自新罗携来，《九华山志》记载："金地茶，梗心如篠，相传金地藏携来种"[①]。第三次是唐朝天宝年间（742—756年），追随天冠菩萨行迹而来到霍童支提山的元表（生卒年份不详）大师在"会昌法难"时期回归新罗的时候一并带回制茶方法，将福建的茶传播到新罗，通过在全罗南道长兴郡的支提山和迦智山宝林寺的传播，元表大师被定位为将福建的茶文化传播到新罗的贡献者。2013年2月，在天冠菩萨常住地曼茶罗之地天冠台举行的献茶仪式[②]，成为了元表大师以茶面世的契机。在元表大师被定位为中韩茶文化交流史上重要人物的同时，本文想通过梳理元表大师的人生，考察一下他的茶脉。

为福建茶业做出贡献的元表大师

中国茶的原产地，从云南、四川地区沿着扬子江传播并扩大至整个江南地区，到了宋代移至福建。福建建州市北苑御茶园的名声，在明朝洪武二十四年（1391年）九月明太祖朱元璋下诏罢造龙凤团茶、官焙衰亡、团茶向散茶演变之前非常闻名，而福建的武夷岩茶以及宁德支提山茗茶因元表大师传至新罗[③]。

宁德支提山位于宁德市城西北50公里，南距福州市127公里。佛教经典《华严

---

① 《三国史记》卷第十："入唐回使大廉，持茶种子来，王使植地理山，茶自善德王时有之，至于比盛焉。"《九华山志》有"金地茶梗空如篠，相传金地藏携来种"。

② 崔锡焕.2010.元表大师［J］.茶的世界（10）.

③ 陈龙.2006.闽茶说［M］.福州：福建人民出版社.

韩国迦智山宝林寺

宝林寺全景

经》记载："东南方有山名曰支提，现有天冠菩萨与其眷属一千人俱常住说法。"[①]支提山之所以闻名，与元表大师的贡献是分不开的。元表大师从西域瞻礼天冠菩萨行迹，来到福建霍童西部的群峰环抱犹如千朵莲花的地方，他停留在那罗岩洞，以花榈木函盛《华严经》，朝夕奉诵。

大明万历年间树立的那罗岩碑上记载："诵读《华严经》，神龙点火，缓缓涌沙"，禅僧元表大师首次创建寺庙，并与元白一起汇集功德，掀起名山道场，成为海东（渤海以东，即朝鲜）榜样。

《宋高僧传·唐高丽国元表传》云："释元表，本三韩人也。天宝中（742—756年）来游华土，仍往西域，瞻礼圣迹，遇心王菩萨指示支提山灵府，遂负《华严经》八十卷，寻访霍童，礼天冠菩萨，至支提石室而宅焉。……（元）表赍经栖泊，涧饮木食，……"[②]资国寺贤志法师在首届世界禅茶文化发展论坛上所作的主题演讲《试论福建茶禅对世界茶文化的贡献》中，说明元表到达支提山后栖居在深林里，"饮木食"，"饮"是专用于食用液体的动词，而最常见的"木食"最有可能就是

① 《华严经·菩萨住处品》："东南方有处，名'支提山'，从昔已来，诸菩萨众于中止住。现有菩萨名曰'天冠'，与其眷属、诸菩萨众一千人俱，常在其中演说法。"
② 《宋高僧传·卷第三十·唐高丽国元表传》："释元表，本三韩人也。天宝中来游华土，仍往西域，瞻礼圣迹，遇心王菩萨指示支提山灵府，遂负《华严经》八十卷，寻访霍童，礼天冠菩萨，至支提石室而宅焉。先是此山不容人居，居之必多霆震猛兽毒虫，不然鬼魅惑乱于人。曾有未得道僧辄居一宿，为山神驱斥，明旦止见身投山下数里间。表赍经栖泊，涧饮木食，后不知出处之踪矣。于时属会昌搜毁，表将经以花榈木函盛深藏石室中。殆宣宗大中元年丙寅，保福慧评禅师素闻往事，躬率信士迎出甘露都尉院，其纸墨如新缮写，今贮在福州僧寺焉。"

茶。贤志法师认为元表大师无疑也是将闽东茶文化传播到朝鲜的使者[1]。在那罗岩的唐新罗国高僧元表大师行迹碑上刻有“元表大师携带禅与茶回到新罗创立了名山迦智山寺。……表德以法力施于有政，是以乾元二年（759年）特教植长生标柱，至今存焉。”[2] 这是2013年6月19日树立的那罗岩元表大师纪念碑上的内容。元表大师在那罗岩石窟诵读《华严经》时，正值会昌灭佛（845年）政策的兴起。元表为了保护《华严经》不致被毁，便将《华严经》用花榈木盒装着交给元白，元白将此深藏在石室里。《支提山寺志》上记载“元表将《华严经》交给元白之后遁入云中”。中国的文献并没有此后有关元表大师的行迹描述。

元表大师创建与支提山酷似的迦智山寺

会昌法难时期，元表大师回到了新罗，推测那一年为755年。《宝林寺事迹记》详细地记录了元表大师的行迹，“兹元表大德，禅师在月支国首次创建的就是迦智山宝林寺。深山野岭，溪水环绕，祥云环抱，地势平坦开阔，备有堂寮，法侣成群，其状祥瑞光芒照射，正可谓佛林之异世界，金沙之宝地，冠以宝林实至名归。

辗转中国，寻找与月支国酷似的山川地貌创建梵宇，其规模和形貌与月支国非常酷似。山如此，寺庙名也如此，会众与敬田的配置也无不与月支国宝林寺雷同。突然奇异的气息来自三韩之外，天地之气息汇聚于此，从远处隐隐的照此山中。大师见此孤独的气息，便跋山涉水寻真经探深奥，驻锡此地，此处的高山、峻岭、深涧、深谷之和谐美妙可媲美西域与中国，真是鬼斧神工奇妙无比。”[3] 据《宝林寺事迹记》记载的内容，元表大师是在看到酷似西域的三个地方创建了迦智山寺，而笔者认为，宁德支提山和元表大师修行的支提山的酷似创建了如今的宝林寺。长兴的相同地名和酷似的支提山就是证明。

传播茶的元表大师

朝鲜文臣朴永辅《西霞锦集·南茶并序》载“鸡林使者入唐日，携渡沧波万里船。康南之地即建苶，一自投种等弃捐”，这恰好证明了当时福建的茶广泛流行于朝鲜。

如同闻名天下的宝林寺，作为新罗九山禅门之一的迦智山派，继承西堂智藏法师

① 贤志.2009.试论福建茶禅对茶文化的贡献［J］.世界禅茶文化论坛.

② 关于唐新罗国高僧元表纪念碑，《大宋高僧传》载：释元表，三韩人。天宝中来游华土，仍往西域，瞻礼圣迹，遇心王菩萨指示支提山灵府，遂以花榈木函二只，盛《华严经》八十卷，躬自赍荷，来寻霍童，礼天冠菩萨，至支提石窟而居，涧饮木食。既返新罗，复倡修名刹迦智山寺。唐乾元二年，新罗国以其“法力施于有政”，特令在该寺植长生标柱，以为表彰。唐宣宗大中元年，保福寺僧慧评素闻往事，因游此窟，得元表所传八十华严，躬率迎出，置于甘露都尉院，时纸墨如新。今值和平昌盛之世，法雨普施之日，特立此碑，以彰其入山传经之功。

③《新罗国武州迦智山宝林寺事迹记》。

青茗钱

佛法的道义国师，在雪岳山陈田寺创立了禅门，道义国师后传法于雪山廉居，廉居传法于普照体澄，传扬道义法脉并使之更发扬光大。

《宝林寺普照禅师彰圣塔碑》载："禅师讳体澄（贞元二十年、哀庄王五年，804年），宗姓金，熊津人也。……投花山劝法师座下，……后以大和丁未岁，至加良峡山普愿寺受具戒。……初道仪大师者，受心印于西堂，后归我国，说其禅理。……至开成二年丁巳，与同学真育、虚会等，路出沧波，西入华夏。参善知识，历三五州，知其法界嗜欲共同，性相无异。乃曰：'祖师所说，无以为加，何劳远适，止足意兴。'五年春二月，随平卢使归旧国化故乡"，那时他37岁。后来巡游四方并于宪安王三年（859年）在茂朱传法，在宪安王的再三邀请之下迁至元表大德曾经传法的迦智山寺，扩大了禅门规模，将道义、廉居的法脉发扬光大，以此巩固了迦智山门的旗帜。[①]元表大德从福建回归时萌发的茶脉，经过普照体澄传入朝鲜，它会流向何方呢？茶脉的传承取决于后人传承前辈遗志的意志。

朝鲜时期宝林寺的制茶方法陷入了混乱之中，"九蒸九曝"传为宝林寺的正宗，犹如宝林茶将茶山（丁若镛）领会的制茶方法传承于寺庙，这种说法从编著《嘉梧稿略》的李裕元撰《林下笔记》以后固定了起来。据《林下笔记》卷32记载：当时，宝林寺的制茶高手是古镜法师，正因为有了古镜与茶山、李裕元，宝林茶才得以闻名天下。李裕元在《湖南四种》中描述"蒸九曝九按古法，铜甑竹筛替相碾……镜释忽投一包裹，圆非蔗糖饼非茜，贯之以索叠而叠，累累薄薄百十片……"，以上诗句将宝

① 普照禅师彰圣塔碑。

炒茶

揉茶

茶饼

茶袋

茶药

林茶表现为饼茶，好像这个东西到了朝鲜后期发展成为“青苔钱”。在这里我们观察一下支提山华严寺的制茶方法。据说在谷雨前后采茶，用铁锅焙制九次，然后晾在阳光下或晾晒在地板上，第二天烘焙。这里插一句慧净法师的话：“只要精心制茶，就能造出如此芬芳的茶香。九次是让你精心制茶的意思，绝对不能拘束在这个数字上。那只不过是估摸茶味的基准，华严寺只是按照以前的方式制茶而已。”那么，元表大师曾经修行的宝林寺的茶风变成哪种形态了呢？大致呈现出两个类型，李裕元在《竹露茶》描述的“青苔钱”形状与铜钱状叶茶形状的竹露茶一直传至朝鲜后期的宝林寺寺下村，而那里发展为“青苔钱”。

中国支提山茶与韩国迦智山茶之比较

大廉从唐朝取回的茶种，其原产地是浙江省天台山。留学浙江大学华家池校区的李恩京，通过生物遗传基因学和比较形态学对韩国智异山双磎寺附近的茶种和中国天台山归云洞附近的茶叶进行比较，发现茶树的成长结构——叶的形状与对生数相同，从而证明了上述说法。[①]元表大师追寻天冠菩萨行迹在宁德支提山华严寺修行，会昌法难时期回到故国，在酷似支提山的长兴支提山创建了与支提山类似的迦智寺并传播了华严信仰。2009年，笔者发现元表曾经驻锡的宝林寺的茶味与支提山华严寺的茶味相同的事实并公诸于世。

2009年3月5日，参访福建省宁德华严寺的时候，来到寺庙的茶室与住持慧净法师相对而坐。当法师打开硕大的锡盒时，满屋顿时飘满了茶香。他抓一把茶叶放进茶壶并倒开水泡茶，当拿起茶杯饮用时嘴里充满着茶香。我说"这个茶好像跟韩国喝过的茶味道一样"，慧净法师听后好像非常惊讶，我又问了制茶方法，他回答说将茶叶放在铁锅里用手揉捏，而这也几乎跟韩国的制茶方法一致。我又问了采茶的时机，他回答在清明和谷雨前夕。我跟他说想在采茶的季节看一下制茶的方法，慧净法师爽快地答应了我的要求。

2012年4月谷雨前一天，我来到宁德华严寺观察了采茶与制茶过程，发现与韩国的方法非常类似。将茶叶放在铁锅里，在草席上用手揉捏的方法几乎一致无二。两地茶味的一致，可以说是元表大师的贡献。一直到朝鲜后期传承于宝林寺的"九蒸九曝"的制茶方法，与传承于支提山华严寺的铁锅炒茶，如今依然在宝林寺传承着。更有中国文献记载长兴支提山天冠寺传承自中国支提山，据中国文献记载：唐天宝年间朝鲜僧人元表回到支提山饮茶，此茶传为天冠茶，此茶作为全罗南道长兴天冠山天冠茶一直延续到朝鲜后期。笔者考察了福建支提山茶与韩国全罗南道长兴宝林茶的茶文化史的意义，茶脉的传承比法师与弟子交谈话头更为重要。千年前的茶脉能够延绵不断，正好反证了茶香犹如江水一样源远流长。

目前为止，我们考察了元表大师的茶脉。元表大师于天宝年间在宁德支提山那罗岩洞诵读《华严经》修行，后来为了躲避会昌法难回到了新罗。如今元表大师正被重新定位为将支提山的茶传播到新罗的贡献者，《宋高僧传》的"……表赍经栖泊，涧饮木食"作为根据发现并固定了元表大师的茶脉，通过元表大师的茶脉重新证明了茶史上不仅文献重要，用五感感觉的感受也重要的事实。我觉得应该把将福建支提山的茶脉传到新罗的元表大师推崇为茶圣。

① 李恩京《生物遗传子学对比较生态学》。

新罗僧元表行迹和《那罗岩碑记》考

朴现圭（韩国顺天乡大学中文系教授）

序论

东亚文化在很早开始的互相接触和交流的基础上逐步发展而来，各国之间以佛教为媒介，进行了很多人员的交流和思想的接触。新罗求法僧们前往中国大陆和西域，寻找高僧，接受佛法的传授，朝圣地，经受灵魂的体验，从而力图实现自我世界的觉悟，他们有时在异国通过译经工作、布施活动、传授教礼等，引起了当国佛教界的注目。

在西域和中国，新罗高僧元表是一位在传播天冠信仰方面很重要的人物，当今，在福建宁德地区，元表的名字被广为流传，他是在宁德支提山传播天冠信仰的开山祖，在那罗寺中供奉有元表的像，在华严寺中被拥戴为开山祖。近来出版的各种有关宁德的文献中也记述了元表作为支提山的开山祖而进行过活动的事实。①另一方面，韩国学者们也标榜对元表的行迹感兴趣。② 2013年6月2日，在元表所创建的长兴宝林寺召开了元表大师国际学术大会。

笔者从十几年前开始，在调查福建地区的许多韩国的遗迹过程中，开始关注起曾在宁德支提山待过的元表。笔者曾几次前往宁德地区，踏访那罗寺和华严寺，拜访了很多相关人士，并收集了资料。在本文中，从历史地理学的观点出发，重点考察元表的行迹和《那罗岩碑记》的记录。本文和各种文献中记载的有关元表的记录稍微有点差异，对这些差异进行探讨的话，可以提高元表行迹考察的正确性。《那罗岩碑记》是现存最古老的那罗寺的遗物，但当今宁德文化界对这一石碑的价值不是那么了解，通过留在这石碑上的记录，对元表的行迹和那罗寺的缘起故事进行考察。

① 汤春景.1995.中国支提山［M］.宁德：宁德市委员会文史资料委员会：54-55.
黄幼声，等.2000.宁德霍童［M］.福州：海风出版社：49-68.
宁德市蕉城区政协文史资料委员会.2006.霍童溪［M］.香港：天马出版社：111-122.
② 吕圣九.1993.元表的生涯与天冠菩萨信仰研究：国史馆论丛：48辑［M］.汉城：国史编纂委员会：217-248.
朴泰宣.1998.新罗天冠菩萨信仰研究［D］.忠清北道：韩国教员大学：1-47.
曹永禄.1998.中国福建地域的韩国关联佛迹踏查记［J］.新罗文化（15）：205-231.

元表行迹考察

元表的一生到底是怎么样的呢？他的传记被登在《宋高僧传》中，可以看出在当时他是一位很有名望的高僧。今天，在福建宁德地区，作为传播天冠信仰的开山祖，元表的事迹广为流传。但对他一生的了解却很有限，其主要原因是因为元表行迹的模糊和相关资料的不足，列举元表行迹记录的话，在《宋高僧传》《新修科分六学僧传》、淳熙《三山志》、嘉靖《福宁州志》、嘉靖《宁德县志》、乾隆《宁德县志》、《支提寺志》（《宁德支提寺图志》）等文献中也载有类似的内容；又在《新罗国武州迦智山宝林寺事迹》（以下简称为《宝林寺事迹》）、《新罗国武州迦智山宝林谥普照禅师灵塔碑铭》（以下简称为《普照禅师灵塔碑铭》）等中只有很断片的记录。[①] 宋释赞宁编撰的《宋高僧传》收录了元表的事迹，在该书卷30《杂科声德篇·唐高丽国元表传》中：

> 释元表，本三韩人也。天宝中来游华土，仍往西域，瞻礼圣迹，遇心王菩萨指示支提山灵府，遂负《华严经》八十卷，寻访霍童，礼天冠菩萨，至支提石室而宅焉。

在这书册的条目中，写到元表是唐代的高丽国人，在本文中写到叫三韩人，释昙噩编撰的《新修科分六学僧传》中，唐代元表是高丽人，在天宝年间来到了中国。[②] 天宝（742—755年）是唐玄宗最后的年号。这一时期，相当于新罗景德王时代，比高丽建国年（918年）早很多。吕圣九执着于高丽的字，从而推断是否元表也自封为高句丽流民或是报德城民的高句丽流民系出身。[③]此外，嘉靖《福宁州志》和嘉靖《宁德县志》，都将元表记述为唐代的高丽异僧[④]，而乾隆《宁德县志》却记述为五代的高丽异僧。[⑤]从中国文献来看，称呼韩国历朝历代时往往出现记录出错的情况，韩国朝代属于外国历史，因为当时和外国的接触不太活跃，在中国作者的立场上，出现误记也许是很自然的现象，就像在韩国文献中，指称中国时，往往不与时代相关联而统称为唐人一样。玄光是百济出身的和尚。在《宋高僧传》的条目中写有《晋新罗国玄光传》，在文本中把他写成了海东熊州人。[⑥]熊州属于当时的百济国，《宋高僧传》

① 有日本东大寺凝然法师写律宗的教礼和历史的《律宗纲要》。在这书册中有南山律宗开山祖道宣的第七代越州元表律师著《钞义记》5卷的记录。这里的元表律师和新罗元表不同，是在唐代中期活动过的律宗和尚，所以在本文中，把他排除在外。

② 《新修科分六学僧传》卷28《定学·证悟科》：“唐元表，高丽人，天宝中，西游中国。”

③ 吕圣九.1993.元表的生涯与天冠菩萨信仰研究：国史馆论丛：48辑［M］.汉城：国史编纂委员会：218-221.

④ 嘉靖《福宁州志》卷2《禅释·唐·元表》：“高丽异僧也。”

⑤ 乾隆《宁德县志》卷32《方外·五代·元表》：“高丽异僧也。”

⑥ 《宋高僧传》卷18《感通篇·晋新罗国玄光传》：“玄光者，海东熊州人。”

可能是因为对于元表的国籍没有赋予特别的意义，从而指称为编撰当时的朝代高丽，《新修科分六学僧传》、嘉靖《福宁州志》、嘉靖《宁德县志》都延续前代文献而记载下来了。乾隆《宁德县志》可能是因为帮元表的元白的活动年代，而修改元表是五代时高丽人。

元表是在哪个时代活动的人物呢？在《宋高僧传》和《新修科分六学僧传》中都写到元表在天宝年间来到了中国，但比这些文献更早出现的唐僧好德《支提山记》则对元表的活动时期进行了不同记述。淳熙《三山志》是宋淳熙年间梁克家写的福州一带的地方志，在该书卷37《寺观类·僧寺·宁德县》中的支提政和万寿院自注中：

> 有咸通九年僧好德为《支提山记》云，乡民但谓之六洞天，未知是菩萨之号，昔则天朝有僧号元表，未知何时人，以花榈木函二只，盛《新华严经》八十卷，躬自贵荷，来寻兹山，乃卜石窟而居。

僧好德的《支提山记》编撰于唐咸通九年（868年），《支提山记》在现存与元表有关的各种资料中编撰时间最早。有关僧好德的事迹记载并没有被流传，但从他仔细描写支提山一带的寺刹这一点来看，可以推断他是宁德地区出身，或者是在宁德活动的和尚，他提到对元表的活动时间多少有点儿不太清楚，一方面说元表是则天武后时代的人，另一方面说元表是哪个时代的人不太清楚。还有一个告知元表活动时期的重要资料，《普照禅师灵塔碑铭》是新罗宪康王十年普照禅师体澄死后，吟咏他的生平和佛德的碑石，原碑石在全南长兴宝林寺境内，被指定为宝物158号，在这碑文中：

> 其山则元表大德之旧居也，表德以法力施于有政，是以建元二年特教植长生标柱，至今存焉。

这儿说的是元表在到了迦智山后创建了宝林寺，他在宝林寺期间，用华严思想亲近了新罗王政，起到了精神支柱的作用（后文会加以论述）。元表用法力在政事方面帮助了景德王，建元二年（景德王十七年，759年），景德王赐予宝林寺免税和免役特权的长生标柱，长生标柱在立《普照禅师灵塔碑铭》时（宪德王十年）还曾留有，而可惜没能流传到现在。

可以确认的是，元表在中国的活动时期是在立长生标柱的759年之前，但那一时期具体是什么时候却无法确定，武则天时代是684—704年，天宝年间是742—755年，这两个记录的差异中有几十年的差异。不过，这两个记录都在一个人的寿命，即元表活动时期的范畴内，所以很难说到底哪个是对的。天宝年间从时期上和景德王时代（742—764年）重叠在了一起，因此可以看到元表的活动年代有比较的概然性。可是，就算这样也无法断定元表在中国的活动时期不是武则天时代。当时，在新罗僧中有个人长期在中国活动，无相在圣德王二十七年（728年）到了中国，在西域和中国待了很长一段时间后，回到了新罗，他可能在景德王时期生活过。而且僧好德的《支提山记》也算是可靠性很高的资料，是现存的有关元表的资料中编撰时间最早的。僧好德是一个对元表曾活动过的支提山十分了解的人物。

元表到了中国以后，又去西域参礼了佛的圣地。在《宝林寺事迹》中有有关他在西域活动时那一方面的内容。《宝林寺事迹》是记述朝鲜世祖三年（1457年）到十年（1464年）之间，宝林寺的来历和事迹的文书，原本被收藏在美国哈佛大学的燕京图书馆中。《宝林寺事迹》中：

期间有元表大德禅师，在月氏国初创所谓迦智山宝林寺，山深谷邃，水回云锁，地势宽平，堂寮具备，法侣成群，体祥放光，为佛林别界，金沙宝地，寺以宝林名，诚是矣，转而游中国，得如月氏山者，置梵宇，规模体度，一如月氏之制，山名以是，寺号以是。

元表在月氏国游历佛教圣地时，在深山幽谷中找到了祺祥的地方，在那儿建了寺刹，这地方的山被叫作迦智山，寺刹被叫作宝林寺，当时和尚们聚集到了这儿，把这儿当作了修行的场所。那以后，他回到了中国，找到了与月氏国迦智山地区差不多的地方，在那儿建了寺刹，山名和寺刹名还是分别叫迦智山和宝林寺。先行学者们都认为在元表巡礼时，西域没有月氏国，中国的许多名叫宝林寺的寺刹和元表无关，因此无法确定元表是否在西域和中国创建了宝林寺，但至少和支提山的石室多少有些关联。①

月氏国是月支国的异称，公元前2世纪初，本在甘肃西部地区生根的游牧民后来依次迁移到了Sogdiana和Bactria，打退了曾统治着那里的希腊民族，建了国家，这地区被叫做大月国。以前甘肃月氏地区被称为小月国。那以后，一部分部族迁移到了印度，在那儿建立了Kushan王国。大月国的布教士们在把佛教传到了中亚和中国大陆过程中起了很重要的作用。在中国文献中，往往描写到了这些地区的佛教圣地。

对这在后文会进行详细的说明，但在这儿元表建的支提山石室，即那罗岩，被推断为是中国的宝林寺，根据这一点，在西域月氏国也很有可能曾有过元表建的寺刹。上述文章中写到了中国宝林寺的规模和体制一律参照了西域的宝林寺。那么，推测西域宝林寺是不是也像中国宝林寺一样，即从那罗岩的规模上可以看出当初没几个和尚修行，是一个规模很小的庵。元表得到了心王菩萨的启示，而来到了天冠菩萨住的支提山，他在得到心王菩萨的启示后，是通过什么路径到了支提山的呢？这样的思想对指明华严思想的传播路径十分重要。《新修科分六学僧传》卷28《定学·证悟科》中“元表”条项：

① 金相铉.1991.新罗华严思想史研究［M］：首尔：民族社：150-151.

天宝中，西游中国，且将往天竺巡礼圣迹，遇心王菩萨语以支提山即天冠菩萨所住处，于是顶戴《华严经》八十卷，南造闽越而居是山。

元表经过中国的西部到了西域，在那儿他得到了心王菩萨的启示，前去寻找天冠菩萨居住的支提山，吕圣九关注支提山临海的这一地理环境，暗示了元表通过海路去了西域，把吕圣九的论理进行整理的话，如下所述：支提山位于福州，这地方三面都环绕着山，只有东南面临海，开发比较晚，那儿的寺刹也不比其他地区多，因而作为和外部地区的交通，海路比陆路发达，利用海路往来西域比较方便，而相反利用往北经过长安的陆路往来的话，则不容易。①

支提山位于福建省宁德市的蕉城区，宁德地区往南是福州地区，往西是南平地区，往北是浙江温州地区，往东则是中国的东海，吕圣九说到了支提山在福州，这也许就是出自《宋高僧传》中，元表写的《华严经》曾被放在了甘露都尉院，现被保管在福州寺刹的记录。② 在《宋高僧传》中提到的福州寺刹不是今天的福州，而有可能是在福州管辖下的宁德地区的寺刹。唐武德六年（623年），把温麻县分了出来，另外设了长溪县，属泉州（今福州）管辖，在开成年间（836—840年），增设了感德场，并在五代长兴四年（933年）升为宁德县。在宋淳祐五年（1245年），增设了福安县。唐宋时代的长溪、宁德、福安都属于福州的管辖。

在元表曾活动过的唐代，不管是从西域还是从长安，利用陆路交通前往宁德支提山的话，都相当不方便。当时，宁德地区可以通过大海，经过东南亚和印度，往来西域。不过，元表从西域前往中国，到宁德支提山的时候，被推断利用的不是海路而是陆路，其根据有两个：一是《新修科分六学僧传》的记录，写到元表得到了心王菩萨的启示，带着《华严经》80卷，“南造闽越”，即往南经过闽越，待在了支提山。宁德位于长安的南侧，如果元表直接在西域通过大海，前往宁德支提山的话，就得写为北侧了。另一个是《华严经》的种类，《华严经》传入中国大陆以后，被翻译成中文版本，大体上可以分成3种，一种是东晋安帝时，佛驮跋陀罗（Buddhabhadra）汉译的60卷·30品，统称《六十华严》，根据朝代和翻译的前后，也叫做《晋华严》或《旧译华严》。还有一个是在唐武则天时期，宝叉难陀（Siksananda）汉译的80卷·39品，统称《八十华严》，根据朝代和翻译的前后，也叫做《唐本华严》或《新译华严》。另外一个是在唐贞元年间，般若三藏只把《入法界品》汉译的40卷·1品，统称为《四十华严》，根据翻译的时期，叫作《贞元华严》。此外，还有

① 吕圣九.1993.元表的生涯与天冠菩萨信仰研究：国史馆论丛：48辑［M］.汉城：国史编纂委员会：223-224.

②《宋高僧传》卷30《杂科声德篇·唐高丽国元表传》：“殆宣宗大中元年丙寅，保福慧评禅师素闻往事，躬率信士迎出甘露都尉院，其纸墨如新缮写，今贮在福州僧寺焉。”

Jinamitra等翻译的45品的西藏译本。在《宋高僧传》和《新修科分六学僧传》中写到元表从支提山带来的华严经是《八十华严》，在僧好德的《支提山记》中更为具体的指明是《新华严经》80卷。如果元表带来了梵语系的原本《华严经》的话，那么他直接在西域渡过大海去了宁德地区的这一推测是可能的，但他带来的是当时在中国大陆流行的《八十华严》。《八十华严》在证圣元年（695年），在洛阳大遍空寺开始被翻译，圣历二年（699年）在洛阳佛授记寺完成了翻译。而这时，新罗僧圆测参与了《易经》的著作，元表从西域回到中国时，利用陆路来到了中国的北部地区。在这途中，他在可以看作为《八十华严》根据地的长安或洛阳一带待了一段时间，在得到了心王菩萨的启示后，来到了闽粤地区后去了天冠菩萨居住的支提山的概然性很高。如果他在武则天时代曾活跃过的话，那么也许说不定在洛阳与圆测有过交流。

在淳熙《三山志》福州乌石山“华严岩”条项上写到有一和尚带来了《华严经》，有一天，雷劈在了岩石上，迸裂成了一个很大的巨室，和尚很泰然地坐在里面。① 这一故事和元表带着《华严经》来到了支提山那罗岩，在恶劣的自然环境中，进行头陀行，体会了佛法的典故很相似。淳熙《三山志》中对乌石山华严岩故事的发生时间，没有标示正确的年代，但王荣国说乌石山华严岩的故事发生在大足年间（701年），而在各种福州的网站上则说是发生在嗣圣年间（704年）。② 不管怎样，乌石山华严岩的故事和元表来到支提山华严岩的时期很接近，而且可以确定的是，这对所有福建地区华严宗的传播，起到了很大的作用。

元表在支提山那罗岩待了很长一段时间后，回到了新罗，从《宝林寺事迹》写到的：景德王十七年（759年），元表在长兴迦智山创建的宝林寺中立了长生标柱这一点来看，他回到了新罗是毫无疑问的。《宋高僧传》中写到元表在害虫和猛兽出没的那罗岩中以草根树皮和山涧水为食，进行了头陀行，那以后的行迹就不知道了。③ 行迹不明这话，可以解释为元表回到了朝鲜半岛，所以在中国找不到他的踪迹。

但是在《宋高僧传》中写到在会昌废佛时，元表把《华严经》放在用花榈木做的盒子里，藏在石室的深处，对这一直很是混乱。《新修科分六学僧传》也有和《宋高僧传》一样的记录。会昌五年（845年）8月，唐武宗因道士们的排佛论、武宗信奉道教及财政的破绽等原因，拆毁了佛教寺院4 600所、兰若40 000所，还俗了僧尼260 500名。④ 这时，像新罗僧一样的外国僧侣们接到了强制回国的命令，陆续回国

---

① 淳熙《三山志》卷33《寺观类·僧寺·在城》中“华严岩”条：“寺西北峰。大足中有僧持《华严经》于此，一夕雷雨大震，擘石为巨室，僧遂宴坐其间。”“大足”二字，据《四库全书》本补。

② 王荣国.2001.古代福建的华严宗［J］.福建宗教（2）：26-28.

③《宋高僧传》卷30《杂科声德篇·唐高丽国元表传》：“先是此山不容人居，居之必多霆震猛兽毒虫，不然鬼魅惑乱于人。曾有未得道僧辄居一宿，为山神驱斥，明旦止见身投山下数里间。表赍经栖泊，涧饮木食，后不知出处之踪矣。”

④《佛祖统记》卷43《武宗》：“（会昌五年）八月敕诸寺立期毁折，括天下寺四千六百所，兰若四万所……僧尼归俗者二十六万五百人。”

了。元表在中国游历的时期就像《宋高僧传》记录的一样，在天宝年间的话，那么会昌废佛时他的年龄至少也超过了100岁。如果，就像僧好德《支提山记》的记录一样，在武则天时代的话，那么元表是一百几十岁了，一个人的寿命超过一百岁是非常困难的事儿，更何况元表是在景德王十七年（759年）回到新罗的。

《支提寺志》中有元表活到了宋朝建立初的记录。在该书"元表大师"条中写到，在宋朝建立时，和尚元白听说在那罗岩处可以听到梵语声音的传闻，前去寻找，见到了元表，元表把《华严经》交给了元白后就升天消失了。[①] 宋朝建立是在960年，从这一点可以看出，元表活到了会昌废佛或宋代的说法是后人有意识编造的，从而觉得也许后人是为了烘托那罗岩的神秘感和《华严经》的价值，而把开山祖元表描绘成了一位一直活到了后代的人物。

那罗岩的《华严经》是在什么时候，被谁发现的呢？《宋高僧传》中说是在宣宗即位年（丙寅，846年）或大中元年（847年），保福寺的慧评禅师在听了以前的故事后，带着信徒，前去寻找，找到了《华严经》并把它带回了甘露都尉院，《新修科分六学僧传》和《宋高僧传》一样，只是把那时期记述为大中初，僧好德的《支提山记》中没有提及时期，只是写到保福寺惠平前往那罗岩，找到了《华严经》，"慧评"和"惠平"是同音字，这三种文献的记录大同小异。与此相反，《支提寺志》和上述文献有着不同的记述，在该书"元表大师"条项中写到在宋朝建立初，宁德和尚元白听说在那罗岩可以听到梵语的传闻后，去见了元表，而得到了《华严经》，慧平和慧泽在甘露寺迎接了《华严经》。[②] 在宋元丰年间蔡襄的文章和宋僧显求编撰的《支提山记》中，也提及了和"元表大师"条项差不多的内容。[③] 元表是利用什么路径回到朝鲜半岛的呢？对此，现存有关元表的资料中没有很具体言及，只有可以用来推测出发地的参考资料。宋曾巩的《元丰类稿》卷8《乱山》中有"举头东岸是新罗"这样一句，这句的自注中：

> 福州际海东海，即新罗诸国。《图经》亦云："长溪与外国接界。"

---

①《支提寺志》卷3《僧·唐·元表大师》："逮宋受命，樵者迷至岩下，闻梵音清雅，及出传布远近。邑僧元白，自远趣风，仰承圣教。表曰：我尝游西域，遇心王菩萨授我是经，并示东震旦土支提山者，乃天冠住处，可觅其所，故负经至此。去兹二十里那伽龙潭是其地也。遂以经授白，腾空而去。"

②《支提寺志》卷3《僧·唐·元表大师》："逮宋受命，樵者迷道至岩下，闻梵音清雅，及出传布远近。邑僧元白，自远趣风，仰承圣教。……遂以授白，腾空而去。白瞻仰无怠，归，同僧慧平、慧泽迎经于甘露寺供养，纸墨如新。"

③《支提寺志》卷1《岩·那罗岩》："又按宋元丰间参政蔡襄记云：国初有高丽僧元表，诵《华严经》于此，邑僧元白闻而往观之，表以经授白，腾空而去。"《支提寺志》卷4宋住山僧显求《支提山记》："樵夫失道至岩下，忽听法音清彻，遂乘流而出，传布四方。时有法师元白闻之，遂携独进推寻，直指岩下，顶礼问：'何圣者，诵何经典？'师曰：'吾所诵《华严经》也。汝就龙王借一片地以卓庵，吾即付汝。'白遂陈悃，果感龙王涌沙填地。师乃现神腾空而去。元白出甘露寺，邀都尉司僧慧平、慧泽率乡老迎请此经，具奏闽王，王阅遍，伏进钱王。"

长溪是唐武德六年（623年），把温麻县的南部一带分割出来设的县，治所设在了宁德地区霞浦县南侧15公里处。元代至元二十三年（1286年），长溪县改名为福宁州。在这句中说通过长溪前边的大海可以往来如新罗一样的外国。从长溪前边的大海，顺着北侧浙江沿海岸而上，渡过黄海就可以到达朝鲜半岛。特别是夏天，菲律宾北部产生黑潮（kuroshio）海流，经过台湾海峡和长溪前面的大海，一直往上，流入朝鲜半岛周边的海域；在秋天，风和潮流流往相反方向，从而形成了长溪和朝鲜半岛之间的海上交通。作为一个例子，日本延历二十三年（804年），日本藤原葛野·僧空海等乘坐的遣唐船中的一艘到达了长溪赤岸海岸。今天在此地建有空海纪念馆。支提山和长溪海岸只不过相隔几十千米。因此，元表回朝鲜半岛新罗的时候，在长溪海岸坐船回国的可能性很大。

元表回到朝鲜半岛以后，为了寻找修行场所，去了全罗道长兴。在《宝林寺事迹》中，有有关元表创建宝林寺之前修行场所的记录：

> 乃于其上二里许北谷中，开一兰若，置法堂及左右禅僧，左右别堂，楼阁，沙门，使若干缁徒棲息归依。见其龙湫所在，蕴精蓄异，果是西域中国相应之地也，朝夕往来，观览周详，候脉测景，眠着心省，必欲得其真。

这里明确记述了元表在创建宝林寺之前，建了一个名称未详的兰若，兰若的位置是在离宝林寺原位龙湫往上1公里左右的迦智山北谷。在这儿建有法堂、禅房、别堂、楼阁、寺门等，居住有几名僧侣，从中可以看出，该兰若已有了一定的规模。元表在兰若期间，经常下往龙湫，仔细观察地脉和景观，从而打听到了弥漫着舒气的名堂。对此在下文会进行论述，但在这儿要说的是，他用法力打败了住在龙湫的九龙，并得到了仙娥的帮助，在建了月氏国宝林寺和中国宝林寺后，建立了第三个寺刹朝鲜半岛宝林寺。

元表接着在长兴建兰若和宝林寺，这从一点可以看出这地方与天冠信仰有关联。虽只是流传下来的故事，在庆州和金庾信一起恋爱过的天冠搬到了长兴，后来，金庾信为她建立了寺刹。在长兴有名叫天冠山的山，在那山下有后来在哀庄王时灵通（或是通灵）和尚建的名叫天冠寺的寺刹。元表在宝林寺把《八十华严》作为经典，努力在佛教界传播了天冠信仰。他积极接近现实政治，为景德王的王政统治出了很多力。景德王十八年（759年），元表用法力帮助了王政，以同王的名义，在他所待的宝林寺中，立了给予宝林寺免税和免役的特权的长生标柱。

《那罗岩碑记》的内容和分析

那罗寺，又名那罗岩，或那罗延窟寺。“延窟”位于今天宁德蕉城区虎贝乡东原村的狮子峰下，因佛殿在洞窟这样的自然环境中而得名。“那罗”是梵语天山力士的名字“那罗鸠婆（Nalakūvara）”的缩写。在《佛所行赞》的第1品中写到毗沙门天王生了那罗鸠婆后，一切的天众都十分欢喜。

进入那罗寺的大门后，右边有明万历年间的《那罗岩碑记》和1997年重修的功德碑。《那罗岩碑记》高176.2厘米，宽71.0厘米，碑石裂成了两块，在最近用水泥粘合了。在碑石的上端云型纹路之间有两只龙飞翔的样子，那下面横向刻着篆字“那罗岩碑记”。在篆体碑名下，又纵向刻着碑文，碑文一共有13行，每行有25个字。碑文如下：

> 那罗岩，闽宁廿四都胜梁也。本支提之干，分东园之枝，穷源万仞，千岫一窝，石室洞深，波澄海，藏潜龙，守八十一卷华严，于是圆通降迹，龙树□渊，诵忆华严之经，点化神龙之起，徐涌沙聚气显像。肇基始禅员表之建，偕侣员白之功，开名山道场，为海国善览，步之若云游，□之如羽化，诚闽东一洞天也。三教络绎，一僧支持。予目其负戴□涉，捐九亩之粮，敷数僧之膳，庶炉烟不断，崇接有人，斯不负那罗之宝刹来天下之大观也。宜勒石以纪其序。
>
> 宁德县凤池境，陈道宗丙申，用价贰拾二两伍钱，买置后墩山后尾苗田贰石，后蓝口伍斗，舍给本岩香灯，复用四两伍钱立碑，塑相遗迹。

在《那罗岩碑记》中，记有那罗寺的位置和模样，寺刹创建的来历和缘起故事，施助者的施助内容等，碑文的写作时间是万历甲辰年（万历三十二年，1604年）正月，作者是施助者陈道宗，当时，那罗岩的首座僧是如定，主持僧是海源，助缘僧是通珊，刻工是陈朝芬，赍约是中施华，乡老是陈高惠、陈佛辰。当时，待在那罗寺的和尚至少也有3名。那时在那罗寺可以随意谈论儒佛道，很多人不停地找上门来，但还是可以看出当时财政反而不是很宽裕。陈道宗捐助了很多金钱，购买了寺田，剩下的作为和尚们使用的费用，并造了佛像，立了碑石。他施助寺田的丙申年是万历二十四年（1596年）。碑石的制作日的旁边有空白，就在这儿用小字添加了天启元年（1621年）的捐赠寺田的来历，可惜的是因为磨损太厉害了，所以很难辨认出内容。

管辖那罗寺的历代行政地的名称有点儿不同。明代属于青田乡二十四都。二十四都就是今天虎贝乡的北部地区。那罗寺建在支提山中凸出来的狮子峰下的天然洞窟内。支提山是天冠菩萨常住的地方，那罗寺是支提山的母胎寺刹。元表在巡礼西域的圣地时，从心王菩萨处得到了支提山灵府的启示，他回到中国以后，带着《八十华严》，前往支提山，定居在那罗岩。五代时，支提山把元表带来的《八十华严》作为思想上的母胎，建了寺刹。《宋高僧传》中写到元表带来的是《八十华严》，在《新修科分六学僧传》和淳熙《三山志》中也写到元表带来了《八十华严》。但是，在《那罗岩碑记》中写到流传到那罗寺的《华严经》是81卷，《闽书》和嘉靖《宁德县志》说元表带来的《华严经》是82卷，无法得知81卷或82卷《华严经》具体是怎么样的，也许是在《八十华严》的基础上又加上了一本目录。

那罗岩碑记

《那罗岩碑记》中说到员表创建了那罗寺，员白给了帮助。这里的员表和员白指的是元表和元白。“员”字和“元”字是同音字，元表在创建那罗寺时，背了《华严经》，在神龙出现时，激起沙子，聚气，传说在那罗寺的洞窟中，原来有过龙潭，从这地方的地形来看，洞窟前流淌着溪水，在夏季，溪水溢出来，在洞窟的入口比较低的地带自然汇集到了一起，从而形成了池塘。后来，把池塘给填了，造成了寺刹的敷地。在宋释显求的《支提山记》中，写有与潭和龙有关联的缘起故事。元表自己诵读的经典是《华严经》，他让元白前去请示龙王填池塘，建寺刹，元白真诚地前去请示龙王，龙出来激起沙子，填了池塘。在明林保童的《陀罗岩窟寺》中，也留有在那罗寺位处池塘的入口时龙不见了的诗句。

韩国迦智山宝林寺，是位于全南长兴郡凤德里的寺刹。新罗宪安王时，普照国师体澄在这里开设了作为最初九山禅门的迦智山派，发扬了禅宗。在比这约早一百年前，元表在这儿开山创立了寺刹。《宝林寺事迹》中记述有元表得到了菩萨的瑞气，从而创建了迦智山宝林寺的神话，从宝林寺缘起故事来看，可以看出它和那罗岩的缘起故事有相似的地方。《宝林寺事迹》：

> 山以迦智为名，寺以宝林为号者，天下有三处，一在西域，一在中国，一在东方。在东方者，即兹山兹寺也。……与西域、中国、东方一而三，三而一。而有湫在其中，为九龙渊潜之所，云雨雷霆，发作无时，水面凝渌，深不可测，人不近前，鸟不飞过，俨然一龙宫也。……见其龙湫所在，蕴精蓄异，果是西域、中国相应之地也。……见一仙娥，颜色绰约，琼佩缃纚，整花冠，曳霞衫，出拜池上。问之，则曰：我是方丈第一峰上天王之女也。我亦以圣母天王来此地有年，而大地久为龙神所据，……为梵文，为神符，以投之。于是八龙不日而徙，有一白龙冥然不动，似有拒之者，然更加神力之教以呪之，亦乃移避，而腾扬奋迅，风飙窟厉，……仙娥又出拜，师进而命之曰：汝是天王，汝知佛功德，汝若有意，汝其助余，仙娥跪请，曰：惟命是从，但愿事成后，借鹈鹕一支，栖息侧地，仰荷庇庥之德。师曰：诺。俄顷之间，天地开霁，日月明概，于是攫土搏沙，填塞深湫。

在这儿，元表在仙娥和九龙纠缠的地方创建了宝林寺。韩国宝林寺有与西域宝林寺、中国宝林寺相应的内容。元表在巡礼西域和中国的圣地后，回到了朝鲜半岛，考察全国的山势，从而寻找修行的场所。有一天，突然菩萨的瑞气从三韩的外面传来，照耀着迦智山。元表在迦智山寻找寺刹地时，见到了方丈山第一峰的女儿圣母天王仙娥，仙娥自己住的潭中，有九龙独占鳌头，他用法力打败了他们。元表把背有法文的符咒，扔了出去，八条龙和一条龙依次从潭中出来，移到其他地方去了。仙女用泥土和沙子填了潭，元表在那个地方建了名叫宝林寺的寺刹。在宝林寺的周边，有龙头山、龙门里、龙沼等很多和龙有关的地名。

那罗寺缘起故事和宝林寺的缘起故事相互有相似的地方。那罗寺和宝林寺都是新罗高僧元表创建的寺刹。元表在建这些寺刹时，背了《华严经》或是被推测为是《华严经》的法文，这些寺刹所在地原来都曾有龙住过，都是龙移到了其他地方以后，用沙子给填起来而成的。这时元白和仙娥都帮助了元表。不过，那罗寺缘起故事和宝林寺缘起故事并不是只有这两个寺刹才具备的固有特点。在新罗高僧创建的其他寺刹的缘起故事中，也有和那罗寺、宝林寺相似的类型。比方说，在佛影寺的缘起故事中说到义湘用法力打败了住在潭中的九龙，把潭填了，建了寺刹，还有在浮石寺的缘起故事中说到义湘在太白山建立寺刹时，善妙变成了龙，赶走了小乘无赖，但是那罗寺缘起故事和宝林寺缘起故事在大框架上，还是可以说是相通的。

在上述内容中说到天下有菩萨瑞气的地方有三个。在西域、中国和东方各个地方都有一个寺刹，三个寺刹像一个寺刹一样，是佛法相应的场所。既是一个整体，又是三个；既是三个，又是一个整体。元表在待在西域月氏国时，创建的寺刹是迦智山宝林寺，在东方时创建的寺刹是迦智山宝林寺。当然在这里存在这样一个问题：在现存的资料中，今天无法找到在北印度地区或是中国大陆元表建的名叫宝林寺的寺刹。就像前面所提及的一样，也有人对元表在月氏国和中国创建的宝林寺的存在表示怀疑。

在这儿，笔者做了一次逆向思考。元表回到中国以后，待的地方是支提山那罗岩的洞窟，在这洞窟中建的寺刹是那罗寺。但是不管怎样，支提山那罗寺这一名称到了何时都是后世的人们命名的，也有可能是元表把他自己在中国住过的场所叫成了一个和传到今天不一样的名称。换句话说，这种可能是元表不叫它为支提山那罗寺，而是叫它迦智山宝林寺。即使元表没把中国那罗寺叫作宝林寺，但结合寺刹的缘起故事或元表的行迹的话，在元表的内心可以把那罗寺确认为了中国宝林寺，而且推断在西域也曾有过迦智山宝林寺。

结论

本文从历史地理学的观点出发，把考察的重点放在了元表的行迹、那罗岩的样子和《那罗岩碑记》上。

那罗岩窟

元表是一位在韩国和中国，以《八十华严》为基础来传播天冠信仰的高僧。他出身于三韩，即新罗。他前往中国的时间，根据文献的记录，被分为则天武后时代和天宝年间，这两个时期都有可能。前往福建支提山的路线被推断为，不是在西域通过海陆去的，而是经过中国的北部，通过陆路去的。唐代长安和洛阳是《八十华严》的根据地，他在支提山那罗岩进行头陀行后，回到了新罗。在一部文献中写到他活到了会昌废佛或宋朝初，从人的寿命和在朝鲜半岛元表的行迹来看，这是后世的人们把元表这一人物给神秘化了。根据曾巩的记录，宁德前边大海的对面被叫作新罗。推断元表有可能是在宁德前边的大海坐船回到朝鲜半岛的。

根据《宝林寺事迹》，元表在建长兴宝林寺之前，在距离1公里左右的北谷建了具有了一定规模的兰若。那以后，他用法力打败了九龙，在仙娥的帮助下建了宝林寺。长兴宝林寺的缘起故事与那罗寺缘起故事相似的地方很多。福建那罗寺有可能就是中国的宝林寺。中国支提山那罗寺原来的名字也有可能是迦智山宝林寺。虽然对在西域月氏国建的宝林寺还没有什么发现，但单纯从那儿有几个僧人修行程度来看，它应该是那种规模很小的庵。

那罗岩位于福建宁德市蕉城区虎贝乡桥头村北部支提山中狮子峰绝壁下，寺刹被建在天然的洞窟里面。洞窟里面有庵子，庵子里面有洞窟。在寺刹的入口处有陈道宗在明万历三十二年（1604年）立的《那罗岩碑记》。《那罗岩碑记》上记有那罗岩的来历，布施者布施的内容等，这儿还铭记着元表是创建了那罗寺的开山祖。这碑石的存在和碑记内容在宁德地区也几乎没有被流传。

烨嫲之乐室，戊子阴如月廿六日草稿
已发表于《新罗文化》39辑
癸巳端午修订

参考文献 >>

曹永禄.1998.中国福建地域的韩国关联佛迹踏查记［J］.新罗文化（15）：205-231.

陈应宾，闵文振.1990.天一阁藏明代方志选刊续编：福宁州志［M］.嘉靖本.上海：上海书局.

何乔远.1994.闽书［M］.福州：福建人民出版社.

金相铉.1991.新罗华严思想史研究［M］：首尔：民族社.

荆福生.2000.宁德文明之光丛书［M］.福州：海风出版社.

梁克家.1990.宋元方志丛刊：三山志［M］.淳熙本.北京：中华书局.

卢建其，张君宾，胡家琪.2000.中国地方志集成·福建府县志辑·宁德县志［M］.乾隆本.扬州：江苏古籍出版社；成都：巴蜀书社；上海：上海书店.

吕圣九.1993.元表的生涯与天冠菩萨信仰研究：国史馆论丛：48辑［M］.汉城：国史编纂委员会.
闵文振.1990.天一阁藏明代方志选刊续编：宁德县志［M］.嘉靖本.上海：上海书局.
宁德市地方志编纂委员会.1995.宁德市志［M］.北京：中华书局.
宁德市蕉城区政协文史资料委员会.2006.霍童溪［M］.香港：天马出版社.
释昙噩.1987.新纂大日本续藏经：新修科分六学僧传［M］.东京：国书刊行会.
释志盘.1987.新纂大日本续藏经：佛祖统记［M］.东京：国书刊行会.
汤春景.1995.中国支提山［M］.宁德：宁德市委员会文史资料委员会.
王荣国.2001.古代福建的华严宗［J］.福建宗教（2）.
谢肇淛.1996.中国佛寺志丛书：支提寺志［M］.释照微，增补.扬州：江苏广陵古籍刻印社.
佚名.1967.新罗国武州迦智山宝林寺事迹［J］.考古美术，8（4）.
赞宁.1987.宋高僧传［M］.北京：中华书局.
曾巩.1983.元丰类稿［M］.影印文渊阁藏四库全书本.台北：台湾商务印书馆.

元表与支提山

壁言

欣闻韩国《茶的世界》发行人崔锡焕先生为元表法师传播支提茶至新罗国所撰《考察元表大师的茶脉》一文，读之深有感触。此文呈现了宁德支提山茶与韩国迦智山茶之间的渊源，成为中国茶文化与韩国对外交流的又一佐证。文中所提的一些地名及茶脉，犹如一个个隐藏着的探寻支提山、支提茶及后来发扬成天山茶的历史文化的密码。启发之下，提笔阐述元表法师与支提山，或能作为崔锡焕先生此文的补录侧记。

西域的月氏国

佛法从有文字考证之始，是在东汉明帝起由印度传入中国的。韩愈在其《谏迎佛骨表》中，写得十分清楚："汉明帝时，始有佛法"。佛教发展又大致分南北两路进展。北路经西域入中国，南路则在锡兰繁荣。由北路发展的佛教，使得中国与印度有着深深的紧密关系，而其中是以"西域"为媒介。所以，"西域"是十分重要的地域，之所以能起到"媒介"作用的缘由至少有两点：其一，地理相邻。在佛法传承到中国的交通中，西域是有文字可考发生佛法传承的地点。朱士行所著的《经录》称："秦始皇时，西域沙门室利防等十八人，赍佛经来咸阳，始皇投之于狱。"此事就是说，西域的一些僧人带佛经来咸阳，想把佛经送给秦始皇，但他却把他们关进牢里。其二，西域与印度的关系。这种关系是由大月氏人侵入印度发生了重要的转折。梁启超先生在他的《佛教与西域》文中评价为"最要关键"。也就是说，西域与印度的关系是因大月氏人产生的。那么，大月氏人，是哪些人呢？后来又发展到哪里呢？他们原本居住在"敦煌祁连间"，后被匈奴所破，一直迁往西北，直到"布哈尔"，南与新疆接壤。在修养生息之后，南下，占领了帕米尔高原及阿富汗，迁都至今天的北印度克什米尔。再之后，中国与月氏，有着"汉武帝使张骞往大夏"和"传译佛经"的脉络，也是基于如此的地理与历史关系。

梁启超在考证西域的姓氏中认为，大月氏的"氏"，读为"支"，即月支。而崔锡焕先生《考察元表大师的茶脉》考证韩国宝林寺文中说，元表在月氏国首创迦智山宝林寺。竟然留着"月氏国"的地理位置，应是清晰地点出了历史传承的意蕴。当然，佛法由西域间接输入中国的这个“西域”之地，不仅有月氏人，还有以安为姓的安息人，以康为姓的康居人，以竺为姓的天竺人。

回溯西域，这个对于唐代从高丽国（韩国）的元表法师最终来支提是一个地域的“交聚点”。为什么有这样的评价呢？《大藏经》卷三十《高僧传》中记载：“释元表，本三韩人也。天宝中来游华土，仍经西域礼圣迹，于心王菩萨指示支提山灵府，遂负《华严经》八十卷，寻访霍童，礼天冠菩萨，至支提石室而宅焉。”很明显，元表是经北路“西域”进入中国的。地方史料《支提寺志》进而记录说：元表法师，高丽僧也。则天朝居那罗岩，以花榈木函盛《华严经》，朝夕奉诵。这就是说，元表法师是韩国人，他到西域朝拜时，遇到心王菩萨指引说：东震旦国（即中国）有山名为“支提”，已有天冠菩萨与其眷属一千人俱常住说法。元表从西域进入中国，经心王菩萨指点，直奔“支提”，仅从地理上说，就已经是可信的。

元表“负经”赴支提

西域旅途的艰辛，大抵从梁启超先生《中国印度之交通》一文的考证可以得知。择其扼要，穿越西域，艰辛大致有三关：

第一关是流沙。法显高僧在他的《佛国记》中，真实记录下了西域的这个地理灾害：“沙河中多热风，遇则无全。”慧立的《慈恩传》中说“四顾茫然，人马俱绝”。

第二关是度岭。“山路艰危，壁立千仞”。

第三关是过雪山。在历届西域求学的高僧记录中，指的是帕米尔东界的雪山。《佛国记》说：“山冬夏积雪……大寒暴起，人皆噤战。”

当然，无论从何种路途进出往返于中国、印度，都是今天不可想象的艰辛。为何如此千辛万苦，无他，这些高僧的源源不断穿越西域，大抵有两个方面目的：一是在学问上力求真是，二是在宗教上悲悯众生，以求精神慰藉。

我们认为，元表在西域“转折”入支提山，更多的原因是孜孜不倦的求学之旨。因为有一点我们不可忽略，那就是元表对《华严经》的背负。或者，我们这样下断言，唐代武则天时期（684—704年），元表背负《华严经》来寻支提寺，目的为礼拜天冠菩萨，参学更高的《华严经》佛法教意。

为此，我们要简单了解那时佛法传承的历史背景。从历史的观点来说，除南亚的缅甸与泰国，远在印度阿育王时代，已有初期小乘佛教的传入，其余东方各国，如韩国、日本、菲律宾、新加坡等地，均由中国传入佛教。其中，韩国是最早由中国传入佛教的东方国家。韩国，旧史包括高句丽、新罗、百济三国，当时中国佛教传入上述三国的年代并不一致，以高句丽为最早。我们查阅韩国的佛教史况得知，中韩民间佛教早有往来。以南怀瑾的《中国佛教发展史略》记述为证：在晋代，前秦的苻坚派遣沙门顺道法师，送去一批佛像经文，时高句丽王小兽林接受信奉，并创建了肖门寺，

支提山华严寺天冠菩萨

居奉顺道法师。这是佛教最初输入高丽国。此后，由东晋跨越到唐代武则天时期，新罗国灭高句丽、百济两国，统一了朝鲜。到唐玄宗时期，新罗被灭，复称高丽。而那时唐末，经五代变化的中国佛教，受政治影响而消退。高丽国却承前启后，大兴佛教。

唐代，早有金·乔觉第二次进入中国，最后选择在九华山修行的佛家记录，更有“丝绸之路”开辟璀璨的中西文化交流之路。元表法师步其后尘，并为中韩佛教交流做出了历史性贡献。《支提寺志》中介绍了元表寻支提的原因，“表曰：我尝游西域，遇心王菩萨授我是经，并示东震旦土支提山者，乃天冠住处，可觅其所，故负经至此。去兹二十里那伽龙潭是其地也。”又说：“遂以经授白，腾空而去。”我们知道，从元表负经到宋代初期授经于元白，前后历时260多年，这显然有神话功效。元表法师最终去处在哪里呢？我曾采访辟支寺住持得知：一如《支提寺志》所述，元表授《华严经》于元白后圆寂；元表到天冠菩萨道场支提参学修行后，回韩国。我们以《大宋高僧传》为准，里面写到“既返新罗，复倡修名刹迦智山寺”。

在崔锡焕先生《考察元表大师的茶脉》一文中，也得出元表法师回到韩国，并带去中国支提山茶的事实。

会昌法难的前后

“大方广者，所证法也。佛华严者，能证人也。”《华严经》是大方世界所证之

韩国茶道友人在支提华严寺供佛茶

法，是华严宗所依据的主要经典，故得名。华严宗为中国自创的宗派。在唐玄奘天竺取经后，立“法相宗”，也称为“唯识宗”。之后，印度佛法研究进入一个鼎盛时期。而后“十地宗”（华严宗的前身）成立，华严的研究进入旺盛阶段，唐法藏（643—712）与他人合作，重新翻译《华严经》，并立“华严宗”，标志了自创一派。

因武则天尊法藏为“贤首大师”，故又称“贤首宗”。由于武则天的支持，华严宗在全国大为流行，福建亦不例外。据《三山志》载：福州鼓山“建中四年（783年），龙见于山之灵源洞，从事裴胄曰：‘神物所蟠，宜寺以镇之’，后有僧灵娇诛茅为台，诵《华严经》，龙不为害，因号‘华严台’”。《鼓山志》载，灵娇入山“诵《华严》于潭之旁，龙出听法，遂移去，因奏建华严寺”。我们以为，“华严台”与“华严寺”，二者仅仅是名称不同，实则一也。但从名称的差异中可看出其规模不大。在会昌法难中，华严寺沦为废墟。

元表法师为何要背负《华严经》来中国支提，而不是去印度，而不是背负其他经书呢？这是有历史根源的。如果用一句话来阐释，那就是华严，纯为中国的而非印度所有——佛教输入之后，经过融合和化解，已浸成中国的佛教。他必须为此要来“寻根”。

隋唐时代，是中国佛教的建设期。“华严”最终与“法相”“天台”盛行于唐，被称为“教下三家”。换一句话说，“华严”由中国发展创立，又盛行一代，是“根”，是中国重要的佛法之一。但，这只是其一方面。

我们已考证了在唐代武则天时期，入大唐的求法者众多。其中在朝鲜佛教举足轻重的高僧元晓、义湘和圆测，在朝鲜弘传佛经华严宗旨，被称为朝鲜的华严教。但元晓来唐未果，义湘亦来唐参谒中国华严宗二祖智俨，返国后著有《华严一乘法界图》，大力弘传华严宗，为创立具有民族特色的朝鲜华严宗奠定了理论基础。后经会昌法难，华严等佛教宗派在中国几乎走向末路，而韩国则大兴佛教。所以南怀瑾称，当时的中国佛教著作，如《天台章疏》《华严经论》，都靠从高丽传归国内。这是其二。

就僧人而言，史籍记载中有法名可考的，元表法师则居其一，而关于元表来支提山的年代记载虽有出入，但元表在唐代时期到支提山石室修持《华严经》的事实是不容置疑的。

在元表传归《华严经》以及影响他最终去向的轨迹中，不能不提到佛教史上的“会昌法难”。《大藏经》载：“于时属会昌搜毁，表将经以花榈木函盛，深藏石室中。”这里提到的“会昌”，则指会昌法难。

会昌法难，指唐武宗会昌年间所发生的废佛事件。唐武宗李炎素信道教，即帝位后，于会昌五年（845年）下诏强制僧尼还俗务农，又大毁天下佛寺，其钟、磬、铜像等皆铸铜钱。六年三月帝因病崩，宣宗即位，大中元年（847年）三月，复天下之佛寺。世称武宗毁释为会昌法难。

通过查找佛教史料，我们揣测：由于会昌法难事件的发生，元表不得不背负《华严经》，逃命到霍童支提山，栖身洞穴，藏经石窟。《支提寺图志》点校者认为，经书传世有两种说法：一是保福寺慧泽禅师素闻往事，率信士迎《华严经》于甘露寺都尉院；一是传说，有樵夫偶然发现石窟藏经，“闻岩中梵音清澈”，遂告元白法师，元白法师因此前往查看，与同去的高僧慧平、慧泽迎经回甘露寺供养，纸墨如新，而后进献吴越王钱俶。吴越王钱俶宣问杭州灵隐寺了悟禅师，了悟禅师回禀说：“臣少游闽至第一洞天，父老相传有菩萨止住，时现天灯照耀，宝磬鸣空，知是天冠说法地也。”由此看来，第一洞天支提山史有天冠说法道场之称。而后，了悟禅师南下霍童，夜听支提山中钟声梵音，寻声而去，至大童峰畔迷路，忽来白猿引路前导，看众林“化林为寺”。次日，却只闻潭水深深，不见昨日殿宇。了悟禅师实为骇异，还报吴越王，吴越王大惊，遂委命了悟就地开山建寺，前“华严”，后“华藏”。华藏寺初名“华严寺”，因《华严经》而得名，了悟禅师也因此成为开山祖师。

《支提行》有诗颂：方广华严千载述，那罗仿佛化成林，贝叶函中看佛日，佛日无尽山无穷。不论元表法师最终回归何处，而今在韩国的教科书中，在霍童支提山，都依然记载着这位跨国参学、为大方世界证法的历经磨难的高僧——元表法师。

支提茶与元表

宋代“天下第一山”支提寺建立后所产制的“支提茶”，成为了后来“天山茶”

的前身。从中可以梳理出支提茶的历史脉络。

商周时期。商周时期，丹丘子、霍桐真人曾在天山茶区一带修炼，以茶为保健。施舟人考证天下第一洞天，他认为至少有两种原因使得霍童山成为“天下第一”：霍童山的珍贵草药马箭；霍童山的五色灵芝。我们知道，在中国道家的世界里，核心始终离不开“天人合一”的自然宗旨，由此而树立了中国茶道的灵魂；而在佛教禅宗，则强调了“禅茶一味”，以茶助禅，以茶礼佛。

东汉时期。东汉末年，江苏句容的道人左慈选择霍童山修炼，这在《支提山图志》中描述归结为“较为便捷”，那是因为其交通是通过水路到达的。除此，还有一个原因是霍童山“隐秘”和“安静”，是一个适合达到“天人合一”的修炼之境。更为重要的是，由此，左慈的门生，后来鼎鼎有名的内丹派创始者之一的葛玄追随而来。以清乾隆《宁德县志》为证：葛仙峰，在二十都（今天山茶区西乡虎贝一带）。“葛仙翁，常炼丹于霍童峰，数年不出，今葛仙岩有丹灶遗址。岩前有潭，名葛陂龙湫焉。”值得注意的是，这里点到霍童山的水质。我们在《支提山图志》中，找到关于霍童山水质的神奇记录，大抵是说，饮潭中的水，有轻身解饿之功效。此传闻引来福州府官员，贸然前来却数次遭遇特大暴雨，于是令人取水至福州府，却不知此仙水离山，则臭。令人读之愈感神秘。

葛玄来后，引来他的门生——能“内见五脏”的郑思远等人。此后，诸多道家褚伯玉、司马承祯等前来。也正因为司马承祯来过，所以他受皇帝之命册封天下名山时，就有把霍童山列为“天下第一山”的辉煌之举。众多道家在霍童山，他们说茶是“仙草”“草中英”，是因为“茶是南方之嘉木”，为大自然恩赐的“珍木灵芽”，是与灵芝等食用途径一样，适合人由“草”而融入自然的一个重要途径。

明万历《宁德县志》直接说：“茶——西路各乡多有，支提尤佳。”明广西布政使、长乐人谢肇淛在他的《五杂俎》写道：“闽方山、太姥、支提俱产佳茗”，进一步证实了支提茶的质地。

元表来支提山时，至少比唐乾元二年（759年）早。那么，在乾元二年前后的支提茶，会是怎样的情景呢？我们在上述明谢肇淛的记录中，试图从家谱传承中追溯而上。唐广明元年（880年）时，入闽的周姓中原人有一支进入了宁德天山山脉的洋中一带，他们来自河南光州固始县，那里早有产茶制茶的技艺，唐陆羽《茶经》就有称为上品的“光州茶”的记载。

更有辉煌记录的要指“蜡面贡茶”，这也是发生在唐代。《唐书·地理志》明确记载：“福州贡蜡面贡茶。盖建茶未产以前也，今古田、长溪近建宁界亦能采造。”长溪，指的是今天的宁德。

即便到了唐末，《福建名茶·天山绿茶》记载：“在唐朝末期（907年前后），中天山一带便有种茶……”是因为，天山山脉的气候、土壤等自然环境，都较为独特。当然，后来宁德县茶业局郑康麟、吴洪新、宋岸伟和陈言概等在虎贝姑娘坪一带发现了野生大茶树。后又发现若干野生茶树群落，其中最大的遗桩主干直径53厘米，重长后主枝高达5~10米，成为福建现存野生茶最多的茶区。这，无疑是一个有力的物证。安徽农业大学庄晚芳教授研究认为“有野生茶树的地方，可能是原产地，也可能是原产地的边缘”。他在多年对福建宁德的地理、古地质构造、岩性特点、地形、野生茶树、品种变异等方面进行研究后，提出了宁德县、武夷山等地是中国茶树物种起源的同源“演化区域”的观点。

那么，如此多的证据下，我们是否可以说，在支提茶产生发展的背景下，加以元表为佛家高僧，无论是他的修炼，还是他的日常生活自然都离不开支提茶这一天赐的佳宝。有幸的是，崔锡焕到那罗岩寺院考察，发现了寺院《唐新罗国高僧元表大师行迹碑》上刻着“元表大师携带禅与茶回到新罗创立了名山迦智山寺”，并由此赞扬元表大师为“福建茶史做出贡献”。

“支提茶”探源

陈仕玲

宁德县枕山襟海，气候温和，降水量充沛，适宜茶叶种植栽培，自古以来就是福建著名的产茶区域。据《福建名茶·天山绿茶》记载：“唐朝末期（907年前后），中天山一带便有种茶。”早在福安“坦洋工夫”、福鼎“白琳功夫”等闽东名茶产生之前的明代，蕉城“支提茶”就已闻名遐迩，并作为一个品牌，与闽北武夷茶、福州鼓山半岩茶、泉州清源茶、福鼎太姥茶相媲美，受到了当时社会各界，特别是士大夫阶层的青睐和推崇。

支提山土质肥沃，植被丰富，产茶历史悠久。据有关专家多年考察，在支提寺附近发现了零星分布的野生大茶树。蕉城当代著名的“天山绿茶”据说也源于支提山。支提山人工种茶的具体年代始于何时，现已无从考证。一种说法认为“支提山建寺起即始种茶”，这种说法不无道理。茶作为一味保健饮品，据《本草纲目》记载：“茶苦而寒，最能降火。”因此，常饮茶能静心静神，有利于陶冶身心、祛除杂念，符合佛教徒所要求的意识境界。在中国古代，茶文化与传统宗教有着广泛的联系，佛教徒提倡“以茶悟性”，茶融入了佛教文化，并注入新的内涵。寺院种茶，不仅可以作为僧人待客和自用的饮料，最重要的是茶还可以供佛。另一方面，佛教的存在，也极大充实、丰富茶文化的内涵，许多像支提寺这样的著名寺院，对茶文化的发展和丰富做出了重要的贡献。所以支提寺自北宋开宝四年（971年）创建以来，就开始在寺院周边种植茶树。也有学者怀疑“支提茶”有可能源于鼓山“半岩茶”。据民国郭白阳（伯瞒）《竹间续话·卷三》记载：“按鼓山茶园久废，今僧尚有以支提茶相饷者，而味尚清冽，未审是半岩茶种否？”其实鼓山种茶的时间是五代十国闽王时期，与支提寺种茶的历史年代相距很近，在鼓山“半岩茶”闻名时期，“支提茶”也已出现。因此这种说法并不可信。

“支提茶”作为品牌的出现，应该始于明代万历年间（1573—1620年），而最早关于支提茶的记载，也出现于这一时期。明谢肇淛《五杂俎·卷之十一·物部三》记载：“闽方山、太姥、支提俱产佳茗。”万历时期，由于高僧大迁受到朝廷的恩宠，久经战乱的支提寺也得到了皇家的高度重视，进入了稳定安宁、香火旺盛的“中兴”时代。有了这样一个祥和的环境，僧侣在寺院周围广置茶园，出现了“绕寺青山万树茶”的盛况。许多达官显贵、文人墨客慕名朝山，麇至沓来。寺僧则以入口清淡、回

福建右路福寧鎮標右營遊府高 為禁諭事奉
總督部院加一級正一品李 令牌照得支提禪林所產茶芽悉皆僧衆培植賴為
焚修養膳之需近聞文武各官及棍徒影射營頭名色短價勒買或販賣而覓利
或派取以餽遺所產之茶不足以供谿壑絡繹騷害混擾清規殊可痛恨除出示
嚴禁外合行申飭備牌到府照依事理即便遵照嗣後支提茶芽聽從本僧親自
發賣以為養膳之費不許文武各官併地棍影射營頭恃强勒買以滋擾害敢有
故違查出定行嚴拿重究等因奉此合行示禁為此示仰支提僧寺知悉嗣後如
有本轄官兵并地棍影藉本營名色恃强勒買者許該僧指名赴
府投稟以憑差拿從重究治毋自容隱[illegible]
大老爺作興至意特示
康熙四年六月 十二 日給
發支提寺張掛

清康熙四年支提茶芽的告示

味甘饴的山产绿茶招待宾客，得到众多人士的青睐、赞赏。由此，支提茶逐渐走出了深山，为世人所知。

“支提茶”到了清代仍长盛不衰。周亮工《闽小纪》载：“近鼓山、支提新茗出，一时学新安，制为方圆锡具，遂觉神采奕奕。”说明在清代，随着支提茶品位的升高，饮茶者对茶具的使用也越来越讲究。清李拔《福宁府志》中说：“茶，郡治俱有，佳者福鼎白琳、福安松罗，以宁德支提为最。”同时代的卢建其在《宁德县志》中也留下了“茶，西路各乡皆有，支提尤佳”的记载，又可以说明当时闽东名茶的桂冠，依然属于支提茶。

自大迁国师重兴天冠道场之后，支提寺声誉日隆，高官权贵、名僧大德望风而至，不绝于途。由于“支提茶”为寺中名产，故此一些过往官员以及地方豪强借机低价强买甚至强行索要，寺僧慑于权势，只能尽力满足，但产量有限，往往不能如愿，由此给支提寺造成了重大压力。寺僧不堪重负，遂于康熙初年上书闽浙总督部院，希望得到官府庇护。康熙四年（1665年），闽浙总督李率泰下布告对“支提茶”进行保护，严禁下属大小官员以任何借口进行侵扰。这道禁谕至今保存于同治年间编的《支提山万寿寺档案》之中：

> 福建右路福宁镇标右营游击高为禁谕事，奉总督部院加一级正一品李令牌，照得支提禅林所产茶芽悉皆僧众培植，赖为梵修养廉之需。近闻文武各官及棍徒影射营头名色，短价勒买，或贩卖而觅利，或派取以馈，遗所产之茶不足以供，溪壑络绎，骚害混扰清规，殊可痛恨。除出示严禁外，合行申饬，备牌到府，照依事理，即便遵照。嗣后支提茶芽，听从本僧亲自发卖，以为养廉之费。不许文武各官并地棍影射营头，恃强勒买，以滋扰害。敢有故违，查出定行严拿重究等。因奉此合行示禁为此，示仰支提僧寺知悉。嗣后如有本辖官兵并地棍影藉本营名色，恃强勒买者，许该僧指名赴府投禀，以凭差拿，从重究治，毋自容隐，负太老爷作兴至意。特示。
>
> 康熙四年六月十六日给
> 发支提寺张挂

支提茶的采摘时间是在早春响雷时节，故又称“雷鸣茶”。明代著名学者谢肇淛于万历三十七年（1609年）农历三月初十，偕莆田人周乔卿游览支提寺时，寺住持就以“新茗”款待。谢肇淛在《长溪琐语》中还提到支提、太姥以及福建其他著名的茶区，“采者必于清明前后，不能稍俟其长，故多作草气而揉炒之法，又复不如卤莽收贮，一经梅伏后霉变而味尽失矣”，对这种采茶时间上的差误进行了批评，并提出“倘令晋安作手取之，亦当与清源竞价”。

清人崔嵸《支提寺图志》中收录了不少有关支提茶的诗词作品。此外，明代的谢肇淛、徐𤊹、曾异撰、周乔卿也都留下了歌咏“支提茶”的佳作。万历年间一个暮春时节，雨后初晴，徐𤊹邀谢肇淛、郑邦祥、周乔卿等在榕诗人，雅集徐家汗竹斋品茶作诗。当场限每人作七律一首，对新采的武夷、石鼓、清源、太姥、支提五种福建名茶，进行了评比。我们从仅存的数首作品中，可以发现古人对支提茶的评价是相当高的。同时，这次诗人雅会也给福建茶史增添了一段佳话。

“支提茶”在古代还是馈赠亲友的珍贵礼品。明代，支提寺僧日新赠送太姥、支提春茶给谢肇淛。为了感谢日新厚意，谢肇淛作《日新上人惠太姥霍童二茗赋赠四首》以赠。其中有“春深夜半茗新发，僧在悬崖雷雨边”“沙弥剥啄客惊起，两阵香风扑马蹄”等名句。

明末举人曾异撰客居玉田（今古田），好友郑体乾以程君房手制墨以及郑季卿绘扇面、支提茶等八样物品赠送曾异撰。曾异撰只收下包括“支提茶”在内的四样，并赋古风一首回赠。中有“支提山茗程氏墨，鲜如雪白古漆黑”句，把“支提茶”与名扬天下的程君房墨相提并论，可见时人对“支提茶”的看重。

清代，鼓山涌泉寺僧人也多以“支提茶”招待朝山香客。

顺带说一句，古人饮茶特别讲究用水，他们为了品尝一杯佳茗，不惜路途遥远“千里致水”，直至发出“平生于物原无取，但求山中水一杯”的感慨。离支提寺不远的五龙潭，乾隆《宁德县志》称之“怪石巉岩，人迹罕到”。这里的泉水，被推为上品。谢肇淛在《五杂俎》把它与济南趵突泉、杭州西湖龙井水、青州范公泉、黄山天都峰龙潭水相提并论，称之“甘洌异常”，并且指出这些泉水多位于“穷乡遐僻”，处于“无人赏鉴”的状态。

由于寺院种茶主要用于供奉佛祖，僧侣饮用，以及招待香客，酬谢施主，不同于民间种茶，存在经济利益问题，所以产量有限，一般人不能享用。再加上清代中后期，支提寺香火趋于衰落，僧侣减少，周围的茶园缺少管理，逐渐荒废。到了民国时期，“支提茶”终于像鼓山“半岩茶”一样，退出了福建名茶的大舞台。

新中国成立以后，同为福建五大名茶的武夷茶、太姥茶经过历代茶农和科研人员不断探索和改良，品种日趋完善，饮誉海内外。清源茶在20世纪90年代初，因市场疲软和经营体制的转变等原因，消失在人们的视线里。2006年，通过招商引资，引进茗山茶业有限公司在该场第五管区垦复种植优良品种铁观音茶园100亩，创办集生态、旅游、休闲为一体的清源茗山生态茶果场。经过两年的精心管理，重新焕发生机。鼓山半岩茶在清初就已灭绝。到了20世纪60年代，福州市政府为了恢复半岩茶的生产，派遣专家勘察野茶，在鼓山上下大量种植。唯有支提茶，沉寂了将近一百年时间，至今仍未有人提起。支提山气候湿润，泉水潺湲。春夏之交，山中云雾缭绕，是很适宜种茶的地区。如果寺院能够聘请专家，挖掘周围的野生茶资源，进行培养繁殖，定能重现“支提茶”旧日的光彩，同时也可以为支提山增添新的旅游景点。到那时，游山的客人在欣赏“洞天福地、佛巢仙窟”的迷人风光之余，就可以饮用到五龙潭水泡“支提茶”的清香气味了。

宁德县野生大茶树的前世今生*

陈玉海

福建省野生茶树王在宁德县

1992年10月8日，林业部发文通知全国，把野生古茶树列入二级珍贵树种保护名录，同时公布了《中国野生茶树种质资源名录》（下简称“名录”）。“名录”中福建省中选的有四棵野生古茶树：霍童大茶树（小乔木型），产地宁德霍童，树高×树幅为6.4米×6.4米，干径19.0厘米，叶长×叶宽为16.7厘米×6.4厘米，枝高最低离地1.7米。其他三棵分别是：兰田大茶树（小乔木型），产地安溪，树高×树幅为6.3米×2.7米，干径18.0厘米，叶长×叶宽为（11.5~17.3）厘米×（4.5~6.0）厘米；企山野茶（小乔木型），产地安溪，树高×树幅为3.2米×2.7米，干径6.9厘米，叶长×叶宽为11.8厘米×5.0厘米；太姥山野茶（乔木型），产地福鼎太姥山，树高×树幅为（2.8~3.9）米×（1.7~4.5）米，干径6.8~9.7厘米，叶长×叶宽为（10.8~11.9）厘米×（4.3~4.6）厘米。毋庸置疑，在福建省四棵野生古茶树中，无论树高树幅、干径，抑或叶长叶宽，宁德县霍童镇的这一棵都属第一，是福建省的野生茶树王。

霍童大茶树是1960年6月在霍童某自然村被发现并测量的，名列《福建省茶叶品种志》（1979年）。

宁德县野生大茶树资源丰富

在霍童大茶树被发现后，宁德县野生大茶树的资源状况，引起了省内茶叶界的重视，茶叶科技工作者通过调查考察，先后在虎贝、洋中、洪口、霍童、八都、七都等乡镇发现了野生大茶树的大小群落，虎贝姑娘坪还分布有主干围径分别达151厘米和121厘米的野生茶树遗桩。2007年8月间，资深高级农艺师郑康麟、吴洪新先生联手再上姑娘坪，在山间又发现了一片野生茶树群落，其中最大一株直径53厘米（径围150.8厘米），树高10米，树幅4.5米。

宁德县地处东经119°7'48"~119°50'30"、北纬26°31'18"~26°58'42"之间，为鹫峰山脉南麓入海缓冲带，西部、西北部大山区分布有数十座海拔300~800米，间有1 000米以

* 本文曾发表于《宁德文史资料》第20辑《宁德一都》，2014年12月。

上的峰峦；除沿海及霍童溪畔由于海潮、河流冲积及围垦造地形成的五里洋、霍童洋等小平原，域中丘陵纠结延绵；这里气候温和湿润，水系发达，云雾蒸腾，为野生大茶树的繁殖、生长提供了优越的地理、气候条件。

宁德县林业（含野生大茶树）资源丰富。据1953年全县林地资源调查统计，全县林地面积达100.27万亩，占当年土地总面积的55.28%。有史以来，除了城内，几乎村有公有林，祠有公益林，户有产权林。村、祠林具有防风固土、抵御匪患和风水学上的避灾纳祥，及储存发展公有经济的作用，户有林则是代代开发继承的家庭经济林。如拥有近350户，1 300多人口的八都镇吴山村，隐蔽在一片浓密高大的树林里，陌生人在这里进出村很难；这里人均占有林地5亩。占有林地最富有的当为霍童镇的后洋村，人均100亩，村里至今还有数千亩原始森林。在广袤的林地里，野生大茶树或群落或两两散布其间。

笔者于2006年早秋，与六名友人探访其时尚未开发的“八仙顶”景区。我们从七都镇芦坪自然村沿山间小道向上攀登，在“顶下”小村遗址上约80米的路边，发现一段被砍下的时间不长，叶片尚未凋萎的附枝，树干直径约15厘米的乔木型野生茶树。八仙顶临北山村一面巉岩峭壁，怪石嶙峋，树木蓊郁，人迹罕至，相信其中尚有乔木型野生茶树。在赤鉴湖（西陂塘）于1979年1月被围垦前，这里临海，海拔不高。

笔者一位朋友夙好探山猎奇。听其岳父说，在其所在村一处山间有不少高大的苦茶树，村里人会在清明、端午节时采些苦茶叶，以备医用，用鲜叶片搓背，能治小儿发烧，并说苦茶树的干、枝还可以切刻成碗、杯，冲入白开水，就能渗出芬香的茶味。于是，在15年前的一天，由其岳父带着，渡涧越岭，跋涉了一个多小时，到达一个山头，果然有一片高大的苦茶林。他想砍段较粗的枝子刻茶杯，但茶树开桠高，爬不上去，其岳父见状二话不说，竟操起锋利的砍柴刀，把身边一棵碗口粗的大茶树给拦腰砍断了。他责怪岳父急性子，其岳父说，树长在山上就是供人用的，这种树有的是。于是岳婿俩人就把茶树干给扛回家了。

还有人在七都镇马坂村和石后乡上竹洋村也发现了野生大茶树。这些都说明乔木或小乔木型野生茶树在宁德曾经广泛存在。

野生大茶树现在稀缺原因初探

野生大茶树为什么现在显得稀缺？我想，这可能跟宁德县林业（含野生大茶树）近代曾三次惨遭劫难有关。第一次是1958年全民大炼钢铁和林业生产放“卫星”；第二次在“文化大革命”期间；第三次是20世纪80年代初将要落实山、林权之际。

1958年，震天动地的“大跃进”号角吹响，中央制订我国钢铁产量要“超英赶美”的宏伟目标，提出请“钢铁元帅”升帐，号召全民投入大炼钢铁。各地以实际行动响应号召，于是全国一日间涌现出千万座大小不等的土法炼铁炉。宁德县各村居、机关、行业、学校都忙于砌炉、烧炭、洗铁砂和炼铁。原《宁德人民报》描述：当时宁德呈现“无河不见黄（洗铁砂搅黄了溪河），无山不见窑（烧炭窑），无村不见炉，无炉不见红”的景象。蕉城小学（今蕉一小）五、六年级一班一座小炉，炉体的“耐火砖”是师生们从104国道沿线洋尾村（今福洋村）边一座小山头上挖取挑来的，铁砂是在漳湾五里洋田间小渠中洗出来的，木炭是从石后小岭村挑回来的。洋中大队建有国营炼铁高炉10个，村建小高炉12个，日上场男女全半劳力960多人，上山烧木炭、洗铁砂、炼铁。

用木炭去烧炼铁砂和从群众家里收集来的铁灶具、用具及寺观中的铁钟、大铁锅等铁制品，使之熔化制成铁块，是那时聪明人的创举。烧炼了几天几夜，有的炉流出了铁水，有的却躲在炉里不出来——成为“牛头铁”。有一块四五百斤[①]重的“牛头铁”，至今尚尴尬地窝在八都镇某村村边。土法烧炼钢铁，需要大量木炭，由此，全县各地大片大片的林木包括野生大茶树等珍稀树种被砍下，塞进炭窑，成了为辉煌年代做贡献的木炭。《洋中村志》载：村中的后贝潭及陈家洞、桥头、中和坪等地的森林，历史悠久且混生有大量高大的楠木、枷、石楠等珍稀树种，全部被砍光烧成了炭。

1958年，是壮志豪情激发的年代，神州大地上各行业竞放“卫星”。那时所有的林业资源已经国有化，于是林业战线组织人员放开刀子砍。当年7月至12月，宁德县政府组织上百名由城镇居民和当地农民组成的砍伐队伍，以准军事化形式在虎贝区梅鹤公社“上际坑”安营扎寨，以“剃光头”方法，刀砍手推，硬是把那里几个山头上几千亩的原始次生林木砍下。这只是其中的一例。通过诸多努力，宁德县的“林业卫星”大气、耀眼地升上了天，而宁德县几多原始的、历代营植的森林（含野生大茶树等珍稀林木）被荡灭。

“文化大革命”期间，农村基层政权组织瘫痪或半瘫痪，部分农民趁机乱砍滥伐林木出售，因此，在宁德县形成了多个木材市场，其中濂坑和洋中村是闻名遐迩上规模的木材市场，日上场人数多则三五千人，少则近千人，日成交木材数百立方米。1968年4月30日，县市管部门组织了104人的队伍去取缔濂坑木材市场，现场抓获“投机倒把”主犯9人，没收木材50立方米，机动船6艘，汽车1辆。这期间，滥伐林木虽然是以杉、松木为主，但其他林木包括野生大茶树等珍稀树种也受到了严重或毁灭性的破坏。那时，基层政府也在“胡砍”。洋中村原“国子先生”木牌坊西侧有三株栽种于宋代的千年大水松，其中一株开裂的树干中还可以存人，1966年9月间竟被砍倒劈成小柴片，当作“万灯灭虫”的火把，至今让人嘘唏不已。

1981—1982年，农村开展林业“三定”（划定大队、生产队、个人）工作，虽然会议从上至下开到农户家，但不少农民对国家现行农村政策有怀疑，怕被“忽悠”，认为“千赊不如八百现”，有的则是对山权、林权认定有看法，从而引发乱砍滥伐山

① 斤为非法定计量单位，1斤=0.5千克。下同。——编者注

林的歪风。杉、松木被大量砍伐，祸及其他林木，包括野生大茶树等珍稀树种。宁德县工商行政管理局称，1981年截获木材投机949立方米，1982年639立方米，1983年426立方米、棺木枋64副，从以上数据可窥当年林木遭遇之一斑。

20世纪70年代，宁德县食用菌生产兴旺发达，山区里几乎户户种植香菇、白木耳。前期用段木（速生林木），后期用木片、木粉、代用品，但前后期举凡架棚屋、搭架子，都需要大量林木，包括野生大茶树等珍稀树种也在被盲目砍伐之列。

在20世纪90年代液化气灶还未进入平常百姓家前，家家户户都用火灶煮食物，这需要大量的木柴、薪草。农家一般要安排一两个劳力专职砍柴火，城镇人则买柴片烧。当年城乡都有柴火市场。洋中镇天湖村、八都镇长潭村的柴片市场存量大、柴质厚实干燥，因此名气大，日成交量几十担，春节期间则达数百担。俚语道：口腔、灶腔难填。世世代代，有多少林木包括野生大茶树等珍稀树种被塞进灶腔，成了缕缕青烟?

现在荒唐、落后的岁月过去了，山头绿了，林木向山村进逼，许多珍稀林木包括野生大茶树不但被保护了下来，还开始繁殖和茁壮生长。因为，如今再也不会搞毁林烧炭去炼钢铁和砍下千年古树当火把的荒唐事了，而且连林区的天湖村、长潭村人家也依赖液化气灶和电磁炉过生活了。

“天山绿茶”的地理环境

陈言抖

天山绿茶的原产地主要在蕉城区洋中镇际头村与章后村等村境内，有内天山、中天山、外天山三地。际头村境内的天山顶山，是天山山脉的中段，在天兜山东北，主峰海拔1 134米。内天山因村在天山里，故又名里天山，海拔1 000米，在际头村东偏北，路程3公里，天山西北方向。中天山，在章后村北偏西，路程4.5公里，天山东南麓，海拔980米。外天山又名铁坪坑，在章后村北，路程4公里，海拔950米，天山南麓。此三处“天山”都是天山绿茶的原产地，其种茶历史可追溯到唐代末年。内天山原有茶园100亩，外天山有200亩，中天山也有几十亩。

天山山脉

外天山周围有“上十八丈”“下十八丈”“虎头冈”“陈门里”“朱后”“葛藤山”“龙潭头”等诸多小村。这些山村海拔都达千米以上。面向洋中的一边形成九龙山脉，隔溪驰向洋中。面向东山的形似笔架，人称笔架山。面向林坂的虎头山，有一瀑布名为“午日龙潭”，气势非凡。在林坂村，有一对联曰：“笔架凌空藏虎豹，砚池蓄水起蛟龙”，形象地展现了这里的山形景观。

天山绿茶更广泛的产区应是指蕉城西乡洋中、石后、虎贝及霍童、九都近邻天山的部分山村及支提山。这些山区海拔平均都在800~1 000米。气候温和，四季降水量充沛，烟雾缭绕，再加上适宜于茶树生长的土壤条件，为绿茶的生产创造了优越的地理条件。民国时期天山绿茶鼎盛时，仅洋中的茶产量就达3 000担，形成家家户户种茶、制茶，茶贩几百人遍布全乡，拥有十几家茶行的繁荣景象。历史上福州的茉莉花茶闻名中外，而福州的茉莉花茶就是用天山绿茶和福州地区产的茉莉花窨制而成的。当年洋中一带产的茶叶都是通过陆路人工肩挑，经溪富、梧洋、知府坪、后溪诸村到罗源中房、连江运到福州。

天山古民居

天山山中有名泉。据周玉璠主编的《宁川佳茗》称支提山的小童峰“旁有仙井、泉极甘洌”，还有“一线泉”，从石壁中出，味洌，亢旱不竭；那罗岩，“群峰插汉，北涧崩流”；辟支岩“水滴如浆”，味甘洌，盛以石盆，额曰“天浆甘露”，亢旱不竭；雨花岩“高数十米，泉喷如玉，昼夜不辍，右进数百步为珍珠帘，悬崖乱瀑，络绎而下，或时风起，右旋左转，如倾万斛珠玑，对立神爽”。天山名泉滋润了天山的茶树，独特的高山环境，产出了优质的天山绿茶。而以名泉冲泡出的天山绿茶更是清香四溢，色、香、味俱佳。正所谓，色泽翠绿，汤色碧绿，叶底嫩绿。而支提、那罗、辟支的历代高僧都是以名泉泡茶敬奉来客。

源于洋中镇章后村与际头村之间千米山峰——无坪山宝顶峰、中天山的滞下溪，除了有峰峦上碧波荡漾的“中心湖”，沿溪又有住泊龙潭、千日龙潭等瀑布和溪涧深潭。午日龙潭，地处天山山脉九龙山以东，据清乾隆《宁德县志》记载，午日龙潭“四山环绕、树木蓊郁。岩头瀑千寻，泻落潭中。其潭有三，蒙密不见天日，惟正午时，日方照之，故名午日龙潭。祷雨辄应”。传说，该龙潭古代有蛟龙，从洋中溪“龙潭石”溪潭，飞跃居天山龙潭头“午日龙潭”。清乾隆福宁郡守李拔撰《午日龙潭》诗曰：“坂桥溪畔水拖兰，潭下骊龙睡正酣。潜德等闲田未见，惟余午日曜天南。”

天山“午日龙潭”附近村民多于岩上垦园种植茶树，采制茶叶品质特异，尤其是清明正点响雷时节采制的茶芽具有药用功效。当地村民还于每年农历五月五日端午节的午时，在龙潭岩上、山涧湖畔采集草药，制药茶，治疗风寒、滞泻等疾。相传，古代有一位称“程公（程仙翁）”的人，常于附近采摘正天山茶和岩上草药，泡制药品，为民驱邪医病。有一年端午节他到“午日龙潭”山岩采药，忽然顿觉自己身体飘然轻举而升空“成仙”，人们说这是午日龙潭的“龙王”给了他好报应。至今洋中一带山区村民还保留着五月初五午时上山采茶、采草药用以治病的习俗，人们认为此时的百草皆可治病。

宁德历史上的两部茶叶专著

陈仕玲

闽东自古为国内重要产茶区域，种茶、制茶历史悠久，明清时期，太姥绿雪芽、支提茶即已名闻省内，与闽北武夷茶、福州鼓山半岩茶、泉州清源茶竟相媲美。近代的福安坦洋功夫、福鼎白琳工夫、宁德天山绿茶更是饮誉国内外。美中不足的是，闽东古代有关茶叶方面的著作却屈指可数，据目前资料可知，除了叶乃寿主编《宁德茶叶志》提到的近代陈鸣銮著《福安茶叶》以及张天福主编《三年来福安茶叶的改良》（民国二十八年元月福州仓前山知行印务局出版），仅在蕉城区拥有两部，一部是明代陈克勤的《茗林》，另一部是民国唐荫爵的《种茶制茶浅说》。

《茗林》这部书书目见于明代闽县徐𤊹所编《徐氏家藏书目》，以及清安黄虞稷《千顷堂书目》之中，而且有关茶叶著作的资料都认为该书作者“事迹不详”。陈克勤，字锡贤，一都北门金峤陈（今蕉城城区）人。天启七年（1627年）贡生，授江苏金坛知县。工于吟咏，曾与邑人崔世召、崔世棠、陈大经等七人组建“溪云诗社”。有关资料显示，这部书大约完成于崇祯三年（1630年），徐𤊹、黄虞稷与崔世召均有交往，《千顷堂书目》还收录了蕉城人林聪、陈褎、崔世召的著作，所以这位“事迹不详”的陈克勤就是宁德的这位陈克勤。

陈克勤出身于官宦世家，他的祖上陈宇、陈褎父子就喜好饮茶，留下了《雅谈林先生茶溪清趣》《茶园晓霁》等茶诗。

《茗林》虽已失传，但它却在中国古代茶叶文献中占有极其重要的地位，1982年陈宗懋主编的《中国茶经》也曾予以收录。

《种茶制茶浅说》出于民国唐荫爵之手。唐荫爵，湖北人。民国六年至七年（1917—1918年）任永泰县知事。任间重修县志，创办县师范讲习所，剿灭太原林峰土匪，多有善政。民国九年至十年（1920—1921年）任宁德县佐，驻守三都。任间，倡导农桑，编写《种茶制茶浅说》一书，得到省长李厚基的重视，民国十一年（1922年）4月7日以省长公署名义刊印分发，命令全省各县仿行。

“五口通商”之后，三都澳设立了“福海关”。据有关资料显示，当时福建茶叶的出口几乎都集中在了“福海关”。三都澳成为了中国东南沿海著名的茶叶对外通商口岸。《种茶制茶浅说》一书的编写也正在这一时期，这与三都澳繁荣的茶叶商贸息息相关，可谓顺应潮流。可惜的是，这本书目前也没被发现。

宁德古茶具：宋代黑釉兔毫盏

黄钲平

宁德县（蕉城区）是天山绿茶的原产地。据《唐书·地理志》载：940—945年，现宁德县已是蜡面贡茶的产地。乾隆《宁德县志》记载："于今西乡（即天山），其地山陂洎附近居民旷地遍植茶树，高冈之上多培修竹。计茶所收，有夏春二季，年获利不让桑麻。"可见数百年前，茶叶早已成为天山百姓的一种主要经济作物。那时天山产团茶、饼茶，还制乳茶、龙团茶。宋、元、明贡"芽茶"。清后期由于三都澳海上交通发达，天山茶区采制的大量绿茶和以天山绿茶为原料窨制的茉莉花茶输出国内外，供不应求。从此，"天山绿茶"蜚声海内外，天山绿茶的发展也带动了地方茶具的制作与销售。

1958年，省考古队在今蕉城区飞鸾镇飞鸾村麦房溪窑址发现了一些兔毫盏等，均为当时达官贵人、文人墨客用来饮茶、品茶的工具。北宋文学家蔡襄在《茶录》中记载："茶色白，宜黑盏。建安所造者，绀黑，纹如兔毫。"就是指黑釉兔毫盏。兔毫盏是宋代常见的黑瓷茶具。状如倒扣的竹斗笠，敞口小圆底，小者如小碗，大者不超

宋代兔豪盏

碗窑村旧窑址

过中碗，风格厚重粗朴。因产于古建州（今建瓯、建阳、武夷山一带），故又称“建盏”。建盏之所以又称兔毫盏，是因为建州的黑瓷茶具中，有一部分并非纯黑，而是黑釉面里夹杂着均匀的银色或者黄色丝缕，状如秋天的兔毫，这也是建州黑瓷的最大特征。这种器具的出现，就与当时社会风气有着紧密联系。这说明在唐宋时期，宁德县沿海地区也盛行着“饮茶”“斗茶”的风气。特别是到了宋代，茶风渐盛。士大夫阶层极具特色的“斗茶”，已不单是生理需要的饮茶和品茶，它成为人们精神的寄托和追求。斗茶既讲究过程，也追求效果。“斗茶”既要斗茶色、茶香、茶味，还要斗茶器的雅丽、精致、妥适。这个时期，吟诵兔毫盏者比比皆是：

“兔毫紫瓯新，蟹眼青泉煮。”（蔡襄）
“兔褐金丝宝碗，松风蟹眼新汤。”（黄庭坚）
“兔毛紫瓯自相称”。（梅尧臣）
“勿惊午盏兔毛斑”。（苏东坡）

有人甚至把它人格化，称为“兔园上客”（审安老人《茶具图赞》）。

兔毫盏在哪里存在，哪里就会旋起斗茶风。那么，宋代宁德县流行斗茶吗？答案自然是肯定的。

当年，省考古队在麦房溪窑址经过实地勘察，发现该窑占地面积700多平方米，堆积层厚约6米，有垫片、青花瓷碗片和黑釉兔毫盏片。经过鉴定，该窑为宋窑，列入县级文物保护单位。宋时，闽东要塞——飞泉驿道从窑前经过，运输十分方便。在此窑附近的包厝里窑、牛栏岩窑都发现大量黑釉兔毫盏片堆积，可见这里就是宋代窑群。这里值得注意的是黑釉工艺。黑釉属釉陶之一，一种施低温釉的陶器，一般只需要700~900℃即可烧成。中国釉陶大约在公元前4世纪的战国中期出现。在700~900℃下，釉层流动，釉层里的气泡将铁元素带到釉面，流成条纹，冷却后从中析出赤铁矿的晶体，就形成了兔毫斑。飞鸾窑址的黑釉工艺虽不能与唐宋三彩釉器相媲美，但研究它，对了解中国瓷业历史发展有着重要作用。此外，宁德县飞鸾黑釉兔毫茶盏的发现，足以说明此地制瓷业技术已经具备相当的水平。

另外，在飞鸾镇的碗窑村附近的亭里窑、其村后的大岭头，现仍可见7个透窑，面积约500多平方米，堆积层6米，有大量的青瓷、碗碟、盘等碎片，现存的窑孔内还可见一沓沓的碗坯，据专家考证，这是宁德城澳半岛最早的制瓷窑址，它的出现与北宋元祐八年（1093年），“移官营飞泉渡于焦头门颊”（今礁头渡）有关。移官渡意味着驿运通道的改线，飞礁道路的修通，使大岭头成了陆路转水道的重要关隘。交通条件的改善促进了福建省青瓷产业向城澳半岛的深入。

两宋时期，飞鸾窑生产的黑釉兔毫盏、青瓷碗依靠着朱溪官道有利的地理位置和便利的交通优势，行销省内外，具有相当高的声誉。2001年9月，福建省考古队对福鼎太姥山国兴寺遗址进行考古发掘，发现了大量古陶瓷残片，其中就有飞鸾窑烧制的器具。

2012年2月7日《海峡都市报》刊登了《瓷器标本出水，证实了海上丝绸之路的繁荣》一文，文章提到，20世纪80年代以来，中国国家博物馆水下考古研究所在福建省开展了一系列水下考古工作，发现一批水下遗存，还出土了大批陶瓷器标本。经福建省考古所副所长羊泽林介绍，从出水瓷器分析，确定了需要调查的12座具体窑址，其中就包括飞鸾窑。这说明早在1 000多年前，飞鸾窑址生产的器具也曾经通过海上丝绸之路，漂洋过海，远销国外。

宁德县黑釉兔毫盏，从某种意义上见证了天山绿茶的兴衰，乃至今日茶事的复兴。千余年间，宁德县人栽茶、制茶，卖茶、品茶，积淀了深沉厚朴、风格独具、摇曳多姿的茶文化。

第二章　茶传万里

Ningchuan Tea Context

- 海上茶叶之路
- 百年福海关的历史钩影
- 宁川与福海关茶事
- 三都澳与三都澳茶路
- 三都澳『海上茶叶之路』漫谈
- 三都港往事
- 飞鸾岭古道上的茶文化遗址
- 百里茶道往事
- 宁德县的茶盐古道
- 鞠多古道茶香远
- 铁砂溪码头茶叶贸易小记

海上茶叶之路

周玉璠

三都澳福海关

三都澳，自清光绪二十四年（1898年）五月八日成立“福海关”，至中华人民共和国成立之前，是近代长达半个世纪中国东南方的一个著名茶叶对外通商口岸。现根据占有材料，按历史地位、商港特征和贸易情况，分述于后，以冀抛砖引玉，求教于读者和同行。

港口的历史地位

三都澳自“福海关”开埠至闭关前夕，与上海、广州、汉口等中国名港开埠前期的贸易情况比较，三都澳茶叶出口数量、货值和茶税等比重构成态势均占上风。在国内外茶叶贸易中，占有相当重要的地位。

1.本埠茶叶出口在全国的地位

茶叶作为我国传统的主要出口商品，具有悠久的历史。据文献记载，1604年，我国茶叶就首次销往荷兰。特别是康熙二十三年（1684年），清政府开放海禁后，茶叶开始逐渐从海路运往欧洲，并转到美洲。随着海外茶叶市场的迅速形成和扩大，茶叶外贸需求量急增，使我国茶叶大量地输往国外。但从19世纪末以来，中国外销茶由1886年的268万担降到1900年的138万担。输出量逐渐减少。正当国内出口茶叶急转直下之际，三都澳却于1898年正式开港，并且以其优越的港口地理条件，为此后50多年间成为中国东南茶叶贸易的一个重要港口奠定了基础。

三都澳“福海关”成立次年（即1899年），其茶叶输出量占全国出口茶叶总量163万担的5.5%，以后逐步发展。第一次世界大战（1918—1932年）后占13.8%。抗日战争至新中国成立前（1933—1949年）占30.1%。抗日战争期间，全国三大（福州、上海、汉口）茶市海口被封锁。“1938年6月7日财政部颁布了第一次战时实行统制的《管理全国茶叶办法大纲》……由贸易委员会主办茶叶对外出口贸易”，茶叶市场“移至香港”。此时，三都港口将福建等地的大量茶叶输出到香港转口。直到1949年，该港茶叶通商量约占全国四分之一强，即27.3%左右（表1）。

表1　三都澳、中国、世界年平均茶叶出口量比较（1900—1948年）

单位：万担，%

年份	世界年平均出口量	中国年平均		三都澳年平均		
		出口量	占世界的比重	出口量	占中国的比重	占世界的比重
1900—1917	666	180	27.00	11.56	6.42	1.73
1918—1932	763	84	11.00	11.60	13.80	1.52
1933—1948	742	26	3.50	7.85	30.19	1.05

资料来源：

①徐永成.1985.历史性的突破［J］.福建茶叶（3）.

②海关资料：1899—1932年三都澳贸易报告、统计册等。

③福建省农业厅《福建茶叶》（初稿），1959年9月。

④福安专署茶业局，福安专区茶科所.1960.闽东茶树栽培技术［M］.福州：福建省人民出版社.

三都澳的茶叶等货物还直接或间接地与世界数十个国家进行交流。据《闽东四十年》一文载：“1899年，三都澳辟为对外通商口岸，英、美、意、俄、日、荷兰、瑞典、葡萄牙等十三个国家的二十一个公司在三都设立子公司或商行。闽东的茶叶……等货物，从这里漂洋过海，进入欧美市场，‘美孚’、‘德士古’煤油和其他洋货也通过这个口岸，相继流往闽东、闽北、浙南等地”。由此可见，三都澳输出的大量茶叶，在国际市场上也占有一席之地。徐永成在《历史性的突破》一文中载：“1900至1917年内，中国年平均出口量为9万吨（折180万担），占世界贸易量的27%”。这时期，三都澳年平均出口茶量为11.56万担，占世界贸易量的1.73%（表1）。“1918年至1932年内，中国茶叶出口量下降到4.2万吨（折84万担），仅占11%”。同时期，三都澳年平均茶叶输出量11.60万担，占世界出口量的1.52%（表1）。“到1948年出口只有1.3万吨（折26万担），仅占世界茶叶贸易量的3.5%”。此时，三都澳年平均出口量虽减少到7.85万担，但占全国比重却增加到三分之一，也占世界茶叶出口量的1.05%（表1）。

综上所述，在建埠以来的半个世纪中，三都澳茶叶出口贸易无论在中国还是在国际上都具有一定地位。

2. 本埠茶叶贸易居福建省首位

三都澳对外通商后，许多年份茶叶出口量占福建省茶叶输出总量的半数以上。

“五口通商”后，福州成为全国三大茶市之一，三都澳的出口茶叶量均并入福州“闽海关”贸易册。福州、厦门先于三都澳，分别于1861年和1862年设立闽海关和厦海关。但通过厦门出口的茶叶主要是乌龙茶，而且到19世纪末、20世纪初，茶叶输出量已所剩无几。

进入20世纪之后，福建省出口茶叶几乎全部集中于闽海关（包括设立在三都的福海关）。福海关自成立起到1916年，前后18年，三都澳年均出口茶叶10.35万担，均占福建省茶叶出口总量20万担的50%以上。有关文献记载：“自1899年闽东三都澳开港至1916年的18年间，本省茶叶常年输出量均达20余万担，输出值平均占出口总值30%以上”。三都澳港口岸之茶叶，多运至福州转口。英国人巴士德在《福海关民国十七年华洋贸易统计报告书》中对三都澳的通商情况有如下记述，他说：“茶叶一项，居福州贸易重要部分，占本埠出口货物之大宗。”1900年2月福海关贸易资料记载，1899年，“闽东各县茶叶荟萃于此成为天然中心，年产合计达30万箱（折15万担）”。三都澳建关次年（即1899年），茶叶出口就达到89 735担，占福建省当年茶叶输出总量的18.69%，而且以后不断发展，1916—1926年均占全省55.67%以上，甚至达到60%，居全省三大（福州、厦门、三都澳）茶叶出口口岸之首位。三都澳茶叶出口最高年份是1923年，达142 829担。

1931年，日本入侵中国，“我国东北、华北、华东许多省相继沦陷，海口被敌封锁，南北交通阻断，福州花茶运销不出”，全省茶叶大部分集中于三都澳出口海外。1936年闽东各县通过三都澳出口的茶叶占福建省茶叶出口量的47%以上。有关文献记载：“抗日战争后，本省多数茶叶亦有取道三都澳”；“二十世纪四十年代全省产茶仅余七万余担”。然而，当时闽东茶叶“产量最多，几占全省70%”。1945年抗日战争胜利后，福建省花茶市场开始逐渐恢复，但“到1949年全省只剩下76 800担”。此时，由三都澳输出茶叶量竟有41 467担（不含福鼎县输出量），仍占福建省当年出口总量的54%。可见，三都澳口岸开放后，福建省茶叶出口贸易的流通重心已逐渐“移向三都澳”（表2）。

表2　三都澳出口茶叶占福建省总量的比重（1899—1949年）

单位：万担，%

年份	福建省茶叶出口总量	三都澳茶叶出口量	三都澳茶叶出口量占福建省的比重
1899	480 000	89 735	18.69
1916	200 000	111 344	55.67

（续）

年份	福建省茶叶出口总量	三都澳茶叶出口量	三都澳茶叶出口量占福建省的比重
1926	200 000	119 857	59.92
1929	350 000	112 919	32.26
1936	245 000	115 490	47.14
1949	76 800	41 467	54.00

资料来源：
①林桂镗.1992.茶叶科技必将再登上新台阶［J］.福建茶叶（3）.
②福建省农业厅《福建茶叶》（初稿），1959年9月。
③海关资料：1899—1932年三都澳贸易报告、统计册等。
④福安专署茶叶局，福安专区茶科所.1960.闽东茶树栽培技术［M］.福州：福建人民出版社.

3. 本埠茶叶输出与三口比照

广州、上海、汉口三埠，都曾是中国历史上茶叶输出的主要口岸。三都澳虽为后来者，但若以开港初期或后期与三口岸的对应年份或同期相比，三都澳出口茶叶都占较大比例（表3、表4、表5）。

通过比照，可见三都澳在与诸港口的角逐中，以其独特的优势，在中国近代茶叶出口贸易史上确立了自己的地位。诚然，三都澳虽还没有冠以“大茶市”的美称，但它开辟了一条海上茶叶之路，作为中国东南沿海近代一个“茶叶商港”，却是名副其实的。

表3　三都澳与广州出口茶叶比照

单位：万担，%

历期（年头）	广州（“五口通商”后14年间）		三都澳（开埠后14年间）		三都澳占广州（同历期）的比重
	年份	茶叶输出量	年份	茶叶输出量	
第3年	1844	628 939	1900	102 596	16.28
第11年	1852	327 745	1908	119 239	36.41
第14年	1855	151 502	1911	120 197	79.33

表4　三都澳与汉口出口茶叶比照（第一次世界大战前、1915—1932年）

单位：万担，%

汉口		三都澳		三都澳占汉口的比重
年份	茶叶输出量	年份	茶叶输出量	
第一次世界大战前（1913）	500 000	1913	111 948	22.39
1915	400 000	1915	142 586	35.64
1921	42 000	1922	104 619	249.90
1932	237 002	1931	111 199	47.50

表5　三都澳与上海茶叶出口量比较（各自开埠的头5年和20世纪30年代）

单位：万担，%

开埠年头	上海		三都澳		三都澳占上海的比重
	年份	出口茶量	年份	出口茶量	
开埠头5年	1844	144 10	1899	89 735	622.72
	1845	851 71	1900	102 596	120.45
	1846	116 107	1901	99 958	86.09
	1847	143 913	1902	88 345	61.38
	1848	142 695	1903	104 919	73.52
	合计（5年）	502 296	合计（5年）	485 553	96.66
20世纪30年代	1932	302 473	1931	111 199	36.76
茶叶输出最高年份	1855	727 765	1923	142 829	19.60

资料来源：

①黄苇.1979.上海开埠初期对外贸易研究［M］.上海：上海人民出版社.

②海关资料：1899—1932年三都澳贸易报告、统计册等。

③中国茶叶学会.1987.吴觉农选集［M］.上海：上海科技出版社.

商港的特征

三都澳开埠后，以其得天独厚的地理条件赢得了对外贸易的繁荣和昌盛。在半个多世纪之中，这个对外通商口岸以茶为最大特征，使这一输出港口闪烁着世界良港的勃勃英姿。

1. 茶区环绕着天然良港

三都澳中心位于宽广浩荡的海湾中部，地点适宜，便于南来北往的船只抛锚停泊，岛上没有陡峭的山脉伸入海洋，港内不需要引水员，即使吃水最深的船只也能在六公里长、一公里宽的海面任何地方找到抛锚地点。“它是闽东各县交通孔道：它西上宁德通周宁，南至飞鸾通罗源，北达赛岐通福安，东下盐田通霞浦，为这些地区货物集散地，而且闽东地区素以盛产茶叶……而闻名于国内外。”

三都澳四周有闽东诸县。清末福宁府，辖宁德（含周宁）、霞浦、福安（含柘荣）、福鼎、寿宁五县。抗日战争前后辖九县，县县产茶，星罗棋布于三都澳的周围，这在国内乃至国际都是独一无二的。具体地说，东边霞浦为红茶区，东北部福鼎有“白毫银针”“白琳工夫”等白茶、红茶区；北及西北的福安、寿宁、周宁、柘荣等县有“坦洋工夫”等红茶区，西接本埠所在地宁德为“天山绿茶”区，延至古田、屏南为绿茶区；南靠罗源为绿茶区。

闽东，在福建产茶历史最为悠久，名茶辈出，茶类繁多，品质优异。早在唐代中叶始产制茶叶。宁德建县前（933年）西乡（今洋中一带）天山茶区，就采造“蜡面”贡茶；明代有源于唐代的宁德天山茶（含支提茶、贡品“芽茶”）、福鼎“太姥绿雪芽”等名茶；清后期又有“坦洋工夫”和“白琳工夫”红茶、“白毫银针”等名品。可谓茶区古老，名品源远流长。而且海路、陆路皆与三都澳港湾畅通，陆上大道还可直通闽北一带。天山茶原产地宁德市的洋中镇章后、际头一带山区有一条古大道，系宁德沿海、三都等地通往古田、建州（现南平地区）的必经之路，大大地便利了茶叶的输出。由于地理环境优势，这里成为闽东最古老的茶区之一。清代闽东茶叶进入全盛时期，茶叶为当地最大宗的经济作物及出口商品，成为福建的大茶区。“闽东自海运开禁后，大大便利了对内、对外贸易，促进了茶叶的更大发展”。1899年闽东各县茶叶汇集于三都澳“年产计达30万箱（折15万担）”，抗日战争时产茶占当时福建省产茶量的70%，新中国成立前尚占67%左右。可见，三都澳四围的闽东茶区，为三都澳出口茶叶源源不断地提供充足的货品。

与此同时，作为三都澳福海关所在地的宁德县，其茶叶产制贸易情况更非同一般。据文献记载：“天山茶的前身‘支提茶’，明代前已负盛名，清时名列闽东榜首……清后期，由于宁德三都海上交通发达，福州花茶的兴起，‘支提’名茶供不应求，天山茶区采制大量绿茶输出国内外，从此‘天山绿茶’得以扬名，蜚声中外”。《闽东茶树栽培技术》一书这样描述：“产于宁德天山茶区的，品质最佳，特称为‘天山绿茶’，素有名茶之誉。宁德县西乡天山山麓的洋中镇（三都澳沿海通往闽北建瓯一带的必经之道），乃‘天山绿茶’的中心集散地。传说，早于一百多年前就有天津的‘京帮’及后来的山东‘全祥’及福州茶行客商，云集洋中、天山一带采购茶叶运销国内外”。据当地老茶农回忆，过去有洋人、传教士到天山茶区邑宝等地采购茶叶，喝了清泉冲泡的“天山茶”倍加称赞。宁德绿茶抗日战争前产量已达32 000担（1936年），占闽东的20.74%，占福建省的13.06%，到1949年虽然下降到8 896担，仍占闽东的17.28%，占福建省的11.58%。特别是“清代后叶，福建茶叶生产和输出中心地，已从闽北武夷山移到闽东，成为福建省最主要茶叶产区”。宁德的绿茶优势亦为三都澳出口流通提供了极为丰富的贸易来源与条件。

2. 茶叶货值独占鳌头

正因为三都澳拥有茶区这一特征，使得港口成为茶业商港，从而在整个三都澳出口贸易中以茶叶为大宗，其输出货值也必然以茶叶为主。从茶叶出口贸易价值来说，开埠前期10年，占出口总值的96%~99%；中期1922—1932年，占90%左右；后期更以茶叶为主。纵观港口贸易史，茶叶出口贸易值呈“波浪式”发展（图1）。

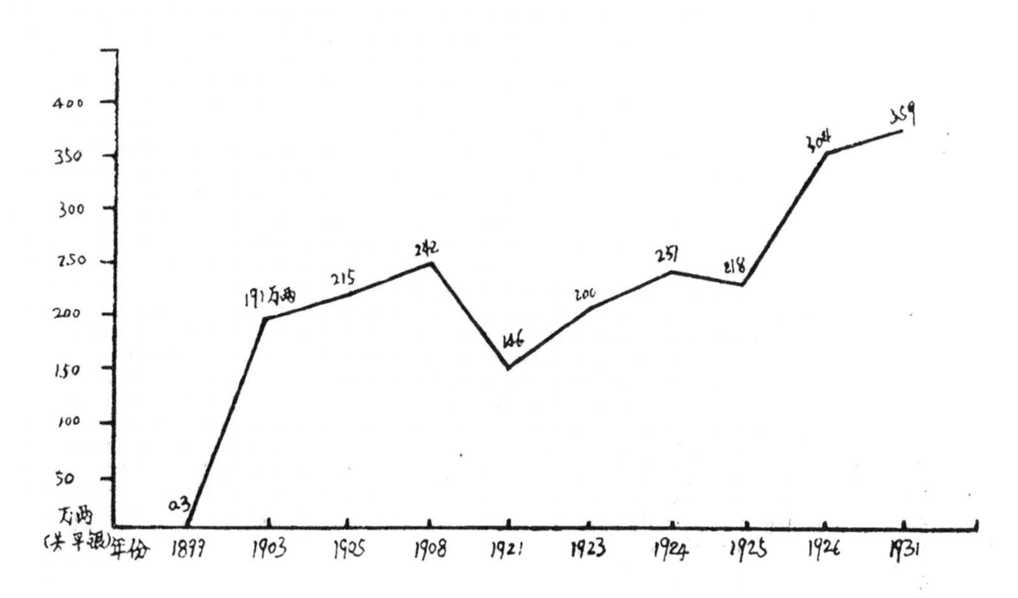

三都澳茶叶出口货值变化（1899—1931年）

开埠次年的1899年，其出口贸易总值为32 129两港银。1900年“沿海轮运总货值达港银649 000两，各类茶占有百分之九十九”，1905年出口茶叶货值进一步提高，仅茶叶运输一项价值就达2 158 711两港银，占三都澳出口总值的98%。

1910—1911年茶叶输出值发展到260多万两港银，“茶叶贸易在海关报表中仍占首位”。辛亥革命的当年，口岸总出口值达建埠以来最高的2 622 871两港银，比1899年增长81培。然而，1912年出口茶值第一次减少到1 870 243两港银，比1911年下降了28.69%。

1913年起，三都澳出口货值又开始回升，当年为关平银2300475两。1915年继续增到建港后出口货值最多的一年。有关材料报道：“进出口货物价值与税课，较之历年有起色者，大抵全在于本埠所称为钜宗出口，各茶之增盈，有以致之也。”但从第一次世界大战起，口岸输出总值又逐年降低。1919年又很快得到恢复，比1918年增长39.55%。自1923年起到20世纪30年代初又进入了一个稳步发展的时期。1926年出口总货值达到3 294 762两，其中茶叶值也上升到3 043 837两关平银，首次突破300万大关，茶值占出口总值又恢复到62.38%。“茶为本埠出口贸易大宗，估值已达关平银3 000 000两，堪称美满”。1926年出口茶叶值比1925年增加886 020两，其中绿茶增值最多为659 656两，红茶次之为225 793两（表6）。

1931年口岸贸易总值为关平银4 451 834两，出口货值3 997 084两，其中茶叶出口值也达历史最高的3 597 375两，“计其价值，在贸易总值中，约占九成”。此后，茶

值在本埠出口总值中直至三都澳闭关之后，始终名列榜首。

商港的茶贸春秋

19世纪中叶，中国五口通商后，英、美、俄等国对茶叶的需求量日益扩大，刺激了我国茶叶生产的发展。闽东是福建省著名的茶叶产区。到19世纪末，随着生产的不断发展，茶叶的区域化、市场化程度逐步得到提高，而且出口贸易量也在迅速增长。

表6 1925年、1926年三都澳出口茶叶贸易值

单位：关平银（两）

货别	1925年茶值	1926年茶值	增减之数
红茶	1 051 300	1 277 093	+225 793
绿茶	1 090 780	1 750 436	+659 656
茶片	15 059	15 528	+469
茶梗	594	432	−162
茶末	84	348	+264
总数	2 157 817	3 043 837	886 020

资料来源：民国十五年（1926年）《华洋贸易统计报告书》。

当时，三都澳出口的工夫红茶多销英、俄及欧洲其他各国，绿茶销往我国华东、华北、东北等地，白茶多输往港澳等地。在福海关存在的50多年中，茶叶出口贸易经历了四次兴衰历程：第一次是1899—1914年；第二次是1915—1922年；第三次是1923—1930年；第四次是1931—1949年。

1. 清末至民国初期的茶叶贸易

1899—1911年，三都澳经历第一次茶叶贸易兴起。1911—1914年出口茶下降到10.72万~11.27万担，降低了9%~13%（表7）。这一时期，其贸易重点是：

表7 三都澳与全国（清末至民初）茶叶出口量（1899—1914年）

单位：担，%

年份	全国茶叶出口总量	三都澳茶叶出口			三都澳占全国的比重
		合计	其中：		
			红茶	绿茶	
1899	1 630 895	89 735	缺	缺	5.50
1900	1 384 324	102 596	缺	缺	7.41
1901	1 157 993	99 958	缺	缺	8.63
1902	1 519 211	88 345	49 800	11 000	5.81
1903	1 677 530	104 919	49 000	37 300	6.25

（续）

年份		全国茶叶出口总量	三都澳茶叶出口			三都澳占全国的比重
			合计	其中：		
				红茶	绿茶	
1904		1 451 249	103 162	56 159	47 003	7.11
1905		1 369 298	111 187	48 325	59 205	8.12
1906		1 404 128	109 928	38 525	70 000	7.83
1907		1 610 125	105 250	41 250	64 000	6.53
1908		1 576 136	119 239	61 372	缺	7.56
1909		1 498 443	109 414	40 123	66 906	7.30
1910		1 560 800	123 934	43 018	75 195	7.94
1911		1 462 803	120 197	46 692	68 274	8.21
1912		1 481 700	107 241	50 637	52 636	7.24
1913		1 442 109	111 948	缺	缺	7.76
1914		1 495 799	112 739	38 200	70 966	7.54
累计（16年）	总量	23 722 543	1 719 792	563 101（12年）	622 485（11年）	7.25
	年平均量	1 482 658	107 487	46 925	56 589	7.25

资料来源：

①丁俊之.1984.世界茶叶产销统计图表［J］.福建茶叶：资料附刊（12）.

②谢天祯.1984.有关近代中国茶叶贸易兴衰的统计资料［J］.福建茶叶（4）：54.

③海关资料：1899—1932年三都澳贸易报告、统计册等。

（1）口岸建设促进了茶叶贸易的发展

三都澳建埠后，加紧建造了茶叶仓储、贸易茶行、码头、邮电、银行等港口设施。“在短短的几年内，建设了一个设施较为完备的，可以停泊轮船的‘码头’。”“福海关在这里把海港所有的业务集于一身。”同时，“所有设想目的设施都集中在茶方面”，逐步使出口贸易茶叶，从陆运转为海运，从民船、帆船转为海轮运航，使闽东北茶叶市场迅速崛起，促进了福建省对外茶叶贸易的发展。“过去都是由陆运到60英里远的福州……海轮运输既快又安全……受气候影响比陆运损坏茶叶平均少百分之十五而且便宜”。虽然海轮运茶开始之际茶商对此存有偏见，但三都澳对外贸易的茶叶原来由飞鸾过山陆运到福州，还是因为海运既快又便宜，陆路人力挑运也很快宣告停止。自1899年以来，三都澳随着海港基础设施的不断完善和海运日益发达，对外输出茶叶比飞鸾常关逐年增多（表8）。

表8　1899—1903年三都澳与飞鸾常关对外输出茶叶量

单位：担

年份	1899	1900	1901	1902	1903
三都澳	2 643	30 710	56 834	69 049	94 755

（续）

年份	1899	1900	1901	1902	1903
飞 鸾	87 092	71 886	43 124	19 296	10 164
合 计	89 735	102 596	99 958	88 345	104 919

（2）花茶对茶叶贸易市场的竞争

鸦片战争后，北京、天津茶商在福州大量窨制茉莉花茶运往东北、华北一带获得厚利，茉莉花茶生产获得迅速发展。“十九世纪末，外国商人先后来福州开设洋行，经营茶叶，福州花茶逐渐远销欧、美和南洋各地。”三都澳开埠后输出的绿茶，作为原料到福州进行窨制花茶再加工，然后转运到国外或北方。因此，花茶不仅在我国北方受到青睐，而且在国际上开始盛行。“茶叶价就升高了。”但到了1905年，茶销路不景气，原先“一些福州投机商计划垄断花茶，结果却一败涂地”，而红茶出口仍然有销路。绿茶产量从1904年的47 003担上升为1905年的59 205担。工夫红茶虽然从1904年的56 159担下降到1905年的48 325担，但最终在国外也找到了市场。在国外茶叶市场中，由于国外消费者对茶叶风味追求非常讲究，每年需求有所不同，而国内消费者对茶叶的风味要求则比较稳定。因此，绿茶在华北地区一直受欢迎。这样，三都澳的茶叶贸易在市场的竞争中仍然蕴藏着很大的潜力。

（3）沙埕分港对茶叶贸易的影响

过去，福鼎县的茶叶与闽东各县一样，都是通过三都澳出口。自1906年春季始，沙埕向内地通航，有15 000担北岭茶直接从沙埕运往福州。福鼎“白琳工夫”红茶由沙埕分出后，适逢华北绿茶需要量逐年增加，弥补了本口未能运送北岭茶所造成的损失。

表9 1902—1906年三都澳出口华北的茶叶量

单位：担

年份	1902	1903	1904	1905	1906
出口量	10 960	37 328	47 003	59 205	69 154

资料来源：《三都澳贸易报告》。

由于三都澳港口有广阔的茶区，茶叶资源丰富，虽然沙埕港分口，但茶叶货源多，茶叶出口贸易始终立于不败之地。1907年出口茶叶比1906年也不过减少4600多担。而且，“三都澳近邻所产‘平阳’茶（疑是译名，福建省未见有此茶名，笔者注）在福建所有茶叶中，与锡兰风行香味茶有些相似，因此中级平阳茶大量供销（需求一直到茶季完毕为止）”，“可以满意地看到这地区三都澳茶叶出口并不见有衰退迹象”。

（4）茶叶贸易市场波动

20世纪初，在中国许多通商口岸茶叶输出量急剧降低的情况下，三都澳茶叶出口量仍基本稳定，甚至1908年还比1907年增加了14 000余担（其中红茶约增2万多担），经济效益显著。在其他各口贸易萧条的情况下，三都澳茶叶贸易出现了“本地市场茶叶价格保持不变，一直在每斤现金120以上”的稳定局面。

1909年，在三都澳茶叶输出中，由于茶商的投机，劣质红茶充斥市场，致使销量减退。“1908年红茶运往国外破纪录，今年后退至38 565担，降低百分之五十八”。

1910年，三都澳茶叶贸易再度复兴，绿茶“价格比往年上涨百分之二十……出口量达75 195担……有些订单仍无法供货”，“功夫茶……出口增加4 260担，这个数字令人惹目”，“人们希望1909年那种不顾后果的投机生意不会再度重复出现”。

（5）辛亥革命并不影响茶叶贸易

1911年孙中山先生领导的辛亥革命推翻了满清王朝。令人高兴的是，政局变动对海关茶叶贸易并没带来大的影响，茶叶出口仍然繁荣昌盛。“今年开春大吉……整年天气都很好，茶叶获利甚大”，“功夫茶出口比1910年增长3 000担，仍能保持其好价……由于满洲贸易扩展……茶末需求量大，已出口5 155担，而去年只出口1 560担”。

2. 民国初年至抗日战争前的茶叶输出

民国初年至抗日战争前，茶叶出口贸易经历了两次兴衰阶段，1915年茶叶出口量从1914年的112 739担，升到142 586担，首次开创了历史最高水平。然而，1916—1922年又降到9.2万~11.15万担。1923年三都澳茶叶输出量又从1922年的104 619担，猛增到142 829担，打破了1915年最高水平。1930年又回退到开埠初（1900年）水平。

早在1660年前，中国茶叶已输入英国。1916年起，英国从印度、锡兰输入的茶叶量急速增加，对中国茶叶实行禁运，1920年从中国输入的茶叶只占英国茶叶进口量的四十分之一。俄国是近代中国第一个茶叶大顾客。十月革命后，各国对俄采取封锁政策，导致中俄通商中断，中国茶叶不能输入俄国。1918年以后中国茶叶外销骤减了三分之二。

这个时期，三都澳茶叶输出因之也两度出现跌落，但出口茶常年贸易量仍能保持在10万~11万担（表10）。这与三都澳海湾优异的地理条件不无关系。

表10　三都澳和全国茶叶出口量（1915—1932年）

单位：担，%

年份	全国茶叶出口总量	三都澳茶叶出口量			三都澳茶叶出口量占全国的比重
		合计	其中：		
			红茶	绿茶	
1915	1 782 353	142 586	72 355	66 798	7.99
1916	1 542 633	111 344	53 868	58 197	7.22
1917	1 125 535	108 832		65 238	9.63

（续）

年份	全国茶叶出口总量	三都澳茶叶出口量			三都澳茶叶出口量占全国的比重
		合计	其中：		
			红茶	绿茶	
1918	404 217	92 285	26 851	62 915	22.83
1919	690 155	111 507	37 916	68 011	16.15
1920	（305 906）	缺			
1921	（430 328）	缺			
1922	576 073	104 619			18.16
1923	801 417	142 829	48 507		17.82
1924	765 935	134 735	47 831		17.59
1925	833 008	118 965			14.28
1926	839 317	119 857			14.28
1927	872 176	122 322			14.02
1928	926 022	116 692			12.60
1929	947 730	112 919			11.91
1930	694 084	102 485			14.76
1931	703 000	111 199			15.82
累计（15年） 总量	13 503 655（15年）	1 753 176（15年）			12.98
累计（15年） 年平均量	900 243	116 878			12.98

资料来源：

①丁俊之.1984.世界茶叶产销统计图表［J］.福建茶叶：资料附刊（12）.

②谢天祯.1984.有关近代中国茶叶贸易兴衰的统计资料［J］.福建茶叶（4）：54.

③海关资料：1899—1932年三都澳贸易报告、统计册等。

3. 抗日战争至新中国成立前夕的茶叶输出

三都澳茶叶出口，自20世纪30年代前期到新中国成立前夕，经历了历史上的第四次兴衰。1936年，茶叶输出量从1930年的10.54万担上升到11.54万担。尔后，由于抗日战争爆发，港口屡次遭受日寇侵犯，茶叶贸易一蹶不振，1949年比1930年下降了59.54%。其基本情况是：

（1）抗日战争前茶叶输出量呈兴旺景象

20世纪30年代前期茶出口量基本保持在11万担左右。1931年输出111 199担，比1930年提高8.5%，茶叶贸易呈兴旺景象。那时的三都岛“最喧闹的季节是每年的春夏之交，清明一过，闽东各县的‘天山绿茶’、‘坦洋工夫’便一船船集中到福州和上海。岸上茶香终月不散”。尤其是1933年福州花茶全盛时期，其绿茶茶胚原料多来自三都澳港口。当时福建省政府统计处资料称，1936年福建北路茶叶产区的宁德、福安、福鼎、霞浦、寿宁、周宁、柘荣及屏南8县，茶叶产量达154 236担，占福建省总产的70%（其中绿茶即达103 380担，红茶为50 240担，白茶616担）。这些茶叶，除福鼎产的38 746担（内含红茶8 930担，绿茶29 200担，白茶616担）多由沙埕港运出之外，其余各县茶叶约115 490担一律从三都澳福海关或常关输往福州等地转口。其兴旺形势，可见一斑。

（2）抗日战争至新中国成立前的茶叶输出

1937年“七七”卢沟桥事变爆发，我国最大茶叶出口市场上海沦陷。原来的茶叶产、购、销流通体系顿时被打乱。海路阻塞，茶叶滞销。当时，三都澳组织茶叶输运香港出口。“抗战胜利后，本省多数茶叶亦有取道三都澳而运经香港……本省茶叶几乎悉数运往香港转销，甚少直接运销其他各国”。足见三都澳在抗日战争后几年，已成为福建唯一，乃至中国少有的茶叶输出通商口岸，对当时的中国茶叶出口起到特殊作用。

然而，随着国内抗日战争形势的急剧变化，1939年9月3日第二次世界大战爆发，三都澳这个开埠40余年不曾中断茶叶贸易的良港，这时却笼罩在战火的硝烟之中。“日本飞机便一再轰炸三都澳的海关、码头和中学，扫射海面的船只。1939年后整个港口被封锁。1940年7月有天上午10点时分，9艘日本军舰、5架飞机、加上600多名日军，从黄湾、新塘两侧登陆包抄三都镇……日军扶带着煤油、硫磺弹等燃烧物，长驱直入包围了三个街区，接着四处放火烧房，停泊在码头和港口塘边的几十艘汽船、木帆船也被掷上燃烧弹起了火……全镇店屋船舶烧成一片灰烬”，“三都澳所有港口建筑物都被毁灭了”，三都澳成为“死港”。福海关于1942年降为“闽海关”的分关，后又迁到赛岐。直到1945年抗日战争胜利，海关才又迁回三都。尔后，茶叶贸易逐渐恢复，产销一度回升，但因港口设施严重毁坏和政治因素，终没能恢复过去那样的繁荣。新中国成立前夕，闽东茶叶产销下降到41 467担（不含福鼎县），只为建港初期（1899年）出口量89 735担的46.21%。

三都澳——海上茶叶之路，历经50多个春秋，新中国成立后因历史原因闭关40余年，随着时代的变迁，它将以崭新的面貌屹立于世界的东方！

参考文献 >>

福安专署茶业局，福安专区茶科所.1960. 闽东茶树栽培技术［M］. 福州：福建人民出版社.

福建省茶叶技术考察组.1981. 经济和社会要促进茶叶优势的发挥［J］. 福建茶叶（4）.

黄岑.1992. 魂萦梦绕三都澳［N］. 闽东报，10-03（3）.

林桂镗.1992. 茶叶科技必将再登上新台阶［J］. 福建茶叶（3）.

［清］卢建其修，张君宾纂.1983. 宁德县志：上［M］. 宁德：宁德县志编纂办公室：155，166.

全国供销合作总社畜产茶茧局.1980. 茶叶收购业务知识［M］. 北京：中

国财政出版社：17.
吴柏均 .1986. 我国近代茶叶的经济结构与外贸事业［J］. 中国茶叶（6）.
徐永成 .1985. 历史性的突破［J］. 福建茶叶（3）.
中国茶叶学会 .1987. 吴觉农选集［M］. 上海：上海科学技术出版社.
周玉璠 .1992. 古代闽东茶叶史略［J］. 福建茶叶（1）.
庄任，李维丰，陈彬藩，高朝泉，骆少君 .1985. 福建茉莉花茶［M］. 福州：福建科技出版社：4.
《闽东四十年》（1949—1989 年），1989 年 9 月 5 日。
福建省农业厅《福建茶叶》（初稿），1959 年 9 月。
海关文献：《福海关的成立与撤销》，第 74 页。
海关文献：《三都澳》（1922—1931 年十年报告）。
海关资料：《三都澳口华洋贸易论略》。
海关资料：《三都澳贸易报告》。
海关资料：福海关民国年间《华洋贸易统计报告》。

百年福海关的历史钩影

张茂怡

福海关，又名三都澳海关，是清政府在福建设立的三个海关之一，位于今福建省宁德市蕉城区三都镇，1898年清政府总理衙门上奏朝廷设立福海关，并于当年经廷议通过。从1899年5月海关开埠，到1952年7月关闭，历时54年。福海关在中国对外开放史上比较特殊，从体制上来讲，属于洋关，与其他因“条约”而被迫开放的口岸海关管理体制相同，但从开埠动因上讲，三都澳不是被动开放的，而是清政府的主动行为，因此，研究福海关在中国近代开放史上有着特殊的意义。

福海关的开埠背景和动因

在中国的版图上，沿海可作为开放港口的区域不少，那么清政府为什么选择三都澳作为较早开放的口岸、作为福海关的设关地址？综合中国近代史的许多史料，可以得出三点理由：

首先，开设福海关是清政府的扩银手段。中英鸦片战争爆发，清政府战败被迫签订丧权辱国的中英《南京条约》，条约内容除了割地赔款，还被迫开放福州、厦门等五口通商，清政府从此背上了沉重的历史包袱，而直接导致清政府对三都澳开埠的原因却是1895年4月签订的《马关条约》，这一条约除了割让辽东半岛、台湾和澎湖列岛给日本，还约定清政府偿还日本军费损失2亿两，清政府“日感赔款负担之重”[①]，只能延续鸦片战争以来海关征收关税偿还的办法积累资金。1898年3月24日，总理衙门向皇帝奏称：“筹还洋款等项，支用愈繁、筹拨恒苦不继，臣等再四筹维，计惟添设通商口岸，适籍饷源。”该奏本还称“福宁府所属之三都澳，地界福安、宁德两县之间，距福州省城陆路二百余里，为福州后路门户，形势险要。闽洋商船亦多会萃于此，庶可振兴商务，扩充利源”[②]，所以，“筹还洋款”“扩充利源”是清政府在三都澳开埠设关的主要原因。

其次，丰富的茶叶产销资源是设关征税的考量基础。福建是产茶大省，当时的宁德县则是福建茶叶的北路供应基地，这主要源于宁德县名茶产出历史悠久，据有关

① 《清光绪朝东华录》，第2页。
② 《清史档案·海关分卷》，第2页。

建于1899年的福海关税务司公馆

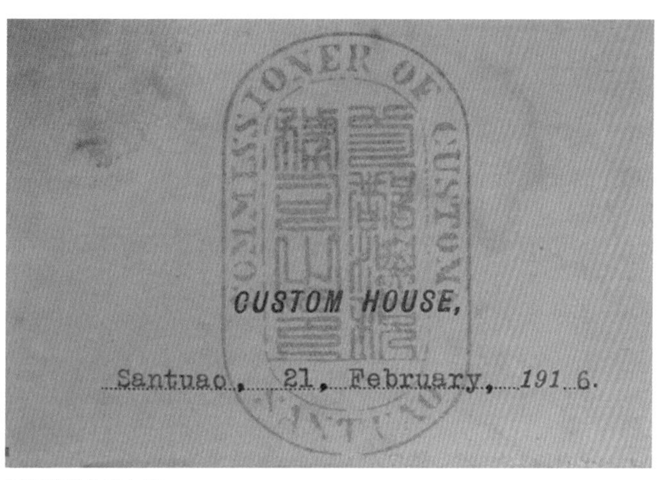

福海关税务司之印

记载，宁德县茶叶历史可追溯到商周时期，到唐代已产制“蜡面贡茶”。其时宁德西乡一带家家户户均产制茶叶，明洪武年间又产“芽茶”进贡朝廷。清康熙年间，闽东一带茶业得到进一步发展。茶叶主要以肩挑的方式，输往福州口岸出口或供应福州市场，宁德县至罗源的古官道上至今还留有许多南方“茶马古道”的印记。茶叶是清政府对外开放口岸的主要出口货物，在福海关成立之前，茶叶出口主要依托福州口岸，其时，福州与武汉、九江并称三大茶市。清同治年间，太平天国举事，波及全国多数地区，福建的闽南一带本是重要的茶产区，因战事影响，南路、西路茶叶生产与贸易受挫，而福建北路（即指闽东一带）相对平静，茶叶生产与贸易的环境相对稳定，使当地的茶产业得到了一个发展的机会。民国唐永基在1941年版的《福建之茶》中这样描述清代福建北路种茶情况，“虽穷乡僻壤，却无不有种植茶叶”，“产量之多，几占全省十分之七”，“其繁盛始于海禁之后”。咸丰、同治年间，闽东茶商在传统制茶的基础上，不断提升茶叶制作技术，经各家茶坊精心打造，最后宁德天山茶、福安坦洋工夫和福鼎白琳工夫茶脱颖而出，当年在福建三大（坦洋、白琳、政和）工夫茶中，闽东地区就占有两品，政和县历史上曾属闽东并与闽东的寿宁、周宁相邻，从茶区划分讲，也属闽东茶叶的区域所在，可见当时闽东茶产业的鼎盛。闽东茶叶更是在全国占据举足轻重的地位，正是这些优质和充足的茶叶货源为三都澳福海关的开埠创造了前提条件。福海关开关后，三都澳出口航线以其突出的茶叶出口业绩，还被誉为“海上茶叶之路”，这是继汉代以来“东方丝绸之路”后的又一条重要海上茶叶贸易通道，据《1899年海关贸易报告》记载，“闽东各县茶叶荟萃于此，成为天然中心，年达三十万箱”。另据有关统计，“1899年至1949年，从三都澳港出口的茶叶占福建省出口茶叶的47%至60%，占全国同类商品出口6.42%至30.19%，占三都澳港出口货物总值的90%至98%”[①]，而在清代诸类进出口商品中，除了洋药（鸦片）

① 冯廷佺，周玉璠.2006.八闽茶香飘四海［J］.奥运经济：茶文化专刊（9）：9.

有较高税率，12.87%的茶叶出口税算是高税源商品，如果没有这种区域经济条件，或没有这个基础商品作支撑，三都澳的开埠也就没有实际的经济意义。

再次，选址三都澳是一种军事经济战略的占位考虑。三都澳是著名的天然良港，拥有水域面积731平方公里，其中深10米以上的水域173平方公里（是荷兰鹿特丹港的8倍），深水岸线80.8公里（是浙江北仑港的5倍），可建20万吨级泊位112个，主航道水深30~115米，50万吨级巨轮可全天候进出。由于三都澳具有重要的经济、战略地位，诸多列强都想分一杯羹，《三都澳海关十年报》中，曾任福海关三等一级帮办的英国人麦卡伦向上级报告说“三都澳位于宽广的浩荡的内港中部，在那里就是刮起最猛烈的暴风，舰队也泰然不动”，“只要瞥一眼英国绘制的三沙海图，就知道三都澳有一个良好的抛锚地点和一个优良的海港”[①]，美国密歇根大学安娜堡教授曾撰文披露，19世纪末西方列强掀起瓜分中国的狂潮时，美国也想在中国沿海港口中找一个据点，“当时美国一位海军将领到三都澳考察，被这里无与伦比的自然条件深深吸引，他声言‘谁控制这个港湾，就可以控制整个西太平洋，美国如果取得三都澳，太平洋就会成为美国湖’”。日本在晚清时期，曾把福建作为势力范围，多次考察三都澳，对这一天然良港觊觎已久。三都澳的战略价值，英、美、日都看到了，清政府不可能视而不见，所以选择三都澳作为福海关的设关地址，可以看出当时清政府或是福建地方官推举的战略考虑。

福海关的设关性质与厦门关、闽海关以及周边常关的关系

福建设关的历史源远流长，1087年，宋朝在当时具有“东方第一大港”之称的泉州设立“市舶司”管理海上贸易，到了明成化十年（1474年）市舶司移至福州，后因倭寇猖獗，朝廷实行海禁，仅靠进贡和零星贸易，市舶司机构职能淡出。明隆庆年间，朝廷又在漳州设立“督饷馆”，主要是监督对外贸易的银饷收入，至崇祯六年（1633年），因明政府关闭洋市，督饷馆随之撤销。清康熙二十三年（1684年），清政府开放海禁，设立闽、粤海关，闽海关为福建海关之通称，总关在厦门，下设厦门、福州（南台）两个分口，清廷派海关监督或海关委员管理海关事务，对海关实行定额税制，由清政府确定税收年定额，不足定额时唯监督是问，并以渎职罪革职，所欠银两以家产追偿，超额完成税收，留作地方自行支配。鸦片战争后，随着《南京条约》的签订，福州、厦门列为近代中国第一批通商口岸，咸丰十一年（1861年）7月14日，闽海关税务司署设立并对外办公，同治元年（1862年）3月20日，厦门关税务司署设立，光绪二十四年（1898年）5月8日，福海关在宁德三都澳设立。根据清政府确立的税务司管理制度，闽海关、厦门关和后来设立的福海关税务司署统称“洋

① 《福建文史资料》第10辑，1985年，第152页。

关”，其重要标志是海关的行政首长为税务司，并由外籍的洋员担任。光绪二十七年（1901年），根据《辛丑条约》，洋关周围25公里内常关归税务司兼管（俗称五内常关），据《福建省志·海关志》记载，在税务司兼管的常关中，福海关对常关的辖区覆盖包括东冲总口下的飞鸾、白石、宁德、八都、七星、盐田、罗源、可门、北岭、三都澳10个分局（卡），25公里外的常关只剩下沙埕。这样当时清政府委派的福州将军府除了监管税务司署的税银存款，只能兼管少量的“五外”（25公里以外）常关。综上，福海关是清朝政府在福建设立的洋关，它与闽海关、厦门关统称为近代福建的三大洋关。洋关的业务管辖范围扩大到对25公里内常关的兼管后，常关税银全部归入洋关征管和上缴，其主要目的在于使洋关能够更清楚地直接掌握关税的收入情况，并通过总税务司监督清政府及时偿还各类条约的赔款。福海关对中国近代资本主义萌芽的产生起到引进与催生作用，但它与闽海关、厦门关一样都是帝国主义列强侵略中国、瓜分中国、切割中国命脉、奴役中国政府的工具，它是福建沦为半殖民地的端口。

福海关的职能扩张

在中国近代史上被迫开放的海关通常被称为条约海关（史学家简称之为约海关），福海关虽然不是条约海关，属于自开埠的海关，但由于同样实行的是税务司制度，洋人把持海关的主要管理位置，这种奇特的海关管理体制，决定了福海关的职能必须符合外来侵略势力的通商要求。因此，福海关与中国沿海的江海关、天津关、广州关、闽海关、厦门关等洋关一样，其职能除了与世界其他资本主义国家的海关有相同的业务，还增加与国际贸易相关联的其他业务，这些业务涉及港航、引水、气象、电报、邮政、翻译、银行等，同时兼有对当地政治、经济、社会、治安等进行全面了解的责任，各地海关的税务司必须定期向总税务司报告，如根据列强国家的要求，赫德总税务司建议并经内阁批准设立的“京师同文馆”（与京师大学堂一起是北京大学的前身），就是海关筹办的专门培养英语人才的外语学校，在海关隶属机构中存在30多年。再如，根据《通商章程善后条约》“分设浮桩，号船，塔表，望楼等等，其经费在船钞收入项下拨用”之规定，赫德还要求清政府每年从海关征收的船钞中安排10%~70%作为航道、灯塔测绘建设费。福海关在扩张职能上最明显的方面包括开办邮局、电报局、气象台、海关银行，进行航标灯及航道勘查、测量与建设，对设关管辖地域的社会、经济、政治、军事进行情报收集与报告，特别是对当地安全形势进行评估。通过这种快速的职能扩张，统筹了海关对通商口岸的综合管理，为外国商船进埠开展贸易提供了安全与便利，给侵略者对中国的经济扩张和军事侵略埋下更深的危机，加速了当时中国的半殖民地化进程，当然也大大刺激了港口经济的发展，原来只是一个渔村的三都岛，几年时间就变成了“商号林立，商贾云集，渔舟唱晚，驳船竞

东冲海关旧址

东冲镇碑

渡”的繁荣港口，有24个国家在三都岛上设立办事处或代表处，意大利还在岛上设立领事馆，有10家保险公司和15家钱庄聚集于此，梵蒂冈教廷还在此修建了天主教堂、修道院等，美孚石油、德士古、亚细亚油行、南洋兄弟烟草等公司纷纷在此设立分销处。1905年6月还铺设海底电缆。当时，“三都澳”成为世界性地名，国外邮件只要写上“中国·三都澳”便可寄达。当时三都岛被喻为“小上海”“小青岛”，可见福海关在三都设关和海关职能迅速扩张对当时口岸发展的刺激作用。

福海关的管理体制

虽然闽海关、厦门关、福海关并称福建三大海关，但从管理体制和实际运作机制看，福海关是无法与闽海关、厦门关相比肩的。康熙年间设立的闽海关，是福建海关的通称，咸丰十一年（1861年）和同治元年（1862年）闽海关税务司和厦门关税务司的相继设立，使福建对外开放的海关分为两个大关，到光绪年间（1898年）福海关的设立，使福建有了第三个新关（洋关）。有的人认为，福建三个海关是一种同等级的并列关系，直接隶属于总税务司署管理，其实这里面存在一定的误区，据史料记载，总税务司对福海关的管理体制一开始就有明确规定“其行政上受总税务司和闽海关税务司的双重领导，由闽海关税务司就近指导工作，经费由闽海关账内支出。”[1]由此可见，福海关与闽海关、厦门关并不处在同一等级位置上，它是总税务司给闽海关的托管单位，近似二级管理的海关，除了《海关十年报告》需直接报送总税务司，其他工作报告、业务统计以及密报情况基本上由闽海关统一向总税务司报告。到了民国三十一年（1942年）4月1日，受抗日战争的影响，三都口岸贸易清淡，总税务司遂将福海关降为闽海关管辖的福海关分关。抗日战争开始后，为阻止中国进口石油等战略物资，日军飞机对三都澳频繁轰炸，福海分关的职能无法得以发挥，对外贸易基本

① 《福建省志·海关志》，第13页。

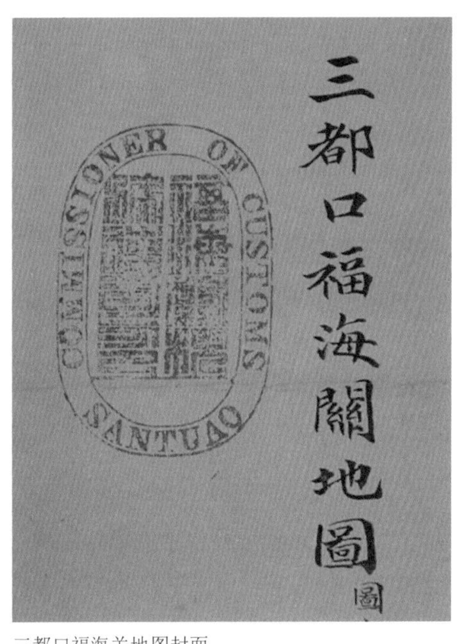

三都口福海关地图封面

终止。1952年中国人民解放军海军部队进驻三都澳，三都澳划为军港，原三都澳海关办公场所及相关文物统由海军接管，福海关历史终结。在福海关管理体制上，与其他洋关一样，洋人始终把持着海关的管理大权，《1889年—1935年福海关历任主管官员表》所列79位管理官员，担任税务司的始终是外籍人员，到民国前期，这种境况有所改变，但中国职员最多也只是代理税务司或副税务司，负责帮办。在人员录用上，中国海关初期录用洋员是根据《天津条约》附约《通商章程善后条约》第十款约定，经总税务司起草并经总理衙门核定的《海关募用外人帮办税务章程》，根据这一章程，由总税务司在外国人中雇用，候选人“应具有切实保荐的履历与品性，有与欧洲文官相当的教育程度，身体健康”[①]。雇用的洋员委派内班供事和外班钤字手以上的职位，华员则由所在税务司通过考试录用。可见，福海关的洋员基本上是总税务司直接录用并派出。对关员的考绩，根据总税务司的指示，每年分德、才、能、知四项，到民国十八年（1929年）后，年终考绩报告内容修改为品行、学识、工作、才能、健康和迁转等项，税务司对每个关员的考绩进行审核，最后报送总税务司作为该员晋级或停止晋级的依据。曾有一个较长时期，税务司对关员的考绩统称为“密报”制度，关员的升迁、处分全凭税务司的密报，也就是洋员税务司有绝对的提升部属权力，部属表现好差全凭税务司（关长）秘密评价。福海关洋员与华员在工资待遇上存在很大的差距，税务司每月薪金约为800两关平银，内班超等一级帮办250两、四等帮办150两，宣统三年（1911年），福海关华员最高等级为头等副前班供事，华员同在一个海关供事，工资收入与洋员比较相差2~10倍。福海关的这种管理体制，突显出两大特

①《福建省志·海关志》，第196页。

点：一是福海关经历了总税务司与闽海关双重管理和降为闽海关分关的两个阶段；二是福海关与其他洋关一样实行的是新关洋人管理税务司制度，华员在福海关中的地位低下。

福海关实行的税制

福建海关在近代史上经历过两种税制时期，主要分界线是鸦片战争，前期实行的是定额包税制，地方对税率可以灵活调整，主要是“奖出限入”，这时期的关税还处于自主地位；鸦片战争后，道光二十三年（1843年），清政府与英政府在香港签订“税则协约”，“规定进口货四十八种，出口货六十一种，均采取了从量课税，凡属进口货不能赅载者，即按价值每百两抽银五两”[1]。出口税同进口税率计征。鸦片战争以后重要商品税率发生了很大变化。进口货基本上为5.56%，出口货除茶叶是12.87%，其余多为4%左右。鸦片战争使清政府曾明令禁止的鸦片贸易合法化，《天津条约》将鸦片以“洋药”的别名混入了进口商品之列，规定每百斤纳银三十两，税率还是以值百抽五为依据。光绪五年（1879年），李鸿章认为“鸦片难骤禁，只可先加税厘，烟价增则吸者渐减”[2]，他建议土药每一百斤征正税和附加税计一百一十两（免内地厘金），洋药每一百斤征四十两（进口时输纳），清政府采纳了他的意见。光绪九年（1883年），如其所议与英国订约。光绪十年（1884年），又决定实行坐部票的制度（相当于许可证制度），凡华商运烟，必须持有行票，每票限十斤，每斤捐银二钱，经过关卡，另纳税厘；无票不得运烟。行店须有坐票，无论资本大小年捐二十两，每年换领票一次，无票不得发售。从福海关开埠运作报表看，开埠之初除了出口茶叶，也在三都澳进口洋药，抗日战争前期和初期，美国美孚石油公司进驻三都岛，进口商品则多为石油，据史料记载，当时经三都澳进口的石油“占中国市场供应的近一半”。石油进口税除了基本税率，还开征临时附加税。抗日战争时期，正因为三都澳处在石油输入的枢纽位置，才被日军锁定轰炸，以致直接断绝福海关的职能运作。综上可见，福海关所执行的税制过程，基本上是洋奴税制的过程，关税主权的旁落，对于执行被迫协约税率的口岸海关来说，无疑是一种耻辱。但是，福海关作为设在闽东地区的口岸，对扩大闽东茶叶生产、刺激以茶为中心的经济贸易活动，对当时的国民政府组织重要的战略物资，支持抗日战争，发挥过重要作用。清政府对福海关的管理运作，仍然采用洋关制度，聘请外国人担任海关主要管理人员，并默认海关在当地搜集情报的密报制度，一方面使得国内无密可保，主权丧失，但另一方面由于洋员较高的管理素质，“唯才是举”“操行至重”的严格要求，也为当时的清政府官僚

① 《福建省志·海关志》，第111页。
② 赵尔巽《清史稿·中国税赋史洋药厘金》，第26页。

机构带来一丝清新的管理气息，洋关管理运作方式的许多经验至今仍被沿用，说明西方的管理具有历史的先进性。

福海关经历过繁忙的业务运作时期，更经历过主权无法自控的悲剧性过程，它从开埠的第一天起，就预示着命运的坎坷与无奈，福海关的关闭实际上宣告了一种旧体制的终结，而在福海关曾经的关区里，新中国人民海关的兴起则预示着涅槃与新生。如今的口岸，虽然不单为出口闽东茶叶而设立，但作为曾经的辉煌却是值得永远记忆，闽东茶商和各界商家有了这个窗口与航线，也一定能够再续辉煌，创造更加强实的未来。

宁川与福海关茶事
——民国宁德茶业产销纪略

周玉璠

宁德是中国茶树同源“演化区域”，是中国福建主要茶区和中国产贡茶和名茶“天山绿茶”“天山银毫”“茉莉花茶”的故乡，又是中国东南沿海近代“海上茶叶之路”的出口地。这里的天老山（霍山）是中国古代仙家道教的发源地之一，其中的支提山是中国佛教五大名山之一。天山山麓沉淀着悠久的古代文明，饱含着丰厚的茶叶文化，在中国历史文明进程中留下了一道道印痕，为中国茶文化发展增添了一份份光彩。

宁德县东临东海之滨，西靠鹫峰山——天山山脉，与中国西部茶树原产地同处于一条纬度线上，境内丘陵起伏，坡谷延绵，山海相连，降水充沛，冬无严寒，夏无酷暑，植被丰富，具有生物多样性的生态环境，又具有盛产名茶的优异自然条件，还具有出口贸易的海陆便捷通道。这一切构成了民国宁德茶业生产、贸易、经济、科技、文化的繁荣，也促成了“海上茶叶之路”的兴旺。

今天，回眸民国时期宁德茶业的产销情况，让我们看到了历史上茶业产销的一些发展轨迹，看到了港口开放造就茶叶出口的便捷通道，看到了现代科技的传入促进了花茶的兴起，更看到了社会环境影响茶业产销的兴隆和衰落。

茶叶生产兴衰

清末（1898年），三都澳“福海关”成立，为宁德茶叶进入国内外市场打开了通道。三都澳海关“福海关”开关后，“本地贸易最好，可观的价值与税收阙为茶叶单独一项，所有设想目的设施都集中在茶方面了”[①]，宁德县及周边县茶区生产的茶叶可从三都澳直接输出，从而为后来福建茶叶生产的逐步发展打下基础。民国时期，宁德是福建省最主要、最大的绿茶产茶县，“天山绿茶”闻名中外，县内个别茶区亦制少量红茶等茶品，为港口出口贸易奠定了物质基础。三都澳“福海关”的发展，也从一个侧面反映了宁德茶业的发展，两者密切相关。

1911年辛亥革命的胜利，为良港侧畔的宁德茶区带来茶业发展的新机缘。据福海

① 三都澳税务司沃思森《1903年三都澳贸易报告》，1904年2月29日。

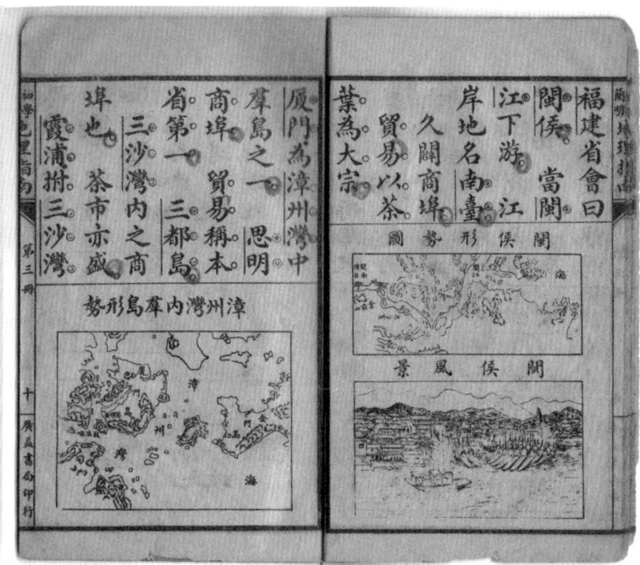

福建省會曰閩侯。當閩江下游。江岸地名南臺。久闢商埠。貿易以茶葉為大宗。

閩侯形勢圖

閩侯風景

廈門為漳州灣中羣島之一。思明商埠。貿易稱本省第一。三都島。三沙灣內之商埠也。茶市亦盛。霞浦拊三沙灣

漳州灣內羣島形勢

上海广益书局《简明初学地理指南》中有“福建省三都岛，茶市亦盛”的记载

关《三都澳1911年贸易报告》记载：“初夏，正是茶季给三都澳带来生机和活力的时刻。但正当本口处于冬眠状态时，革命（指辛亥革命）爆发了，政治上的动乱对福海关的贸易并未产生任何效果。今年开春大吉，仍带着1910年的繁荣和昌盛，并没有使上年的诺言落空。整年天气都很好，茶叶获利甚大”[①]。

民国期间，宁德茶叶生产有起有落，主要受出口销路、自然气候、时局变动等诸因素影响。如民国四年（1915年），春季气候适中，这年茶叶获得增产，通过三都澳口岸出口茶达到开港以来最高的水平，比1912年增长24.78%[②]。

民国五年（1916年），因袁世凯称帝，国家政体不稳，给茶农、茶贩的茶叶预购贷款停止兑放，又加之欧洲战争未停，使茶叶出口贸易受阻，茶叶品质不佳，运输各种费用增加，而茶价却不高，以致茶市疲软，生产受影响。有关资料记载：“贸易情况……总无起色，又兼春间国体改革，并因国家之两银行停止兑现等事，以致贸易衰落之象愈益显著，至茶一项，因欧洲战事延长，亦大受‘池鱼之殃’也。计进出口货物价值与税课之减免者，大致系因本埠所称为大宗出口名茶之短绌所致，计名茶较去年茶短28 015担。以故凡抱有本年茶市，仍能继续去年佳景乐观者，均皆失望，推原茶贩本年所售之价不及去年者，系特因茶质较劣，而盘运各费昂贵，汇兑价格不佳，亦均足致茶市疲滞不振也……”[③]

中国茶叶过去以英国等欧洲国家为主要出口国，宁德三都澳茶叶亦以销英国为多。民国七年（1918年），英国从印度、斯里兰卡进口大批茶叶，而对中国茶叶实行禁运入口，加上国内连年军阀混战，盗贼流行，水陆交通梗阻，造成宁德县三都澳出

① 海关代理税务司G. Acheson《三都澳1911年贸易报告》，1912年3月11日。
② 福海关署税务司吴乐福《中华民国四年三都澳口华洋贸易情形略论》，1916年3月25日。
③ 福海关税务司吴乐福《中华民国五年三都澳口华洋贸易情况略论》，1917年3月10日。

口茶也剧降，比1915年减少50 301担，故而导致产茶的茶农、买卖茶商悲观失望，经济利益受损，宁德县相关行业亦受波及。幸好次年（1919年），采取开辟国内市场、免税三年的政策，增加生产，输出优质天山绿茶到我国北方市场，茶季开市也比往年早，茶叶产销得以稳定。据载，1923年茶季伊始，茶质甚佳。“春间绿茶，在北方销路极广，每担值十二两至二十八两（关平银）”①，这年茶叶产销恢复幅度很大，三都澳出口量大幅增长。

民国十四年（1925年），国内各省掀起工政风潮，工人罢工此起彼伏，多少给宁德和三都澳口岸造成一定影响，又由于天气异常，不利于茶叶生产，茶农出产茶叶数量减少。还好，当年俄国成为三都澳出口茶叶最多的国家，所以茶叶畅销，价格较好，“年中甚昂，于是业茶者，反能市利三倍也”②，民国十七年（1928年）8月间，30年未遇的飓风暴雨相继而来，山崩屋损，茶叶生产更受其害，种植茶农或经销商均难售出，茶多亏本。幸好绿茶销售于北方，贸易颇好。

民国二十三年（1934年）前后，福州茉莉花茶正是全盛时期，当时宁德县生产的绿茶多运往福州作为窨制花茶的茶坯原料，从而促进了绿茶的生产。特别是由天山茶区生产的“天山绿茶”为高级花茶的重要原料。天山绿茶的花色、标号繁多，按季节分有雷鸣、明前、清明、谷雨茶等；按形状可分为雀舌、凤眉（或凤眼）、珍眉、秀眉、蛾眉等；按标号分为岩茶、天上丁、一生春、七杯茶（或七碗茶）。在这些茶品中，尤以雷鸣、雀舌、珍眉、岩茶等最为名贵。此外，还有清水绿、炒绿等。天山绿茶素以产地自然环境优异，制作工艺讲究，茶树品种优良，茶品品质“香高、味浓、色翠、耐泡”而扬名于世。福州花茶的兴盛，使福建省绿茶主产区的宁德茶叶得以有新的发展。民国二十五年（1936年），宁德县茶园面积达48 800亩，产绿茶32 000担，占福建省绿茶总产131 500担的24.33%，位居福建省绿茶首位，为近代历史最高水平。“福海关”出口茶115 490担，其中绿茶74 150担，红茶41 310担。

民国二十六年（1937年），“七·七”卢沟桥事变发生，全国抗日战争开始，受此影响，茶叶产销每况愈下。据民国《闽政月刊统计副刊·福建产茶种类之研究》记载：“民国二十八年（1939年），宁德县茶叶生产量25 000担，总值170.8万元，其中绿茶23 000担，产值156.4万元；红茶2 000担，产值14.48万元。茶叶产量比1936年锐减7 000担。”当时，省里发放外销茶的贷款也逐减。据当年民国福建省政府建设厅茶业管理局统计室《茶业管理概况》载：“三年来，外销箱茶贷款数为：宁德，民国二十八年（1939年）为20.355万元，1 180箱；民国二十九年（1940年）减为7.5万元，2 500箱；民国三十年（1941年）未贷。当时全省核实分配制茶箱额10万箱，除绿茶6 500箱分配宁德外，余均分配其他县。”

① 福海关暂行代理税务司马多隆《中华民国十二年三都澳口华洋贸易情况论略》，1924年3月5日。
② 福建省海关《三都澳》，1932年。

其后，爆发第二次世界大战，日本飞机连续轰炸三都，1940年7月，日本军舰、飞机将三都澳港口所有建筑都炸毁，茶叶出口海路闭塞，从此宁德茶叶生产萎靡不振，一落千丈，大量茶园荒芜。至1949年，茶园面积缩小至35 000亩，产量仅剩8 896担，跌落至历史谷底。

现代科技的引进

民国期间，由于三都澳口岸对外开放，有些西方和国外先进的农业（茶业）科学技术传入了三都澳“福海关”所在地宁德。

民国期间，茶区茶农开始重视诸如淫雨、台风、风雪、冰雹、干旱、洪水等灾害气候对农业、茶业的影响。在辛亥革命前夕，气象预报已传入宁德，为宁德农业、茶业及海上航行提供警示。据1907年海关资料记载，“帝国电报局（中国帝室）有礼貌地从福州电报分局供应我们有关气象警报，成为他们经常性的工作，这些警报是上海徐家汇、香港及孟（马）尼拉气象台所观察”[①]。

当时有记载的主要灾害气象，如1911年9月初，邻近地区遭到了一次毁灭性的台风，更糟的是，正值大潮期，台风更加肆虐。据福海关相关资料记载，1919年“8月25、26两日，台风大作，异常猛烈，为本口开埠以来所仅见，海关物产损坏颇多，全埠商民受灾尤钜，至于内港各地海坝被毁，田园房屋因而湮没者，不可胜计，诚浩劫也”[②]。

那时，已有气象的测报、预报。据记载，1918年“本年夏季，天气极为凉爽，最热之天气，则为8月间92度（华氏），而最低者则为1月9日32度（华氏），统计全年雨水，共降66寸2分8厘”[③]。1919年“本年气候，以6月9日及8月1、2、14、15等日，97度（华氏）为最高；2月4日，33度（华氏）为最低，全年雨泽共计68寸3分4厘，最多者为八月间阴雨14天，得雨11寸4分3厘；最少者，为9月间阴雨六天，得雨1寸6厘。11月间本埠地觉微震。”据载，1922—1931年，宁德的气象“夏无溽暑，冬不祁寒（本期各年冬令，气候在零度以下者仅见二次）”[④]。有记载，适宜茶树生产的气象好年景，如1915年“去年春季，气候殊佳，于植茶一事，甚为相适，雨既霑足，日复融和，茶叶遂因之油然畅茂”[⑤]；1919年“清明前雨水充足，茶贸易于滋生”[⑥]。

还有邮电局的建立，茶叶经营业务联系，用上了电报、电话，又得通信的方便。

过去农业、茶业作物所施用肥料，多为粪肥、胶泥、豆饼、石灰及农家肥，民国

① 福海关代理税务司克鲁利《1907年三都澳贸易报告》，1908年2月28日。
② 福海关署税务司劳腾飞《中华民国八年三都澳口华洋贸易情形论略》，1920年2月13日。
③ 福海关署税务司甘福履《中华民国七年三都澳口华洋贸易情形论略》，1919年2月20日。
④ 福建省海关《三都澳》，1932年。
⑤ 福海关署税务司吴乐福《中华民国四年三都澳口华洋贸易情形论略》，1916年3月25日。
⑥ 福海关署税务司劳腾飞《中华民国八年三都澳口华洋贸易情形论略》，1920年2月13日。

间亦引进硫酸钲（疑为硫酸铵）等农业化肥及牛骨肥等，据民国二十一年（1932年）资料载："硫酸钲肥料则渐见行销，历年进口列入统计者，为数颇钜"[①]，"进口硫酸钲尤需要，其用途系以充作肥料，统计二十年（1931年）全年由三都进口8 552担，由东冲进口者5 661担"[②]。

过去，茶叶装袋为防潮、防水，只用竹叶编成内衬。1907年始，改用"铅"（铝箔）作为茶箱的内衬。据载，1923年"茶季畅盛之时，用作茶箱衬里之铅（铝箔）块，亦源源而来（进口）"[③]。

过去茶叶采摘多为一把抓，一扫光，民国后提倡合理采茶。民国元年（1912年）"茶农们终于已开始意识到盲目采摘茶叶的危害"[④]，民国二年（1913年）"7、8月……乡间停采茶柯因得葆其元气，转年出茶必茂"[⑤]。这就是当代推广的茶叶采摘"留养"的先进技术。

花茶生产的兴起

清代后期，福州开始以绿茶加工窨制花茶，宁德县是福建省绿茶主产区，宁德县及邻县绿茶多运到福州窨制成茉莉、玉兰、珠兰、柚子等花茶。清代末年至民国间，宁德县三都、城关等地开始试种茉莉花、试制花茶。据英人Percy R. Walsham报告：1908年，"三都'公众事业委员会'正设法努力提高本口的福利，开始试种茉莉花……如果能在本口就地加香的话，就可省下一大笔费用。这对此贸易有兴趣的人来说，应该是有吸引力的……"[⑥] 1909年"年初地方公益社（三都）开始栽种茉莉花，从福州聘来一位园艺专家，在他的监督之下，5 000幼苗已经栽种。这项企业正在试验初办阶段，如果土壤及气象适宜，农民可被说服大量栽种，可达成功"[⑦]。1910年"一些农夫（农民）表示愿意种植茉莉。他们的领头无疑鼓励其他人们从事种植。'公益董事会'（TW BOUICLOB PNBEU WOOKZ）定为他们免费提供树苗，受助者种植成功后，只需付树苗原来的成本价……"[⑧]

1911年茉莉花的试种已获成功。1912年3月11日，福海关海关代理税务司G.Acheson在《三都澳1911年贸易报告》一文中记曰："前几份报告所提及的茉莉花试种已经获得成功，除了人们的疑虑，但要实行茶叶就地加香，直接从本区出口华北，还需要相当长的时间。"果然，实现这一创新并取得成功需要大量精力和财力。

① 福建省海关《三都澳》，1932年。
② 福海关税务司王爱生《福海关民国二十一年一月份贸易情形报告书》，1932年2月10日。
③福海关暂行代理税务司马多隆《中华民国十二年三都澳口华洋贸易情况论略》，1924年3月5日。
④ 海关代理税务司G. Acheson《三都澳1911年贸易报告》，1912年3月11日。
⑤ 福海关署税务司阿其荪《中华民国二年三都澳口华洋贸易情形论略》，1914年3月7日。
⑥ 福海关责任助理Percy R. Walsham《三都澳1908年贸易报告》，1909年3月20日。
⑦ 福海关代理海关税务司威士弘《1909年三都澳贸易报告》，1910年3月10日。
⑧ 福海关税务司Percy R. Walsham《1910年三都澳贸易报告》，1911年3月20日。

其后，茉莉花栽种已在县城和城郊一些地区有较大发展，但到民国十七年（1928年）前后三都没能继续栽种。

就在三都试种茉莉花的同时，宁德城关林昆生兄弟于清末至1949年间经营“一团春茶行”私营企业，亦在宁德镜台山麓的“可园”及宁德大桥头溪畔开始种植茉莉花、玉兰花等窨制花茶的香花。同时，开始加工窨制玉兰、茉莉花茶，并结合制造工夫红茶。清宣统二年（1910年），“一团春”茶行试制玉兰片花茶成功，民国年间，加工花茶1 000担左右运销天津、上海、香港等地。

民国四年（1915年），在美国旧金山举行的巴拿马万国商品博览会和评品会上，宁德县“一团春”茶行产制的“玉兰片花茶”荣获银质奖。据传，当年获奖后，其奖状悬挂天津“一团春”茶行销售点，敬致顾客。

茶叶贸易的变迁

民国期间，宁德县茶业的兴衰，与世界良港“海上茶叶之路”的起点——三都澳“福海关”口岸的关系十分密切，历史证明一个道理“港兴茶也兴，港衰茶也衰”，而茶叶出口贸易的兴衰，又关联到茶叶生产的兴衰。民国年间三都澳港口的开放，从总体上曾给宁德县农村茶区带来繁荣，给宁德茶业生产带来发展，给茶农茶商带来私营贸易的兴旺，也就是为当年“三农”的发展搭建了平台。当然这期间也饱含了贸易衰败的辛酸。

民国年间，随着三都澳海关出口茶叶贸易的发展，民间茶农茶商贸易也逐渐活跃。当时有多种贸易形式：一是茶农，自产自销；二是茶商、茶贩，流动购销；三是茶庄茶行，坐庄收购精制贩卖或出口；四是茶栈（箱茶帮），专办红茶经纪；五是茅茶行（袋茶栈），专营绿茶经纪；六是花茶行，有天津帮、东京帮，收购绿毛茶、窨制花茶或送福州加工后，销往北方市场；七是茶叶店，自购自制自售；八是购茶洋行（即洋茶栈），向箱茶栈或袋茶栈购茶改装出口。

据调查，自清末至民国中后期，已知宁德县有茶庄、茶行、茶栈、茅茶行、花茶行、茶叶店等100多家，其中较大的城关有10家，八都3家，九都1家，霍童13家，洪口1家，赤溪3家，石后2家，洋中21家，虎贝4家，飞鸾2家。

民国时期，经福海关出口的茶叶主要为今宁德市各县（市、区）及政和、罗源等周边县，其茶叶输出经历三起三落。

第一次起落，是民国元年（1912年）至民国十年（1921年）。1912年经福海关出口茶叶107 241担，其中绿茶52 597担，工夫红茶50 090担，茶片3 447担，其余为花香红茶、乌龙红茶、小珠绿茶、茶末、茶梗等。其后三年增长到民国四年（1915年）的142 586担，其中绿茶 66 797担，红茶71 610担，茶片3 376担，其余为花香红茶、乌龙红茶、小珠绿茶、茶末等茶品。当年“欧洲业茶者，定购红茶，自茶市初开，以迄茶市闭歇，均络绎不绝，惟其运出，多系取道北方口岸及香港耳"[①]。其后，受英、俄销路变迁的影响，茶叶出口量跌至民国十年（1921年）的88 533担，比1915年减少54 053担，出口量减少37%。

第二次起落，是民国十一年（1922年）至民国三十四年（1935年）。民国十一年（1922年）始出口茶又恢复至104 619担。民国十二年（1923年），欧、美各国所有的红茶不多，加上自1919年以来出口红茶实行免税，茶叶出口量又迅速恢复到1915年的水平，达142 829担，比1921年速增54 296担。此后又因国内形势变化，1926年对出口茶又恢复征税，加之年景不佳等因素，造成从1925—1931年输出量徘徊于10万~12万担。1931年日本侵华，"九·一八"事变发生，国家危难，出口销路遭阻，至民国二十四（1935年），出口茶量仅剩43 133担，骤减99 696担。

第三次起落，是民国二十五年（1936年）至1949年。1934年前后，由于国内外对花茶需求的扩大，福州花茶产销再度兴盛，致使宁德县及邻县所产的绿茶或花茶多由三都澳转口到福州或北方，故而三都澳茶叶输出量达到115 490担，恢复到1931年的水平。1937年日本全面侵华战争爆发，致后两年出口量又落到8万多担。当时，福州、厦门等港已闭关停港，福建省茶叶虽多悉数集中于三都澳出口，可因抗日战争，茶叶生产萧条，海上通道不畅，到1939年输出量跌至42 954担。1940年福海关被日本毁坏。抗日战争胜利后虽有所恢复，但到1949年三都澳出口量却也仅剩下41 467担。新中国成立后，三都澳走完出口茶的历程，受命停止出口，结束历史使命。

① 福海关署税务司吴乐福《中华民国四年三都澳口华洋贸易情形论略》，1961年3月25日。

三都澳与三都澳茶路

——日本《支那省别全志》摘译

缪品枚 摘录　游祖持 翻译　陈永怀 整理

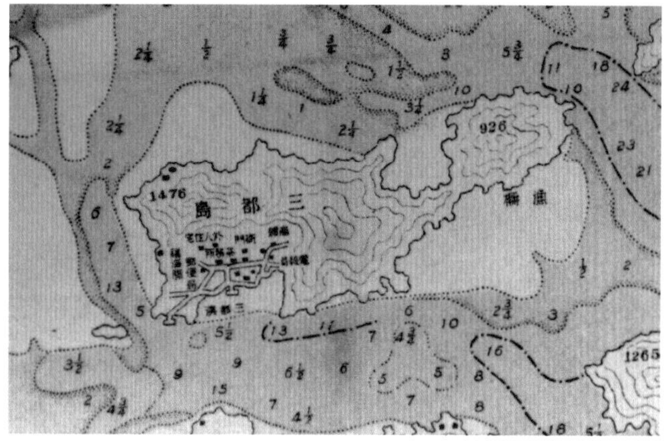

日本大正九年（1920年）所著的《支那省别全志》一书，描绘的三都澳地图，清晰地标有“福海关、茶务所、电报局、商铺”等字样，这为三都澳是中国东南沿海茶叶贸易商港，提供了又一个佐证

地理位置及港湾

三都澳（港口）位于三都岛的南岸，离北方福州海路70海里（1海里折1 852米），距西方宁德海路15 000米，至福安92 500米。三都澳街市的背后是海拔500英尺①左右的山。离岸边约600英尺，其间设锚地，海面平静，是良好的船停泊地，停泊在这里的船只即便遇到巨风大浪也不会受损。街市北岸山脉地势险要，一块块坚固的石头竖立如壁，高达一间半乃至五间，如同坚固的防堤，码头用石砌筑而成，宽约二间，高约四间，凸出海边，这里夜间灯火通明。潮汐间涨潮与退潮区别很大，涨潮时海水溢满全湾，浪高17~18英尺。

这个地方1899年5月开放。这里离北方福州约70海里，和三沙澳一样，是一个中国南方沿海少有的良港，风平浪静，港深不受潮汐影响，一年四季都可停泊船只。美国人都很看重这里，现在贸易量很大，帆船贸易额达到200万~300万两，一年贸易总额500万~600万两。

街市及人口

主要街道位于海岸边，约有300户分布在街道两旁，根据海关的报告显示，（岛上）人口大约有8 000人，也包括生活在船上的渔民2 000多人，除此之外，还有10多

① 英尺为非法定计量单位，1英尺=0.304 8米。下同。——编者注

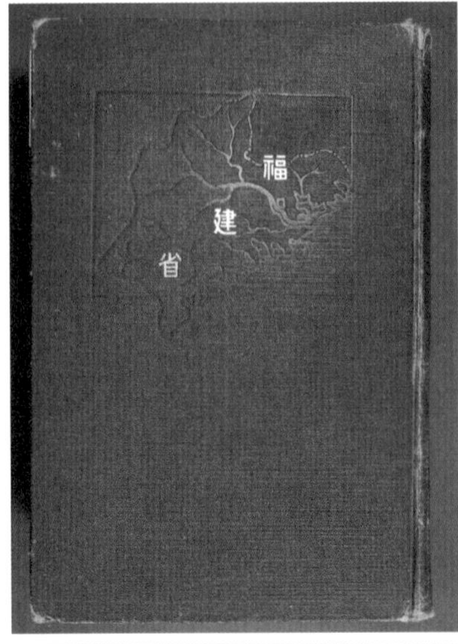

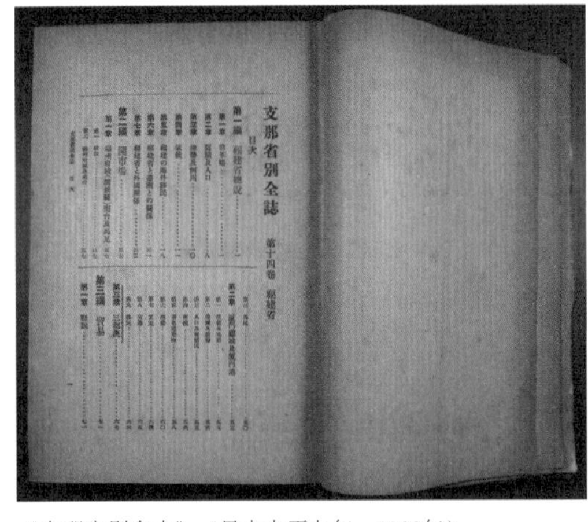

《支那省别全志》（日本大正九年，1920年）

名外国人，他们均为税务关员和传教士。

街市中最繁华的是太安公司附近的一条街，饮食、杂货铺二三十家并列。十几年前还是一个荒芜的村落，而今成了港口。

著名的建筑物

政府单位有福州海关、三都澳邮政局、三都中国银行、三都澳闽关办事处所、三都官务局、三都茶税局、三都盐务署、水上警察署等，以及其他意大利领事馆等，大商店有同兴洋行（台湾人经营）、太安轮船公司、美孚洋行、万顺春茶栈、亚洲洋行、齐关轮船公司等。

商业

三都澳从1899年5月8日（光绪二十五年三月二十九日）开放后，成了开放港口。

主要作为宁德、福安、福宁这些地方的茶叶出口港，而且第二年即光绪二十六年，经过本港有汽船开往福州，茶叶不足3万担，而没有经过此地到达福州的茶叶只有2 500担，进口货物几乎没有。后来这个地方还成了茶叶之外鸦片、烟草、茶油、桐油、靛青、苎麻、砂糖、粗纸、瓷器等物产的集散地。随着商业逐渐隆盛，市面益显活跃，而现在与福州、温州、台湾等地均有来往，而关系最密切的是福州。本地来往商品最大宗的是茶，福安、旧福宁府下各产地的茶叶在此地汇集后经福州运到国外。

交通

三都澳与外界的交通主要靠船只，具体地说，与福州联系靠汽船，与福安来往靠民船和汽船，从离福安5里的阳头出发乘民船沿阳头街往下经过35里到达赛岐，这里有两条河流汇合进入大海，河流宽广而且水深，汽船可以从三都澳到达这里，从赛岐到达三都澳海路大约有150里，汽船如果顺潮的话6个小时就可以到达，从福安到三都澳乘民船的话顺潮时一昼夜可以到达，逆潮的话则需要二天。

1. 三都澳的民船

三都澳的内港水比较浅，是民船停泊绝好的地方。很早以前这里就是湾内民船的停泊地，1899年开港之后，出入的民船更多。另外，原福宁府的茶叶产量大，以往多半从陆路到达福州，而三都澳港开放后，三都澳与福州之间就使用民船了，以往依靠陆路运输不方便的茶叶便通过民船来往交易。福宁府内除了茶叶，还盛产烟草、茶油、桐油、靛青、苎麻、砂糖、粗纸、粗制的瓷器等，都是以民船运往福州，而福州其他产品则经三都澳然后销往内地，在运输方面民船发挥了主要的作用。

2. 以三都澳为中心的汽船

三都澳这个港口名闻海内外，很早就有小市场之称，尤其港口开放后，成了福建省北半部所生产的茶叶的输出地。

三都澳的港湾很宽，南北599米，呈凸出状，东西2 400米，水深120米，一二百吨的小汽船可以停靠这个海岸，三都澳海关到三都街有一条600多米长的堤防，海关前面有一条宽4米、长2 000米的钢筋混凝土码头，以挡风浪。每年茶叶输出期的7、8、9月遇到台风，所有的民船及小蒸汽船停运三日至一周。

与三都澳有小蒸汽船交通来往的区域只有福州。福州与三都澳之间有70海里，平时太安公司的两艘小蒸汽船每周一次定期往返；国外船只：洋行Gibb Livingston与Cnan PoHaichen的两艘小蒸汽船在这期间也不定期地往返。每年农历5、6、7月从寿宁方向集中到三都的茶叶，在此期间定期或不定期通过小蒸汽船运出去。除了小蒸汽船，也有用大兴洋行等其他靠近三都的商社用船进行茶叶交易，福州与三都几乎每天都有两三艘汽船来往。福州与三都两地间汽船的航行时间大约八小时半，旅客船费一等舱为一元六角，二等舱为六角。

福州自古以来以盛产茶叶为名，东印度公司早已在19世纪初期就在此地开放港口，其后在1842年《南京条约》的基础上，1843年7月进一步开放港口，开放前福州的茶是从陆地运往广州，开放后闽江流域（包括宁德）及闽浙两省产的茶从福州水运出去。

三都澳茶路

1. 茶叶产地与产量

福建的茶叶产地大致分为东、西、北路三路，具体的产地如下：

东路：延平府（尤溪县）；福州府（闽侯县）。

西路：建宁府（崇安、建安、欧宁、政和、建阳、建宁）；邵武府（邵武县以东）；延平府（沙县、永安、顺昌）。

北路：福宁府（宁德、福鼎、福安、霞浦、寿宁）；福州府（罗源、古田、屏南）。

北路制茶以福宁府为主产区，福州府次之。而其产量与闽江流域即东、西两路的产量大致接近，确切地说，北路的制茶占总量的一半，可以称为福建第一产地。东、西两路的主要产地是延平府下的沙县、建宁府下的崇安以及建安等地，建宁府下的欧宁、政和以及延平府下的永安、顺昌次之。然而这些产地现在产量有所减少，崇安县4万担，建宁府附近即建安、欧宁二县以及政和县的产量不足3万担，延平府下的沙县以及永安、顺昌的产量也只有3万担，而西路一带的年产量超出10万担，东路各县合计大约2万担。每年三都澳与东西两路以及其他各地集积在福州的制茶大约30万担，各地产量差异很大。

原产地的制茶产量也是根据福州市场的配置情况而定的，市场需要旺盛时产量可达到50万担。福州的制茶原来也没有完整的生产组织，实际上大量都由农家妇女完成。近来东、西两路由于外国茶叶市场销路不佳，加上往福州的运输费用增加，所以茶叶市场不是很好。福州茶叶生产地的西路一带（建宁府、延平府）产量有所减少，相反北路茶叶由于三都澳的开放，其运输量逐年增加，出现空前盛况，这说明运输是否方便与茶叶生产关系密切，这也带来了福建茶叶主产地的大变迁。

2. 茶叶市场、集散路径及出口数量

福建的茶叶市场有福州、三都澳、厦门。集散在厦门的茶年产量不足1万担，所以主要产地为前两者。而三都澳集散额约占一半，约10万担，超过福州市场，或者说与福州市场可比。单从海关纯输出量看，两者相差不过2万~3万担，再从

出口量和消费量综合起来看，三都澳为福州的三分之一。从集散路径看，根据产地不同，有的通水路，有的通陆路，东、西两路和北路产的茶叶大约一半由闽江水运出去。后者（北路）产的茶叶大多集中在三都澳，通过汽船、帆船等出口，过去北路茶叶在三都澳开港之前是通过陆路从飞鸾、罗源经过北岭到达福州市场的，三都澳港口开通后，改从三都澳或沙埕港由海路直接进入福州市场，由于运输上的便利关系，从福州出口逐渐增加。按照海关的报告，三都澳海关茶叶出口数量大致如下：

三都澳海关茶叶出口统计

单位：担，海关两

年份	红茶		绿茶		茶末		合计	
	出口量	出口额	出口量	出口额	出口量	出口额	出口量	出口额
1905	51 916	1 027 240	59 219	1 336 930	—	—	111 135	2 164 170
1906	40 707	936 652	69 199	1 266 336	—	—	109 906	2 202 988
1907	42 291	1 012 669	64 038	1 101 792	386	2 077	106 715	2 116 548
1908	62 222	1 498 257	50 889	931 309	2 485	13 151	115 596	2 433 717
1909	40 123	973 236	66 906	1 283 703	1 052	7 574	108 081	2 264 511
1910	44 018	1 036 543	75 195	1 515 176	2 288	13 847	121 501	2 565 566
1911	46 692	1 089 934	68 274	1 433 712	5 210	31 142	120 176	2 554 789
1912	50 637	976 094	52 636	805 022	3 965	23 365	107 238	1 804 881
1913	36 476	805 291	69 929	1 371 307	4 531	34 610	110 936	222 208
1914	38 200	859 929	70 966	1 161 739	3 573	27 368	112 739	2 049 036
1915	72 355	1 907 004	66 798	134 983	3 433	20 976	142 586	3 273 963
1916	53 868	126 383	58 197	952 689	2 506	13 961	114 571	2 213 033
1917	42 103	972 162	65 238	997 489	1 491	8 305	108 832	1 977 956

3.运输费用

每年从四月至九月为茶季，每月都开放茶叶市场，这时，福州、广东的茶商以及本地茶客等都会在这里设立临时购买点，交易时采用红花秤，以百斤为担。三沙湾沿岸地方的制茶首先汇集在三都澳，然后再从这里通过小型汽船送达福州，白琳、三都澳之间挑夫工钱、船费两者合计每两箱为1.78元（龙洋），三都澳、福州之间的汽船费1.30元。

福宁府下福安县的丹洋、穆阳、阳头为主产区，种类以红茶、绿茶、青茶最多，其他乌龙茶、杂茶也有，年产量45 000担，其运输路线大概也是经过三都澳通过海路到达福州，运输费从丹洋到三都澳之间挑工、船费合计每百斤1.30元，三都澳到福州间汽船运输费1.30元，合计2.60元，税费以及其他费用如下：

下白石海关及茶捐	百斤	0.100元
三都海关税	百斤	0.346元
三都、福州间保险费	百斤	0.303元
三都府储费	百斤	0.303元
杂费	百斤	0.050元
福州大小税		0.032元
合计		3.088元

茶客到丹洋或穆阳市场买到半制茶集中一定数量后运到三都，在三都的茶栈加工后再卖到福州的交易店，秤用正大六秤，以百斤为制。

三都澳
“海上茶叶之路”漫谈

林翠慧

一张航海图——撞开三都澳“海上茶叶之路”之门

漫步于三都岛上，小岛的人们面海而居，岛上西班牙教堂的钟声悠扬，为与世无争的岛国平添了些许异域的风情，晨光或暮色里，福海关旧址，神秘的修道院，向世人展示着“她”19世纪的繁华过往。我们试图从遗留的建筑和史料中查找那断片的记忆。在福海关旧遗址外，笔者与当地80多岁的耄耋老人陈祖成不期而遇，并听他讲述了一段不为人知的故事。

哥特式教堂

“故事的开始源于1846年英国对三都澳绘制的一张航海地图。”陈祖成告诉笔者，1846年，一艘名为74号船的英国船只在黄昏中，驶抵三都澳，对三都澳进行了勘测并绘制了航海地图，他们要求清政府开放三都澳，当时中国还是半封建半殖民地国家，清政府为了扩充财源、筹还洋款，见三都澳有利可图，便于清光绪二十四年（1898年）准予开埠，设立“福海关”。自此，西方列强蓝色的鹰眼，打破了三都澳黄昏的宁静。

1898年，福海关正式设立。由于在军事和经济上的特殊战略地位，西方列强的船队频频穿梭，三都澳成为了中国东南贸易的一个重要港口。是年，英国皇家海军军舰“水巫号”又完成了三都澳方圆400平方英里[①]海域的测量，继而向清政府提出购买三都澳的“风和太阳”的要求：渔民出海，升帆起航，晒衣行走，只要用到风和太阳都要收税。苛税猛于虎，由于牵涉渔家百姓的衣食住行，清政府想到了一个应对的办

① 英里为非法定计量单位，1英里=1 609.344米。下同。——编者注

三都澳石城

法，出售50米以上的风和太阳。因此，一场“能源”风波得以平息。

在三都澳这座历史的大舞台中，西方列强蓝色的鹰眼变作了舞剧的灯光，变幻着光怪陆离的色彩与光影。美国密歇根大学安娜堡教授曾写过文章披露，19世纪末西方列强掀起瓜分中国的狂潮时，美国也想在中国沿海港口中找一个据点。当时美国一个海军将领到三都澳考察，被这里无与伦比的自然条件深深吸引了，他声言：“谁控制这个港湾，就可以控制整个西太平洋，美国如取得三都澳，太平洋就会成为美国湖。”

一条茶路——连接欧亚大陆之文明

文明之间的交流向来是推动历史发展的重要力量，而中国是世界上最早发现和利用茶的国家。一百多年以前，中国几乎垄断了世界茶叶市场，英国进口的茶叶100%来自中国，热爱饮茶的葡萄牙公主凯瑟琳嫁入英国皇室后，整个英国上流社会彻底迷上了茶叶。自此，海上茶叶出口贸易迎来鼎盛时期，从大洋彼岸飘来的各色眼眸在这里聚集，同时，也令三都澳的黄昏都飘逸着沁人的茶香。

其实，对于三都澳的海陆运输，史料中早有记载，在唐代以前，三都澳就有船行之，三国时期东吴温麻船屯、宋末南逃的王室船队、明代的郑和船队、明中后期日本海盗船队、清初的郑成功船队等，都曾深入到三都澳腹地，自清代中期之后，随着商品交流的频繁，闽东一带货物外销远洋，已是常见的事情。清乾隆朝之前，东冲口外，更是“南连广粤，北抵江浙，达兹外域，无所不通”。

福海关是中国第一个因茶而设的海关，浩瀚的大海和神奇的茶，把三都澳和欧亚大陆连接在了一起。宁德的茶叶从三都澳出发，东通日本、朝鲜半岛，西经东南亚、印度洋地区，直至西亚和东北非，茶叶经由这些海上交通路线销往各国，拥抱世界。

三都澳开埠后，贸易总值不断增长，其中茶为大项，以1902年为例，当年茶叶贸易总值达148.8万海关两，占所有贸易总值的98%。中国茶每年输出货值占出口总额的九成以上，而英国输入中国的商品，价值不抵进口中国商品的十分之一。如此巨额的贸易逆差，英国不得不用大量的白银支付，为了平衡茶叶贸易造成的巨额逆差，英国、美国在这里修建了杂货码头和油码头，“美孚”“德士古”煤油和其他洋货通过这个口岸相继流往国内，三都澳成为大半个中国“美孚石油”和其他日用品的供应基地。茶市的繁荣带来了物品流通空前的繁华，中国东南“海上茶叶之路”由此形成。

据老一辈人回忆，从清末至南京沦陷前，宁德已经成为闽东北最大的茶叶集散地，天山绿茶的主产地——宁德西乡天山之麓的洋中镇，天津的“京帮”、山东的“全祥”、福州的茶商和洋人、传教士云集，采购“天山绿茶”销往国内外。

“茶季到，千家闹，茶袋铺路当床倒。街灯十里亮天光，戏班连台唱通宵。上街过下街，新衣断线头，白银用斗量，船舶清风桥……”这首在闽东流传的民歌是当年茶市繁荣的真实写照。19世纪末，三都福海关开辟后，宁德的红、白、绿三种茶从这里漂洋过海，进入欧美市场，直接或间接地与世界数十个国家进行交流。期间，红茶“坦洋工夫”、天山绿茶“满天星”曾分别摘取巴拿马国际博览会金奖、银奖。福建寿宁斜滩和福安坦洋人说，当时国外寄来的邮件，只要写上“中国·三都澳”“中国·斜滩”“中国·坦洋”，就可以直递收件人手中。

在三都澳港口贸易史中，茶叶出口贸易值呈现“波浪式”发展轨迹，文献记载道出了以海上茶路为代表的宁德茶文化丰厚的底蕴。三都澳口岸开放后，在建埠以来的半个多世纪中，三都澳茶叶出口贸易无论在中国还是在国际上都具有重要地位。由此可见，在福海关存在的50多年间，三都澳福海关成为近半个世纪中国东南方著名的以茶为主的对外通商口岸。

可惜的是，20世纪30年代中期，在日本侵华的战争浩劫中，三都岛遭受了侵略者的多次摧残，岛上建筑几被夷为平地，“海上茶叶之路”也由此阻断而泯灭。

清晨，当一抹金光携着海鸥的呼唤声踏浪而来，万余座渔屋迤逦于千顷碧波之上，轻轻晃动，素有“东方威尼斯”之美誉的蕉城区三都澳苏醒了。19世纪宁德（闽东）的茶叶从这里走向世界，而三都澳几乎成了中国茶叶的代名词。历史上，中国的丝绸之路众所周知，但是，三都澳的“海上茶叶之路”却鲜为人知。现如今，不断发展壮大的蕉城茶产业是否可以拿着三都澳的名片，借助三都澳的“海上茶叶之路”走向世界，雄霸世界茶叶市场呢？

三都港往事

王致纯

民国时期的三都澳

天然海湾

三都澳，概称三沙湾，东海之海湾也，位于福建省东北部的宁德市境内。湾口东有西洋、浮鹰诸岛为屏障，湾内的三都澳是世界著名的天然深水良港。顾名思义，前者是指湾内的澳区，故以其核心部位为原宁德县（今蕉城区）管辖的三都属地而得名；后者应含外沿的岸线，据说从前湾口有三个沙滩的地理标志故名之。该澳是由东北之太姥山仙霞岭和西北之展旗峰上天湖的两支分脉，经百里蜿蜒东走，而陡然入海的东冲、城澳二半岛合抱而成。她汇聚了闽东的赛岐、霍童、盐田三大溪河的全流域，近乎囊括着蕉城、福安、霞浦三个县（市、区）的全海域，并延及毗邻罗源、连江、福鼎三个县（市）的部分沿海地带。而此一偌大澳区，竟然是由一个宽不过3公里、长约6公里的口门出入，有着水深波平浪不惊、口小腹大好控守的自然条件，堪称“福宁门户，五邑咽喉”。

三都澳海域面积714平方公里，其中10米以上等深水域173平方公里，可利用深水岸线长达88公里（不含岛屿岸线），为浙江北仑港的5倍，居全国港口之最，比目前世界第一大港——荷兰鹿特丹港（海河合65公里）还长得多。现在，已作规划建设3万吨级以上泊位150多个，其中20万吨至50万吨级泊位61个。且属典型的溺谷型深水海湾，主航道水深30~110米，无障碍暗礁，在任何潮位上都能供50万吨级的巨轮随时航行和停泊作业。据1986年6月上海专家组的实地考察报告，仅青屿以东至城澳岸线5.5公里，就能建10万~30万吨级泊位10个。如在配套条件具备的情况下，理论计算年吐吞能力可达4亿吨，等于当时全国所有港口年吞吐能力的总和。可见，该港发展潜力之巨大。

商埠市廛

三都澳，历来为福建省最繁荣的商港之一。据考证，三都澳作为港口，在唐代就已开发。明景泰三年（1452年）设三都河泊所，嘉靖年间辟北方漕运航线（官粮水运），同南方海运相衔接，与此同时接受东势海外经济的辐射。清康熙二十三年（1684年）开放海禁时，设宁德税务总口，下辖9个口岸，因进出船只多，收入可观，朝廷时常派员前来督收关银。光绪二十四年（1898年），三都澳被清政府辟为对外贸易商埠，于次年5月8日在三都本岛设立“福海关”，成为继福州“闽海关”和厦门“厦海关”之后的全省第三个海关。“福海关”的区位、港口和资源优势明显，开关后，进出船次增多，业务扩大，发展迅速。数年后，该关的雇员达600人，其海关建筑物面积与设备购置，都很是可观。

三都澳，地理位置适中，自然条件良好。既位于我国沿海岸线的正中点，又处在太平洋西岸国际航线中心的边缘，本埠船只可直接驶进全国或世界的主要海运航道，对发展国内乃至国际远洋大型运输业十分有利。加上岛屿、滩涂、淡水等资源丰富，发展条件得天独厚。

在过去漫长的农耕社会里，三都澳除了给人们提供丰富的海产品资源，尤其是作为东海大黄鱼的产卵场，特产大黄鱼这一高档名贵鱼类，还承担着闽东北数百万人口的生产、生活资料的主要运输任务，历来充当渔港与商港的双重角色。不过，在小农经济时期，三都澳无法发挥其大港口的作用，与其“中国第一，世界少有”的港湾优势很不相称。三都澳的优势在海，希望也在海，只有走向大海，才能发挥其优势。宁德人有“国门开，三都兴”的说法，纵观三都澳的兴衰史，凡东土无战事，太平盛世，开放国门，三都就能振兴。远的且不说，就如清康熙二十三年（1684年）的那次开海禁，即因在这前一年统一台湾，国家海路通了，能跨出大海，走向太平洋，贸易也就繁荣起来。后来，要不是情况有变，乾隆二十二年（1757年）朝廷下令实行闭关锁国政策，至光绪二十四年（1898年）开埠时，三都本岛肯定不只是个人口仅约8 000人的小渔村。

这次开埠，外轮驶入，把大批人们生活所需的日用品运进来，然后将地方的农副产品推销出去。物资的交换与流通，促进了经济的发展。三都澳作为国家进出口物资的集散地，各行各业也活络起来，不仅有外国的私人资本进入本埠开洋行办公司，或落地建码头搞仓储，而且也招来国内各地的富商巨贾在三都澳投资经营商业、运输、服务等业，以至开工厂搞实业的都有，推动本埠工商业的发展与经济繁荣。从三都澳史料看，“福海关”开关后的第四年（即1903年），进出三都港的货轮已达228艘，年运载货物76 142吨，其中英国轮船运载56 430吨，日本轮船运载18 496吨，中国轮船运载1 216吨。[①] 其外国轮船的运载量远大于中国，可见当时中国民族工商业的弱小。该货物运抵三都澳后，部分被就地消化，大部分又已转驳到其他口岸。从贸易开始时期的这一强劲态势看，后来的发展程度就可想而知了。在出口方面，茶叶是“福海关”的大宗产品，所占的比重大，三都澳堪称为“海上茶叶之路”。徐永成在

① 蔡泽扬《建国前三都澳水上交通》，《宁德文史资料》第6辑。

《历史性突破》一文中说："1900年至1917年内，中国年平均出口茶叶9万吨（折180万担），占世界茶叶贸易量的27%。"我们计算，这一时期，三都澳年平均出口茶叶量为11.56万担，占全国茶叶出口量的6.5%。每年茶叶上市，水上运输格外繁忙，有上海"福祐号""神集号"轮船和印度支那轮船公司的货轮等多艘船只前来三都澳运送茶叶到福州、厦门、广州、上海、天津、营口等地。特别值得一提的是，1933年至新中国成立前的这一历史时期，国家正处于战事频仍、烽火连绵的艰难岁月，三都港却凭借其偏居东南一隅而又距离台湾海峡的国际主航道仅30海里航程之便利，茶叶的输出量不但不减，反而有增。譬如抗日战争期间，全国三大茶市福州、上海、汉口的出海口被封锁，茶叶出不去。1938年6月7日财政部颁布了第一次战时实行统制的《管理全国茶叶办法大纲》，规定由贸易委员会主办茶叶对外出口贸易，茶叶市场"移至香港"。这时的三都澳港口将统揽福建等地的大量茶叶输出到香港转口。故从1938年至新中国成立，经福海关输出的茶叶数量占全国的四分之一强，即27.3%左右。[①]当然，也与当时全国茶叶出口总量下降，而使其比例增高有关。

通商后的海运大物流，引来人员流和资金流，使三都本岛商贾云集，店铺林立，歌台酒肆，茶楼烟馆，五花八门，形形色色，颇呈都市的繁华与喧闹。新中国成立后，1962年12月，时任全国人大副委员长、中国科学院院长的郭沫若先生到三都澳海军福建基地视察有感，作《重游三都澳》诗曰："解放之前曾此来，满街鸦片吐阴霾。森森夜景妖魔窟，郁郁情怀块垒杯。……"诗中所言正是他35年前在这里看到街市情景的真实写照。当时，郭老投身于广州的国民革命，因北伐军的失败而被通缉，辗转从香港坐船，首次来到三都澳，逗留时间虽然不长，数日后即改乘茶船离埠，前往上海避居，但对那时此处繁荣背后存在的不健康东西，印象很深刻。笔者的萧家岳父萧讳祖馨（字伯兰）曾从事"福海关"的代报工作，生前就形象地描述过昔日三都澳"巨轮似岛""舳舻遮水"的热闹景象。也就是说，当时三都澳没有大型码头，时常看到外国大轮船像岛屿般停留在离岸数十米外的深水港道中，民船蜂拥似地前去装卸货物，往返于泊岸间；由于进出三都澳的船只太多，把本埠岸边的水面全摆满，抬眼望去，只有帆樯如织，不见点水露天。

随着商贸的繁荣、经济的振兴，本埠的人口也在增多。据新中国成立初期的摸底调查，在20世纪30年代末日本飞机轰炸前，三都本岛人口约为25 000人，是30多年前开埠时的3倍。其增加的部分多为外来人，本埠成了新的移民区，人口结构也发生根本变化，不仅是外来者远多于原住民，而且各社会阶层的人都有。各国的驻埠机构和开办的洋行、公司，以及"福海关"的高管人员，有不少是外国人，但更多的代理处和海关办事人员，又是从国内大中城市，如上海、天津、杭州、福州等地招收来的。他们来自四面八方，因社会背景和文化教育的不同，其生活方式和宗教信仰也有

① 周玉璠.1993.三都澳：中国东南"海上茶叶之路"［J］.福建茶叶（2）：35-38.

三都港旧貌

差异，多表现在居住和饮食方面。所以，当时三都街的建筑物有中式，也有西式，风格多样；饮食方面，也是中西餐兼有，南北风味并存。可惜，昔日的一切，已全毁在日本战机的炸弹之下。今幸存在山谷间的几座盖于19世纪末至20世纪初的西班牙天主教堂和英国的修道院，可作这段历史的见证。据新中国成立初期人们的回忆，抗日战争前，船抵三都石码头上岸，前方的一大片海湾平地，就是当年的三都街，从左至右的一溜长街，依次为三民路、前进路、中山路和五权路。除前进路是本埠预留的街市空地，前是操场，后是草坪外，其余三路均布满机关、单位、商铺和住宅等，俗称外街、中街与里街。这三条街的背后为小山坡，坡上有三个原住民的村庄，由南至北是罗厝里、孙厝里和陈厝里，各有百余户人家。平时依靠讨海务农为生，开埠期间，三村共有300多个男全劳动力，绝大部分成为码头的搬运工人。

外街名三民路。主要有"福海关"的建筑群，如海关大楼、海关俱乐部、海关代报处、海关大磅厂、海关房舍等，还有各国驻埠的办事机构，现能知道的除英国、美国、德国、日本、俄国、印度尼西亚、荷兰、瑞典、葡萄牙、法国、意大利、奥地利、匈牙利13个国家共21家商行、公司（后面的4国因较早退出本埠市场，则常以"9国21家" 称之）的代理处外，有西班牙、比利时等11个国家与本埠在交通、文化、宗教诸方面有往来。上述共计24个国家，均为利益攸关者，曾先后在本埠设立过领事馆、办事处或代表处的机构。街上有三家银行，即中央银行、交通银行和农民银行；有海军旅部军法处办的"兴宁"，福州人办的"泰余""洽记"，兴化人办的"建南"，福安人办的"裕宁"五家私人钱庄；有"普安""永安""福安""源安""华安""先施""仁济""扬子""太古"和"华侨"10家私营保险公司；有黄阿七、王佬愚、李如纲等7人合办的"代销处"和"代报处"；有福安人办的"太安轮船公司"；有宁德人办的"乾泰轮船公司"；有福安人办的"一新""大纶"二布庄；有福州人办的"恒余""泰兴隆"二京果店；有福安人办的"恒康""粉豆行”和“万顺号”酱园店；有宁波人办的“庆华”五金店，等等，不一而足。尤为突出的是，这里开办一家“新民”大旅社，除接待旅客的食宿，楼上还专设一“清唱堂”，多时有十几个唱班，常养烟花女子三四十人，备有大烟枪（吸食鸦片的长烟斗）数十杆，是供有钱人“眠花卧柳”与“吞云吐雾”的场所。

中街名中山路。这是本埠的商贸中心，繁荣的街市、购物的天堂，与人们的日常生活密不可分。当时岛上有大小商店200余家，大部分集中在这条街上。其中较有名气的是，宁德人开的“新泰丰号”“福兴号”两大布店，“协和号”“兴隆号”两家鲜杂店及“民天”碾米厂；城关“德顺鱼行”辖下的“黄月记”“黄日记”两家鱼行；飞鸾黄呈琦开的“同源”杂货店；霞浦人开的“大丰”碾米厂；福州人开的“新美”洋饼店和中药铺；罗源人开的成衣店等。该街平时就很热闹，每逢“清明”至“中秋”的茶季，生意更兴隆。这中间还有个官井洋大黄鱼“瓜汛”的捕捞期，从“立夏”到“夏至”的大潮“黄瓜暝”夜市，人流如潮，灯火通明。

里街名五权路。主要为居住区，也是机关单位的聚集地。大体可分上下两个区段，上段以商铺为主，下段居民多。该街作为外来者新辟的移民区，房舍鳞次栉比，参差不齐，风格多样，色彩斑斓。民国时三都澳设有省辖的特种区区署、国民党区党部、三青团区队部、警察局、省水警分局、海军支应局、电报局、邮政局、盐务局、海军陆战队独立旅旅部、水警大队队部、保安队队部、侦缉队队部、税警团团部、宪兵队队部等党、政、团、军、警、宪机关，应有尽有。

飞鸾岭古道上的茶文化遗址

陈仕玲

飞鸾五福亭

宁德置县虽仅有千年，但水陆交通的历史却可以远溯到春秋战国时期，当时居住于江浙地区的越人南下与瓯、闽两族融合，形成瓯越与闽越。民族之间长期的融汇交流，促进了海陆交通枢纽的开辟，这种精神非崇山峻岭所能阻挡，非豺狼虎豹所能震慑，逐渐开出了一条造福千秋的沿海大通道——福温古道。作为福温古道的重要连接部分，蕉城南路官道是白鹤岭道开辟以前，商贾仕宦北上江浙、南下福州的必经之路。南路官道主要以朱溪、飞鸾岭两段最为著名，其中飞鸾岭古道由于地势平缓，经一段水路后，与罗源县城的距离更近，故备受客旅青睐，因而使用时间更为悠久，一直到1956年开通罗宁公路后才逐渐废弃。

飞鸾岭古道虽久已荒废，无人问津，但至今仍保存着众多的人文景观以及历史遗存，包括众多具有千年历史的村庄，山水名胜、寺院宫观，其中最有价值的文物古迹，皆与茶叶有关，它们是著名的飞鸾宋代古瓷窑址，还有与福安坦洋工夫有关的古建筑“五福亭”。

飞鸾镇至今保存的宋代古瓷窑址有石桥头和牛栏岩两处。石桥头窑址位于飞鸾镇飞鸾村北50米，于1958年被调查发现。遗址面积1 000多平方米，堆积层厚约1~1.5米。地面残存瓷片甚多，以碗为主，有黑釉、青瓷两种。采集标本有黑釉兔毫盏、青瓷碗、匣钵窑具等。牛栏岩瓷窑址位于飞鸾镇飞鸾村西南约1公里，也是在1958年普查文物时被发现的。遗址面积900平方米，厚约1米，采集标本以青瓷碗为主（蕉城区政协文史委编《历史的见证——蕉城文物巡览》）。两宋时期，飞鸾窑生产的黑釉兔

南宋飞鸾窑青釉划花水波纹瓷碗

毫盏、青瓷碗依靠着南路官道有利的地理位置和便利的交通优势，行销省内外，具有相当高的声誉。这些器物以碗盘、茶具为主，据今人《飞鸾窑茶盏概述》一文记载：“飞鸾窑，福建宁德县飞鸾镇飞鸾村。1955年发现龙窑一，始盛于宋，主烧黑瓷、青瓷。碗盘为大宗，尤以盏多，唯胎白、壁薄、体轻、足糙，与建窑相媲而有别。飞鸾茶盏，失传千年，因建盏而逊。”2001年9月，福建省考古队对福鼎太姥山国兴寺遗址进行考古发掘，发现了大量古陶瓷残片，其中就有飞鸾窑烧制的茶具。

两宋时期盛行“斗茶”，由于黑瓷能清楚地观察茶汤汤面上白沫的变化情况，所以大受欢迎。黑瓷中又以兔毫斑最受人们钟爱。这种瓷器釉面颜色绀黑如漆，温润晶莹，釉面上布满密集的筋脉状白褐色纹饰，犹如兔子身上的毫毛一样细，闪闪发光。用兔毫盏沏茶，兔毫花纹在茶水里交相辉映，令人爱不释手。宋徽宗赵佶曾赞誉：“盏色贵青黑，玉毫条达者为上”，苏东坡《送南屏谦师》诗曰：“道人绕出南屏山，来试点茶三昧手。忽惊午盏兔毫斑，打出春瓮鹅儿酒。”杨万里也有“鹰爪新茶蟹眼汤，松风鸣雪兔毫霜”的诗句，由此可见当时兔毫盏在上层社会的风靡程度。飞鸾窑虽不能与建窑比肩，但在当时福建各大名窑中也占有一席地位。2012年2月7日《海峡都市报》刊登了《瓷器标本出水，证实了海上丝绸之路的繁荣》一文，内容提到，20世纪80年代以来，中国国家博物馆水下考古研究所在福建省开展了一系列水下考古工作，发现一批水下遗存，还出土了大批陶瓷器标本。经省考古所副所长羊泽林介绍，从出水瓷器分析，确定了需要调查的12座具体窑址，其中就包括飞鸾窑。这说明早在1 000多年前，飞鸾窑址生产的器具也曾经通过海上丝绸之路，漂洋过海，远销国外。

蔡氏重修飞鸾岭建亭记

五福亭是修建在宁罗交界处的一座石凉亭。它的青瓦屋顶久已坍塌，只剩下牢固的石砌墙壁。周围荒草萋萋，一片狼藉。在这里还是交通要道的岁月里，这座凉亭专供过往行人歇脚。五福亭里还有四块石碑，记录着这座亭子一百多年来的沧桑兴废。最早的一块为《蔡氏重修飞鸾岭建亭记》，碑文为清乾隆四十二年（1777年）举人、山东招远知县阮芳潮所撰，记录了道光十年（1830年）正月，二都碗窑村蔡氏家族捐族产重修飞鸾岭道，建造五福亭的感人事迹。年代稍晚的两块石碑名曰《起步岭碑》，并排而立，这是五福亭石碑中保存最好的两块。碑文记录了光绪五年（1879年），宁德、福安、寿宁三县茶商捐资重修飞鸾岭道的过程，内容详细，颇具研究价值。碑文中镌刻着许多茶叶商号名录，包括宁德林理斋“一团春”，福安“泰大来”“福兴隆”“祥记”，都赫然其上。董事李世镐、王正卿、胡兆江、吴步森四人均为福安赫赫有名的大茶商，王正卿（1822—1890）、胡兆江（1829—1895）和后面一块碑中提到的吴步云（1826—1891），是福安“坦洋工夫”五位创始人中的三位（据李健民著《品读福安》，云南大学出版社）。第四块嵌在泥土之中，碑文清晰可见，横额是“重建五福亭”五个篆字，正文竖排刻有“龙飞光绪十二年岁社丙戌九月二十八日丑时吉旦，福安坦洋监生王正卿、监生施长寅、监生吴步云，环溪职员吴光清同建”。光绪十二年为1886年，至今已整整129个年头了。咸丰五年（1855年），福安坦洋茶人在建宁茶客的传授下，掌握了武夷红茶（工夫茶）制法。同年坦洋“万兴隆”茶庄首先开始自制红茶，次年制造日盛，输出量日升月恒。据有关报道显示，自光绪六年（1880年）至民国二十五年（1936年）短短五十余年，坦洋工夫每年出口均上万担，其中1898年出口就达3万余担。清人葛世浚所编《皇朝经世文续编》卷四十七收录有一篇《会商整顿关务疏》，为光绪十年（1884年）福州将军穆图善偕同闽浙总督何　、福建巡抚张兆栋所上奏折。从折子内容可以看出，光绪年间，清政府曾采纳这几个官员的奏请，将宁德税关迁往水陆咽喉福宁东冲，另在福安白石司（今福安下白石镇）设验卡。也就是福宁五县船只、货物出境必须要在东冲口征税，而后在白石检验单据。这在民国《宁德县志续修稿·城市建筑志》中可以查到类似的记载："光绪十年，城东税关移置霞浦之东冲，升为总关。城东仍设分关。"

很明显，总关改设东冲口不是明智选择。由于福安、寿宁西北山区盛产茶叶，尤其近代以来，"北路产茶逐年增旺，非独福安一县，统计福宁所属五县，处处皆有茶商运茶"，这些地方"不由东冲经过"，且商人们畏税如虎，更不会舍近求远，不走白石一路，改经宁德县飞鸾岭出境，因此"于税课犹多疏漏"。短短几个月，官员们就感觉税收大受影响。于是东冲口委员佐领金生、宁德县知县朱宝书接受上级委托，实地勘察，认定"得离福宁府二百二十里之飞鸾地方，为北路茶商进省必由之路"。随即由福州将军穆图善为首上书朝廷，请求将稽征所迁移飞鸾渡，这样既可方便茶商，也为官府衙门争取到更多经济利益。清末国力衰弱，财政入不敷出，自然很快就得到朝廷批准。在飞鸾设立税关后，茶商可以直接纳税，直接查验，方便快捷。飞鸾岭官道作为当时福安、寿宁到福州的必经之路，为坦洋工夫的销售与发展发挥了极其重要的作用。这两县的茶叶销往福州，会通过海路拖运到飞鸾渡，征收茶叶税后，再雇工人肩挑背扛，翻越飞鸾岭，艰难跋涉进入福州，而后经过设于马尾的"闽海关"转销国内外。这就有了宁德、福安、寿宁三县茶商重修飞鸾岭的举动。这种熙来攘往的壮观场面一直延续到光绪二十五年（1899年）三都澳开埠为止。往日繁荣的飞鸾岭渐渐归于寂寞，五福亭也风光不再，渐渐被人遗忘在了历史的角落中。

百里茶道往事

甘峰

白鹤岭古官道

道路

宁德到福州的陆路大道开辟于何时，已无从考证。但自有人类定居以来，闽中、闽东、浙北之间的沿海，就有道路相通。

千年以来，宁德县城往福州城大约100多公里的陆上通道，在不同时代，多有歧路。就以宁德出城道路来说，就有“开辟于”南宋时的白鹤岭道、“朱溪古道”、翻越“福源岭”（今凤凰山）的岭道等。

史载南宋末宰相丁大全曾任宁德县主簿，南宋宝庆年间，即1225—1227年，“开辟白鹤岭路”①。但是比丁大全早五六十年任宁德主簿的陆游（南宋绍兴二十八年，1158年任），曾经写过，“双岩、白鹤之岭，其高摩天，其险立壁，负者股栗，乘者心惮”②。从此文字来看，当时白鹤岭早已有一条险路。在丁大全主持下，首次将崎岖的山路，修成宽阔的石阶大道，从此这条道路成了宁德县城通往省城的主要通道，民间称之为“官道”。

由飞鸾渡口上岸，翻越飞鸾岭至罗源，这条路在白鹤岭道成为大道之前，已是宁德县城通往福州的主要道路，南宋《三山志》记载了“飞泉渡”这一地名。但这条“南路”，因白鹤岭官道的畅通，在明代时，已经不被认为是主要的道路，称为“朱溪旧道”了③。但这条道路从未荒废，因其较近于三都沿海若干个码头，陆上里程较短，因此在特定的时代或特别的情况下，其运输量及人员往来更甚于白鹤岭道。民国时期早期及抗日战争时期，包括内战时期，宁德县城与福州城之间的陆上通道受海路或通畅、或萧条的影响，其人员往来与贸易量有所波动，但始终是茶叶等货物运输的重要线路。

抗日战争早期，日本人封锁福州近海，然而距福州百里外的三都澳仍能通外洋，

① 清乾隆《宁德县志·卷二·建置志·道路》。
② 陆游《宁德城隍庙记》。
③ 注：关于“朱溪旧道”与白鹤岭的历史关系较为复杂，在此不赘。

因此，飞鸾岭道一时成为支持福州城重要物资的重要通道。当时民国政府组织了专门的“铁肩队”挑担向福州运输各类战略物资。1941年年底太平洋战争爆发后，日军数度占据三都岛，长期占领马祖岛，收编海盗武装，控制了闽东与闽中沿海，宁德与福州之间的海路基本中断。此时，从宁德县城出发的人员与茶叶等货物，主要通过白鹤岭官道前往福州。

出县界的道路还有许多条。宁德县民众还可从金涵蔡洋岭出罗源中房；西部山区的民众，可由从洋中溪富抵九道出罗源中房，或越洋中宝岩“矮门岔”到古田谈书，或过洋中钟洋经谈书抵大甲；虎贝一带民众则可经彭家经湖里出白溪到达古田杉洋，或至岩柄入溪边抵古田鹤塘，最终殊途同归，都可出县境通往罗源、连江，到达省城福州。

无论那一条通往省城的道路，几乎都可称为“茶道”。千年以来，产茶区宁德通往福州的诸条大小山道上，行走着一代又一代的茶商和挑茶的苦力。

里程

白鹤岭官道从县城出发，到福州为止，如果是办急事，或挑轻担赶路者，最快可以在二天内到达。正常的商队，行程需要四、五天的时间。

如今，早年的挑夫大都已成古人。蕉城区崇文社区的吴道茂、陈庆珠是少数曾经挑过 “福州担”且今仍健在的老人。

吴道茂（曾任崇文大队支部书记，家住城区北门外青池头）曾在1948年有过数次挑担经历，而陈庆珠（亦名陈老愚，1925年生人，住西北路50号，20世纪80年代曾任崇文大队支部书记）从1946年开始，直到20世纪50年代中期福州至宁德公路修通之前，曾经多次挑货往返于县城与省城之间。

据陈庆珠回忆，从宁德县城出发，经白鹤岭官道前往福州城，需要四天半（半天为水路，即从连江琯头乘船溯闽江往福州台江码头）的时间。陈庆珠自述，一挑茶叶，铁定124斤，没有好体力，是吃不了这碗饭的。

但是挑“茶办”则无需这样长的时间。“茶办”，就是样茶。一挑60斤。茶季到来时，宁德茶商手中购得成品近百担，急于送到福州城中加工成精茶，或由福州茶商包装后运往外地。此时，应当尽快地让福州茶商认可在宁德所购得的茶叶的品级与价格，于是，当地茶商就要雇用一两个体力好、办事稳妥的人，以124斤的挑工价，让其挑60斤茶的样品，一路奔跑，赶赴福州。在这种情况下，两天时间是可以到达的。

前往福州的陆路，在一般情况下，至连江重镇丹阳后，不经连江城关，而是向西分道，过大北岭往福州城中。

在沿海道路基本通畅的情况下，从城区出发的人员或物资，也有乘小船，用大半天的时间抵飞鸾，而后翻越飞鸾岭至罗源城关。这条路因为耗时多半天到一天的时间，同时需要另付船费，因此，挑担者较少选择这条路。

流行于宁德平原地区乡村，特别是霍童、八都、赤溪一带，有一首名为《福州担》的民谣，客观地记录了茶道的里程，也形象地描述了民国初年宁德挑夫前往福州的艰难与心路历程。

家中田园不去做，日夜思量去福州。
收拾行李起身行，行到宁德正出城。
白鹤岭路有十里，山头回望海无边，
行到弯亭天未暗，五里暗亭虫萤萤。
走到叠石日落山，累落客店把身安，
日头东照大路上，行至王家汗衣衫。
猴岭过了富福桥，荒山行路胆也虚，
起步岭头山坡陡，罗源城中人好居。
罗源路边田连田，白塔岭尾山连山，
长长道路弯转弯，排连湾里急赶途。
日头含山来住店，客店主人脸悲伤，
此次人客[1]去省城，路中抓夫难过关。
十二河边好过溪，半岭再过丹阳街，
丹阳街尾土地庙，两条大路分东西。
左边直透连江县，右边分道去宦溪，
出门人客行大路，连江日落鸟乱啼。
出门人需结帮队，同行十里到琯头，
行到琯头江水涨，四方船仔正开流。
逆水使船船使风，暂泊营前码头东，
日头当午腹中饿，板厂番仔[2]未收工。
举目四顾皆江水，罗星塔[3]在对面江，
船到福州码头边，步行来到大桥中。
台江高楼人如潮，电车马车满街奔，
大街小巷通四方，一心只想问地名。
人面生疏没处问，借问警哥把身躬。
过了台江到会馆[4]，看见诸母是平骹[5]。
放下挑担一身轻，一餐干饭加工钱，
福州城内好风光，无奈不是自家门，
劝君切莫去出外，守好田园才安宁。

这首《福州担》民谣有不同的版本，但字句大同小异。文中所列地名有“弯

① 人客：方言，指客人、客商、行人。
② 番仔：洋人。
③ 罗星塔：在福州马尾闽江畔，是地理学上著名的地标。
④ 会馆：宁邑会馆，或称“宁德会馆”“宁周会馆”。
⑤ 诸母：妇女。平骹：天足，不缠足。

亭”“暗亭”“叠石”“王家”“富福桥”“起步岭”“白塔”“排连湾”“十二河”“丹阳街”“宦溪”“琯头”“营前”“罗星塔”“台江”等，多为沿途村镇，也是旅人的驿站。从这首民谣看，行者动身出发的地点，很可能不在宁德城中，而是距城有半天路程的郊外[①]。因此，他行脚的第一天，就只能在距离城关不到三十里的叠石村隔夜。事实上，如果从城关出发翻越白鹤岭，即便挑着担子，也能在一天之内到达六十里外的罗源。另需解释的是，民谣中的“王家”“富福桥”，分别是罗源境内的“王沙”和“护国桥”。“营前”，就是琯头与福州城之间的长乐营前镇。

从其内容来看，民谣里这位不安平庸向往外部世界的游人，或者也是一位挑着轻担的苦力，他在路上走了四天时间，分别在叠石、排连湾、连江县城三个地方过夜，其行路速度可能要比挑着百余斤茶担的挑夫略快一些。

在民国时期，宁德西部山区一带，有大量的茶叶输往福州。因为出发地不同，他们在这条长长的官道上歇脚的地点，就略有不同。比如，茶叶商队从洋中出发，经溪富村、九道村，抵罗源中房街，再过白塔村，第二天傍晚就可到达丹阳古镇过夜，路程较之从宁德城关出发的挑夫，快约一个时辰。

另外，从福安、寿宁、霞浦等地赴省城的旅人和商队，因其行路出发点及行路速度不同，落脚的驿站，也不尽相同。

商品

民国时期及20世纪50年代前半期，宁德以及闽东一带与省城之间的贸易关系，基本是以茶为主的农副产品与省城的工业品的交换。宁德是很有名的产茶区，所产红、绿茶，名声远播，产量很大。清末到20世纪30年代初，从三都澳出口的红、绿茶平均在11万担以上[②]。但是1939年以后，三都港被封锁，闽东一带海上的茶叶销路基本中断，因而转向陆路。尽管经过战争的摧毁，宁德的茶业衰退了许多，但20世纪40年代末，在这条官道上，茶叶商队仍然络绎不绝。宁德一地的茶叶，绝大部分销往福州。据一份民国时期的档案记载，1947年，八都乡的茶园面积有4 500亩，产精制茶6 000担。咸杉乡（今咸村、川中一带，1948年划归周宁）当年产红茶300担，绿茶1 000担。这些茶全部都销往省城。甚至直到20世纪50年代初，茶叶的出口外销仍然是宁德县最为重要的经济关系之一。1950年，宁德县一地总计生产红茶、绿茶2 594 097斤，宁德县“中茶公司”收购了其中大部分，为宁德县山区茶农增加了许多收入[③]。到1953年年底，全县的茶园面积由1950年的24 765亩增至34 450亩，茶价也由34万元（旧币）增至52万元，茶叶是此时农民的主要收入门路。

① 黄澍《宁川杂记》记录了这首民谣，黄氏认为，挑担者从“铁砂溪”（今金涵灵坑村）码头出发，至城中恰有半天路程。

② 周玉璠.1993.三都澳：中国东南“海上茶叶之路”［J］.福建茶叶（2）：35-38.

③《五零年工作总结》，第5页。

据陈庆珠回忆，20世纪40年代后期，当时较为有名气的茶商有“南门大明”“西乡妹”、细官清官兄弟等。实际上，仅40年代一份《宁德县茶叶输出同业公会会员》名录上，就有福生春、一团春、冯合兴、林恒记、义泰兴、春发泰、怡春茂、义春林等37家商号。较大的茶商有张仁山、林达夫、冯毓英、林琴甫、陈志珍、姚祥祯等人，会员的业务包括茶厂和茶叶输出业。[①]民国档案记载，1946年和1947年两年中，每百斤茶叶的平均生产成本分别为25万元（法币，下同）和35万元，平均售价为35万元和45万元（因茶品质不同，1947年茶售价最高80万元，最低为30万元）[②]，平均利润空间只有10余万元。然而在20世纪二三十年代，宁德县茶叶规模、效益，均远胜于抗日战争的萧条时期。

在近现代人们的记忆中，官道上络绎不绝的大部分商品是产自宁德及闽东的茶叶。宁德一带出产的茶叶，绝大部分作为原料运输到福州一带，加工为成茶，销往海外。这是19世纪中叶之后在福州成为国内数一数二茶港的过程中所形成的生产—贸易的链条，也带动了宁德及闽东一些山区的繁荣。福州至宁德的公路直到1956年方才通车，因此，古老的陆上茶道在近现代，始终呈现出热闹的景象。

客栈

从事茶叶和其他民间贸易的商号，到达福州时，有专门的茶行及客栈交接。一直到民国时期，宁德会馆和小桥头的“德安栈”是这些商人和挑夫们都曾经落脚过的地方。

宁德会馆，建于清朝同治年间。会馆由霍童人缪济川、郑实圃倡议，由四位霍童商人和四位周墩（今周宁县）商人合力筹建。其地址在福州台江区铺前顶附近。在周宁从宁德县划出之前，称为“宁周会馆”。这个会馆在长达近百年的时间里，是宁德人在福州的主要聚集地。在民国初的1915—1938年，会馆还购置了轮船，往返于福州到宁德之间，在会馆内还建一幢三层洋楼。直到21世纪初，会馆旧建筑仍然大部存在，近年才被现代建筑替代。缪济川本人因为经营茶叶而成富户，其规模宏大的旧居今仍完好保存于霍童街头，乡人习称为“蘭成”茶行。

“德安栈”傍内河，乘小木船可直达台江码头，行路不到二十分钟就可达到。据挑夫们回忆，这座“德安栈”并不大，只是一幢“四扇”（五开间）的屋子。客栈起着货物转运、仓储和结算的作用。由于地处台江码头附近，因此，宁德前往福州的商队，在台江码头上岸后，来此卸货、办理交接手续等，十分方便。客栈的老板也是宁德人，客栈中有专人接待商队，将货物过秤、登记，付清工钱，一趟艰辛的行路就结

① 蕉城区档案馆藏《茶业产绩概况》，载于《国民经济建设委员会卷》，编号：46-4-382。
② 蕉城区档案馆藏《宁德县茶叶输出同业公会会员》，载于《国民经济建设委员会卷》，编号：46-4-382。

束了。接下来，挑夫们就要在福州城中自寻货物，赚个回程的工钱——否则前往福州四五个银元的挑工价，仅够路上花费，是剩不下钱的。

工价

20世纪40年代末，一挑60公斤左右的货物前往福州，工钱为5个银元。回程工价高许多，能赚到八九个银元。来回工价不同的差别，主要由劳动力市场供应关系所决定，因为回程的挑工不易寻找，此外，与货物价值高低可能也有关系。

一般来讲，输往省城的货物为农产品，附加值低，而运回宁德的货物为工业品，价值较高。来回一趟十来天时间，除去花费，如果能赚到八九个银元，这在当时是相当丰厚的。民国末期，一般店员每月薪资约为125公斤大米[①]，大约也在八九个银元。

民国三十六年（1947年），挑工价每华里需要400元（法币），宁德与福州之间这100多公里的山路，如此算来，需要8万元，以当时3万元可购100斤大米计算[②]，商品物流成本相当的高昂。在20世纪40年代末期纸币快速贬值时，挑工的工钱均以银元结算，茶叶的挑工价大体上为每负60公斤茶叶行50公里需2~2.5个银元。银元是硬通货，宁德当地100斤的大米，价格约为4个银元[③]。

吴道茂在1948年八九月时，曾挑50公斤麦子到福州“麦房”出售，售价为9个银元，小麦当时的价格，要高出大米50%。宁德当地的售价为5~7个银元，与福州的差价就是2~4个银元的工价。除非自产小麦或往福州另有事务，一般来说仅为赚工钱，是不划算的。

由于运输成本较高，因此，一般农产品较少外销，价值较高的茶叶、部分水产品成为陆路上主要的商品。

挑夫

挑工所得工价，虽然要比地里刨食来得丰富，却十分劳累。路边客栈，其实只是普通的民宅，多半有一较大的厅堂，可安置十余个挑子，另有床铺，供挑夫们歇息。客栈还兼供热饭菜和茶水。饭菜只是掺着些许大米的番薯丝，菜也只是一两碗粗菜，睡觉则挤在房间中，有时人多，也用草垫或稻草铺在地上过夜。在20世纪40年代后

① 宁德市地方志编纂委员会.1995.宁德市志［M］.北京：中华书局：668. 另据吴培昆先生之《风雨中沉浮的明生电灯厂》一文，1948年年底，电厂工友每月工资只有大米30公斤。

② 蕉城区档案馆藏《馆宁公路工赈工程计划书》，载于《民国档案·建筑宁古公路卷》，编号：2-1-486。

③ 注：民国时期大米价格多有波动，未能细察20世纪40年代各年份大米的确切价格。经了解，粮食出产地如洋中等地，40年代年成较好时，100斤稻谷约为2个银元，折合大米约2.8～3个银元；纯粮食消费地如福州，40年代末时一石（80公斤）大米为7个银元，折合100斤大米约4.5个银元。宁德城关能部分自产，40年代时大米每百斤4个银元，应当是中间价格。

期，住宿一夜或吃一顿饭，无非一两角钱。

山道漫长险峻，生活艰辛。在当时，挑“福州担”的生计，大多数人的体力不能承受。挑夫们在上了一些年纪时，就退出了这个行列，在“四城门”（宁德县城内外）经常挑“福州担”的不过几十成百人。今天，1925年出生的陈庆珠，已经想不起20世纪40年代末一起挑担的同伴有谁在世，所能记起的，都是故人了。他们的名字是：北门一带的“阿旲（音，或为‘哭牛’）”、“猫倪”和“鸡”两兄弟（住蔡厝巷）。西门街一带，有“愚四”“嫩”“大汉”、“细嫩”、作平、伢弟、“满”等人。他说，“古溪有一帮人，岭头人多一些”。

据说，当年古溪村人多地少，多有以挑担为营生者，称为“挑山”。这些人无田可耕，又不能下海讨鱼，平素里为商客挑货往返远近山区。初夏逢黄花鱼汛季，为“赶鲜”， 挑夫上路时辰唯依捕鱼船何时泊岸为准。上路后疾步如飞，有一日内赶路百里者，步履甚至远及古田屏南一带。“福州担”是他们的重要生计。村中有称为“包头”者，专门与各商号联系，有了业务，则临时召集数人、数十人不等，成队地前往福州。这“包头”随商队同行，不挑货，临近晌午或傍晚，常先行一步，负责与各处客栈（一般来说就是“包头”们的“老关系”）联系食宿，一俟挑担队伍到来，即可休息打尖，当然，其收入也高于挑夫。古溪村八旬老人陈裕灿介绍，当年客栈中也有“管饱”的做法，即交一定额的钱，供挑夫吃饱，如当下的“自助餐”一样。有的挑夫接到“业务”时身体一时不适，也可转给他人。如果挑夫行路两三天后体力不支，此时，连江或福州郊区一带有些强壮的农妇前来“接担”，称为“倩担”，分些工钱。据陈先生介绍，古溪村中常挑“福州担”者，有上厝的陈细其、陈成发、林细妹，下厝的倪细满、林建禄、谢清顺等，大约有三四十人。

挑夫们有自己的“装备”，如备用的草鞋、包着铁皮的柱杖（俗称“驮马”）以及适用的扁担——多半为一种两头翘起富有弹性的竹或木制的扁担。春夏季多雨，还需带上伞和油纸（或油布）。这油纸就是制作纸伞的原料，厚实的纸张浸过桐油。纸有三四尺方圆，挑茶时遇小雨，就要及时地用油纸将茶袋包严实，袋子的上下端都用绳索扎好。挑夫们边打着伞，边行路，艰辛自不待言。挑夫们多半也带着一两件较为干净的衣服和一双自制的布鞋，到了省城繁华之地，卸下挑子后，就换下草鞋与粗衫，在城中看世界与找生计。

近代以来，福州台江码头到南公园一带，因水陆交通的便利，商业素称繁荣，民国时期，这里集中了大批的会馆、商行、钱庄、货栈、囤仓、码头以及百货商场，还有汤池、会所、酒楼、茶楼清唱馆、电影院、戏院等。新中国成立前夕，福州城内有着畸形的繁华。挑夫们如果问不着回程的活计，在福州城中盘桓数十天，就可能将盘缠用尽，落个“福州城内好风光，无奈不是自家门”的境遇。

宁德县的茶盐古道

陈玉海

福建省宁德县三都澳是闻名中外的深水、避风良港，同时被誉为近代中国东南“海上茶叶之路”。路的另一端衔接经石壁岭、鞠多岭、天湖岭、华严岭，贯穿著名的天山、支提山茶区，涵盖宁德县西部、西北部大山区，面积约为513.229平方公里，占宁德县陆域面积的34.409%。这条仅在宁德县境内就蜿蜒达100多公里宽阔的石砌“茶盐古道”，延伸向古田、屏南、周宁县（1945年从宁德县划出十五至十八都而建县）、政和县〔宋咸平三年（1000年）从宁德县分出关隶镇设关隶县（今政和县）〕，乃至闽北的广袤山区。这条古道始发何年，谁也说不清，但盐、茶、油、糖、醋是人们生活必需品，由此而生产、流通、交易，积以时日就形成了这条茶盐古道。

宁德是海洋大县，经历代析分，至今尚有海域面积172.96平方公里，岛屿海岸线长96公里，有大小岛屿21个，礁岬89个。环境使然，先民们很早就认知、应用和制作海盐，并因之而设县。唐文宗开成年间（836—840年）于此设置感德场，因场在白鹤峰下，故俗称白鹤盐场。五代唐长兴四年、闽龙启元年（933年），升场为县，即宁德县。宋高宗绍兴三十年（1160年）庚辰科状元、福建晋江人梁克家，淳熙八年（1181年）在福州知府任上曾编撰了世称宋代方志名作的《三山志》。其中，卷第九《公廨类三·诸县官厅》记载：“宁德县本盐场”。是志《诸县仓库》又记载：“县仓有三，一曰盐仓，二曰省仓，三曰常平仓。盐仓者，国初有之，分贮漕盐于此。其旁置场，听民自市焉。”“宁德仓场在县门内之西，兵火后重创。”这是存贮财赋性质的官盐仓库。宋淳熙间（1174—1189年），福州府额定宁德县官盐税课征收111 924斤，每斤9文，合1 308贯204文，“随春秋二税催驱”。盐是历代王朝财赋主要收入之一，历来为官方专营专卖，而宁德历代官、私盐并存，私盐屡禁不止。因为这里海洋水域辽阔，海岸线长，岛屿众多，私盐生产、运销便利；更因部分半岛和海岛农业生产条件恶劣，为求生存，铤而走险。一些乡、村应业而名，如“盐仓村”“盐仓坪村”“贩艚头村”等。三都青山岛上的“百秤潭村”，村西古有一大坪，每天可晒盐50公斤，为一秤，竟引为村名。

宁德县地处内海，拥有官井洋渔场及虾蛄衕、三都、漳湾、金蛇头、西陂等作业海区，水产资源丰富，海洋捕捞年产量达数千吨。其中，官井洋渔场是全国著名的大黄鱼产卵场之一。《福建省自然地理》载："宁德官井洋是大黄鱼产卵场，过去（年）捕获量达2 500吨。1935年曾达到3 500吨。"宁德县是我国东南沿海海产品的主要集散地之一，浙江省沿海及宁德县周边的霞浦、罗源、连江、长乐等县也源源输入海产品。

宁德又是茶叶生产大县。宁德县地处鹫峰山脉入海缓冲带，西部、西北部大山区分布有数十座海拔300~800米，间有1 000米以上的峰峦，形成中、低海拔地带。这里气候温和湿润，水系发达，云雾蒸腾，为茶叶生产提供了优越的气候地理条件。茶叶专家认为，早在唐末（907年前后）这里即生产、经营茶叶。乾隆《宁德县志》记载："于今西乡……其地山陂洎附近民居，旷地遍植茶树，高冈之上多培修竹。计茶所收，有春夏二季，年获利不让桑麻。"以洋中天山山麓的章后、际头、留田、芹屿等近百个村子所产的"天山芽茶"，和支提寺周边所产的"支提茶芽"最为著名。宁德县历代茶园面积、产量，尤其西部、西北部大山区情况目前未详，仅据民国二十五年（1936年）统计，全县有茶园4.88万亩，产茶1 600吨。这些茶园和产量大体是西部和西北部大山区的。至1949年，经过长期战乱，宁德县尚有茶园3.5万亩，产茶444.8吨。

历史上宁德县茶叶经贸事业兴盛。茶叶专家周玉璠先生介绍："自清末至民国中后期，据调查，已知宁德县有茶庄、茶行、茶栈、茅茶行、花茶行、茶叶店等共有100多家，其中较大的城关有10家、八都3家、九都1家，霍童13家，洪口1家，赤溪3家，石后2家，洋中21家，虎贝4家，飞鸾2家"。从中可见西部、西北部大山区的占了近一半。还有不少临时合伙经营的小茶行。民国三年（1914年），国民政府颁发《商会法》，尔后，宁德县工商界按行业成立"同业公会"。最大的为"茶业公会"，清同治年间任云南按察使的蔡步钟之嫡孙蔡祖德（又名仁峰）任会长。为了协调茶叶外销事务，宁德县还曾组建了"宁德县茶叶输出业公会"，1949年间的常务理事为陈有熙。1950年间，彭瑞珍、姚福同、蔡毓光3人组建"南自茶庄"，在城关小东门蔡家（今改建为都市商厦）及泗佛兜的一座大宅院（今小东路13号），收购茶叶，进行精制，然后销往福州，约一年多后，在当时政治、经济的大形势下关闭。这可能是宁德县历史以来至此最后的一家民营茶庄。

宁德西乡洋中村自古是闽东三大茶叶集散地之一。宋卫王祥兴二年（1279年），在洋中村增设巡检一名，加强市场管理和报税收税，因为茶叶是西乡的主要税源。

《洋中村志》（1996）称：清末至民国，洋中街有"茶庄"或兼营"庄茶"的商店几十家，茶贩百余人（不含周边村庄），还有人在宁德城关、福州等地设点专营茶叶经纪业务。主要销路有三：一销华东、华北一带；二输福州为花茶原料；三出口欧、美等地。洋中村周玉敬于清同治、光绪间（1862—1908年）采购毛茶运销青岛等地，所得茶银又在上海、福州购买布匹、百货、食杂及海产品，在西乡出售，获得大

石壁岭古官道

利润，成为当时洋中村首富，光绪五年（1879年），他一举构建三座占地1 000平方米的新屋，同时上梁铺瓦，轰动西乡。目前已知的，民国元年至十一年（1912—1922年），洋中村同泰店、合兴店等都曾经营庄茶到福州的业务。其后，合记、聚成颐、同仁、恒新、新珍等十几家茶庄，也开张经营茶叶。“天山茶”声名远播，吸引了国内外茶商。清同治丁卯（1867年）前后，山东、天津一带的茶商（俗称“京帮”），每年茶季即在洋中村一带设茶庄收购茶叶，内销华北，外销南洋，其中，山东茶商谢某在鞠多岭头建房设“全祥茶庄”，其遗址尚存；民国间，有传教士曾到茶区购优质名茶。20世纪三四十年代，洋中莒溪籍茶商冯杰（曾任美国华侨总商会会长的美籍华人冯近凡之父）收购天山名茶运销中国台湾、中国香港、美国等地。

宁德及周边县域大山区的住民以前的主食是薯米，薯米糖分高，吃了“烧心”、呕酸，必须以腌制的海产品、蔬菜加以中和；日常生活中，尤其逢节日、婚丧喜庆时，需要海产品来丰富；山区多清水田，农民往往施以“料盐” 来种植农作物；山区家家户户养猪，需要补充盐饲料；如此等等。茶盐古道上有一个曾经盛产茶叶、土纸的村子，村中有数幢古民居的木窗花雕刻着栩栩如生的大黄鱼、章鱼、二都蚶、大螃蟹等宁德县特色海产品，鲜明地告诉人们山民们对海产品的爱好和茶盐交易的喜悦。人们依托茶盐古道，源源挑下以茶叶为主的山区农产品，盈盈运上以盐为主的海产品等生活必需品。

宁德县茶盐古道的主要中转站是濒海的县城——蕉城。这里面海背山，水陆交通便利。茶叶外运，古代主要靠陆运，近代，在三都开埠至抗日战争全面爆发前，以海运为主。陆运的终点是省城福州。陆路从蕉城上福州，主要攀越白鹤岭、朱溪岭，经罗源、丹阳北上。从宁德至福州120公里，山高路远，途间有山匪，必须结茶帮成行。传说清朝末年，宁德一个张姓女子嫁入罗源叠石乡，其夫经商，一次贩运红花（药材）至福州出售，因迷恋烟花院，久而未归。其妻久等心急，从宁德娘家动身，沿着白鹤岭古官道步行至福州，并将沿途地名及特征一一记录，以方言编成《路引歌》：

宁德出城西门宫，白鹤山岭十里长。全条岭中亭三座，白鹤岭头观音亭。
直行岭头一歇气，再行五里是墘亭。界首叠石隔十里，中间一观名半天。
叠石街中建驿站，覆船岭下是坛亭。坛亭诸娘手叉叉，再行五里是王沙。
王沙卖粥又卖丸，圣殿亭里卖汤丸。水槽店仔没毛买，三层猴岭好凄惶。
护国前岭隔十里，起步过岭是罗源。罗源城里清又光，出了四爷黄正纲。
父子兄弟三八座，叔侄儿孙五荣封。西门出去接官亭，再行上去玄帝亭。
白塔和尚卖茶水，鳌峰卖粥又卖丸。排连应德上下楼，再行下去龙门塘。
东禅大岭二十桥，薜荔树下好歇凉。丹阳又号竹排岭，朱公本是草鞋桥。
周溪陀市分十里，两河十里潘渡头。潘渡搭船不使钱，岩角一铺沿溪乾。
七里分坪八里汤，降虎岭仔透半天。北岭一铺透岭跤，十个诸娘九平跤。
种田挑担伊都做，人人经过将伊夸。岭下一直透进城，好买好卖福州城。
右手转弯西禅寺，左手转弯鼓楼前。福州城楼八角形，南台生意真繁荣。
大桥桥下三条河，一条船仔驶过河。奴家今日来福州，只因丈夫卖红花。
伊来东山贩卖药，迷恋东山烟花楼。可恶鸨母多狡猾，一心只想丈夫钱。
十担红花去九担，只剩一担做盘缠。今劝丈夫戒酒色，卷起行李回家园。
今编一本红花记，又作路词供人传。

陆路上福州，另一条路是从洋中村经富贝（今溪富村）、梧洋、方家山、知府坪等村，翻越“三透天岭”，出后溪村，至罗源县的黄家墩、中房，径上福州城。

1954年，104国道筑成通车，结束了肩挑驮马上福州的历史。

宁德县茶叶海运主要是县城船头街和四都井上村边的铁砂溪诸码头。从西部大山区挑下的茶叶，出“单石碑”，顺“十八坊”大道入城，由茶行、茶庄收购、加工、包装后上船头街诸码头；或出岚头（今金涵水库），转道“野猫甚村”（今上兰村），抵达宁德县曾经最繁荣的水运码头之一——铁砂溪码头。运达这两大码头的西乡茶中，与由霍童溪经云淡门出口的支提山茶和梅坑红米、赤溪红糖等特产，均运至三都澳海区，然后出东冲口，北上宁波、杭州、上海、青岛、天津等地，南下的则趁潮入福州城。

历史上经“海上茶叶之路”运出了多少茶叶，无从统计，仅能从福海关有关资料上窥其一斑。1895年，即甲午战争爆发次年，清廷被迫签订了丧权辱国的《马关条约》，其中规定向日本赔银二万万两。清廷为了扩充财源，缓解沉重的经济压力，于1898年主动宣布福建三都澳对外开放，并于当年五月八日在这里正式成立福建海关，成为继广州、上海、汉口三口岸外的又一茶叶海运港口。于是有13个国家的21个公司在三都澳设立子公司或商行，出口货物以茶为主。据福海关十年报告统计，1900年，经此出口的茶叶30 710担，1901年56 834担。1902—1911年，总税收中的95％是出口税，其中90％是茶叶。1915年达到142 586担。

长期以来，西部、西北部大山区以茶叶为主的山货源源送下，以盐为主的生活必需物资又盈盈输入大山区，车水马龙，构成一幅壮观的“茶盐古道”行旅图。“茶盐古道”承载有丰富多彩的地域经济、文化历史积淀，沿途风光秀丽，值得文化、旅游部门去开发、利用。

鞠多古道
茶香远

刘永存

宁德西乡鞠多岭古道，位于蕉城区洋中镇境内，是一条纵贯福建南北的“茶马古道”，从洋中北洋起点，至绿茶原产地茶区十里路程，一条陡峭而笔直的鞠多古道，直插天山云顶。古道东接蕉城，南接福州，西接古建州（今南平），在肩挑脚运的年代，是南来北往茶人商贾进福州、宁德交易的必经要道。历经千年时光磨蚀，陡直且宽阔的古驿道，留给我们的是一副沧桑但仍旧红润的面孔。古驿道沿途至今还残存多处遗迹，印证着宁德西乡小镇悠久的茶业发展之路。据现年98岁天山刘老人回忆，在新中国成立前，洋中通往天山茶区的千米古道上，散布有两百平方米的客栈一座（遗迹今存），茶庄两间（遗迹今存），歇脚亭两处（一处完好、一处毁于2001年的森林火灾），桥亭一间，书院一座。

据《古代闽东茶叶史略》记载，清代，闽东系福建省出口和内销茶叶的主要产区，宁德县内西乡天山山麓的洋中镇乃天山绿茶的中心集散地。据乾隆《宁德县志》记载，“于今西乡（即现蕉城洋中镇天山），其地山陂泊附近民居，旷地遍植茶树，高冈之上多培修竹。计茶所收，有春夏二季，年获利不让桑麻。”可见，数百年前，茶叶就成为天山茶区的一种主要经济作物。

天山茶区以西乡章后天山冈下的中天山村、外天山的铁坪坑和无坪（村已毁）、里天山的际头梨坪村为中心，东接章后，西连际头，南达留田，北至芹屿，方圆约10千米，近百个村落。宁德西乡天山茶区的章后村，海拔800多米，天山冈里、中、外天山村，海拔1 000多米，四季云雾缭绕，土层肥厚，是最适合栽植高品质茶叶的地带。

据《宁德县志》记载，在宋代，天山绿茶以生产团茶、饼茶为主，也有生产乳茶和龙团茶；到了元、明代生产“茶饼”，供作礼品和祭祀品；到了1781年前后，成为贡品。清光绪二十四年（1898年）5月8日成立“福海关”，从此三都澳成为中国东南“海上茶叶之路”，带给了天山绿茶发展的契机。清末，就有天津的“京帮”、山东的“全祥”及福州茶行客商，来天山原产地一带采购茶叶运销国内外。

据章后村今70多岁的老人介绍，茶叶在天山茶区的世代农人手中，一直是主要的经济作物。清代，章后村刘细弟，借助章后籍举人刘开封的人脉关系，在城关的商

鞠多岭

界，虚享宁德第一茶商声誉。据家谱载，现在的章后村大厅，也是重建于茶叶大发展时期。村里人凭借当时茶叶所赚得的钱，大建特建大厅。大厅在当时建得尤其大气。村里老人至今还自豪地说："在当时，超越了石壁岭（指西乡一带）往上的村落大厅。村庄在当时最兴盛时期，有130多户人家，拥有旱地面积几千亩，在种植主要粮食作物外，垄地的边岩以及半腰，都或稀或疏地栽植茶树。"

1939年因抗日战争，海上交通中断，茶农积极性受到了严重挫伤，并在漫长的时间隧道里荒废，直到1979年恢复茶叶生产后，又一度唤起茶农的激情。据刘老人介绍，百米大厅成为集体茶叶加工厂，并拥有双人揉捻茶机9台，打茶青灶台5座，杀青及其他简易机器多部，工人和机械日夜不停，村里凡是劳力的人员，个个都是茶叶加工能手。

天山绿茶花色品种丰富多彩，除少数花色品种失传，大多数传统花色品种都恢复和保留下来，如天山雀舌、凤眉、明前、清明等，并创制了多个新的品种，如清水绿、天山御春芽、天山毛峰、天山银毫、四季春、毛尖等。它们有一个相同的特点是：锋苗挺秀、香高、味浓、色翠、耐泡。

"天山绿茶"系列产品曾80多次荣获国家级、省级名茶金奖。天山银毫茉莉花茶在全国内销花茶评比会上名列第一，1982年和1986年先后两次被评为全国名茶，商业部授予全国名茶荣誉证书。

铁砂溪码头茶叶贸易小记

王和铅

三都澳内湾的铁砂溪码头，在清光绪二十四年（1898年）三都澳成立福海关前就已经开发。宋代以前它曾是大金溪的入海口，后因山洪暴发，大金溪改道，就成了铁砂溪的溪门口。民国《宁德县志》载："海水奔赴，港汊颇深。所有八都、衡洋（福安辖地）一带水路来县，多半停泊此处。"

铁砂溪码头第一家茶栈的建立

铁砂溪，因溪水中长年流淌着乌黑的铁砂而得名，位于三都澳内湾西陂塘的西南边，即濂坑村区南向，溪面宽约两丈[1]、长二里多，但溪门入海处却极宽阔，计达3里有余。由于埠头宽阔，港道深且无暗礁，海面风浪小，海外四通八达，是县内的七都、八都、霍童、云淡和福安、福鼎各地的货物及商客乘船往宁德城关的必经之地。陆路交通也极为方便，紧靠官道，上接古田、屏南、周宁、政和各县地。从元代开始铁砂溪就聚集着南来北往的商客船只。明末清初，随着平民水产品贸易频繁，铁砂溪迎来了更多的商机，利用它的埠位优势，逐步走向繁荣。

原先的铁砂溪畔只有一座小平房、一间小吃店的简陋的埠头雏形，到清咸丰七年（1857年）新开了一家"朝熙"茶站，从此，开始了山区与海上茶叶的港口贸易。古田、屏南、周宁、政和各县地及宁德西乡等山区的茶叶逐渐汇集到埠位优势突出的铁砂溪畔，转运三都，再出口福州及闽南等地。

随着商贸业务量的增加，铁砂溪畔增开了一些客栈供客商留宿，许多有识之士看中铁砂溪这块风水宝地，渐渐地驻足铁砂溪，设行口开店，其中茶叶行口最为显著。它与当时的八都港、飞鸾港、东冲港、鉴江港、盐田港、赛岐港、白马港等港口码头一样，对三都澳内各县的商贸畅通、经济发展、文化交流也起到积极作用。

福海关成立，铁砂溪码头茶叶贸易倍增

清光绪二十四年（1898年）5月8日，三都澳成立福海关，给有得天独厚地理优势的铁砂溪带来了更好的发展机会。自光绪二十六年（1900年）开始，各地商贾从屏

① 丈为非法定计量单位，1丈≈3.33米。下同。——编者注

南、古田、周宁以及宁德境内的虎贝、洋中、石后、莒洲、霍童、咸村、赤溪、九都、八都等地，把山区出产的茶叶、木板、红糖、木炭、烟丝、桐油等农副产品源源不断从陆路、溪路运集铁砂溪，经海路输出海外。浙江的温州、平阳，福建省的福清、平潭、兴化及福安、霞浦等地的海盐、药材、布匹、海货等也大量从水路运至铁砂溪，经陆路挑往福州、屏南、古田等地。这时铁砂溪码头埠位密布，船只如云，桅杆林立，人山人海，不足5 000平方米的铁砂溪码头货物堆积成山，各地商贾云集，货栈应运而生，成为三都澳内湾码头一个繁荣的物资贸易集散地。

在铁砂溪的众多商号中，要数洋中人周洪烈开办的“如意茶行”最为有名。如意茶行收储了大量来自屏南、古田、福安、宁德各地经海路和陆路运来的茶叶，招来了一批又一批上海、浙江、福州、台湾等地的茶商。因为茶叶等物资在这里交易，可以避过宁德城关的官税，这对生意人来说颇有吸引力。虽然政府每年在清明前后茶叶采收的季节里，都派员来到铁砂溪收税，但税务人员大都被如意茶行的老板收买，并不尽职尽责。如意茶行老板还买通了设在三都的福海关税务稽查人员，保证了各地茶贩在海面的运输安全，致使民间茶叶贸易经久不衰。每年从清明节至八月间，上海、福州、台湾等地客商聚集于铁砂溪，这段时间内，尤其是端午节前后，平均每天有200多担茶叶在这里启运各地，码头外贩茶的舢板、帆船多如梭织，岸上所有店铺和埠头空地堆满茶包，专业挑夫（挑福州担）100多人。因此，民国元年（1912年）5月17日，宁德茶税局移往八都时在此设卡，以便利东西茶商报税。在民国续修的《宁德县志》中记载：“现在西路茶税，分设卡验溪路，西乡茶叶最多由此发达。”

铁砂溪对促进宁德地方物资流通和经济发展起到了积极的作用。从古田、屏南经虎贝、洋中陆路和政和、周宁经霍童溪路运来铁砂溪的货物有茶叶、烟叶、香菇、乌笋、桐油、木炭、土纸、草席、红糖、老酒、糕点以及木料和竹编用具等农副产品和手工艺品。海面有浙江“平阳纱”、福州人洋油（煤油）、兴化（莆田）食盐、桂圆、荔枝干、平潭鱼货等物资大量输入铁砂溪。从有关资料看，民国十七年（1928年），铁砂溪有茶行7家，糖行2家，布行1家，盐行2家，宝丸（桂圆干）枝干（荔枝干）行1家，蛏干行2家，经销日本海鲢鱼行1家，经销“亚细亚”油行1家，还有杉木、香菇、糕饼、切面、酒店、客栈等多家，可谓兴盛一时。有首民谣 “宁德铁砂溪，地小人拥挤；往来生意客，在此见高低”，道出了当时铁砂溪商贸的繁盛景象。

日寇入侵，茶商撤离码头萧条

铁砂溪码头自从三都澳成立福海关发展成繁荣市场以来，均保持其繁荣景象，也比较安定。只是在清宣统二年（1910年），西陂塘内居有一股海盗与沿海某村个别人勾结，涨潮时在海面游弋，专夺铁砂溪码头运输货物的船舶，除给各行口老板带来损失外，也影响了铁砂溪市场的繁荣。后来宁德县府和濂坑村民设计智擒了盗匪，盗迹遂绝，从此商船进出通行无阻，铁砂溪码头又恢复了从前的繁荣景象。

但是，民国二十六年（1937年）7月抗日战争全面爆发后，敌寇接二连三地向我国沿海各地侵夺，铁砂溪也随着三都澳的命运渐渐衰落。民国二十七年（1938年）9月，日寇开始轰炸三都岛，岛内的外国洋行迅速撤退，三都澳各码头繁荣景象骤衰。许多原在三都岛的小商小贩都集中到内港铁砂溪，使得铁砂溪码头显出了一些生气。但是好景不长，民国二十八年（1939年）8月，侵华日军登上三都岛放火掳掠及后来的大轰炸，海面被日军水雷封锁，铁砂溪所剩的几家茶商也随之搬撤、关闭，铁砂溪便失去了昔日埠头市场繁华的活力，只是偶尔有几艘七都、八都、福安的小帆船载客从铁砂溪上岸去宁德城关走亲串戚而已。

新中国成立后，即便1956年1月1日福汾公路通车了，铁砂溪码头还在继续起着乘客中转码头的作用，福安及宁德的七都、八都等地客船依然频繁地聚集于铁砂溪，上下船的乘客还以铁砂溪便捷的通道作为走亲串戚的水陆转换停泊地点。

1958年，在“大跃进”大兴工程建设的时代背景下，在七都人民公社各大队社员的支持下，濂坑大队经历3年11个月，于1962年8月将铁砂溪码头前的317亩海面围垦成田，从此，铁砂溪结束了其水上运输的历史使命，只留下了旧时码头埠市的一些痕迹。

八都平湖茶场

第三章 茶事茶人

Ningchuan Tea Context

抗日战争前后宁德茶业的繁荣与衰败

郑贻雄

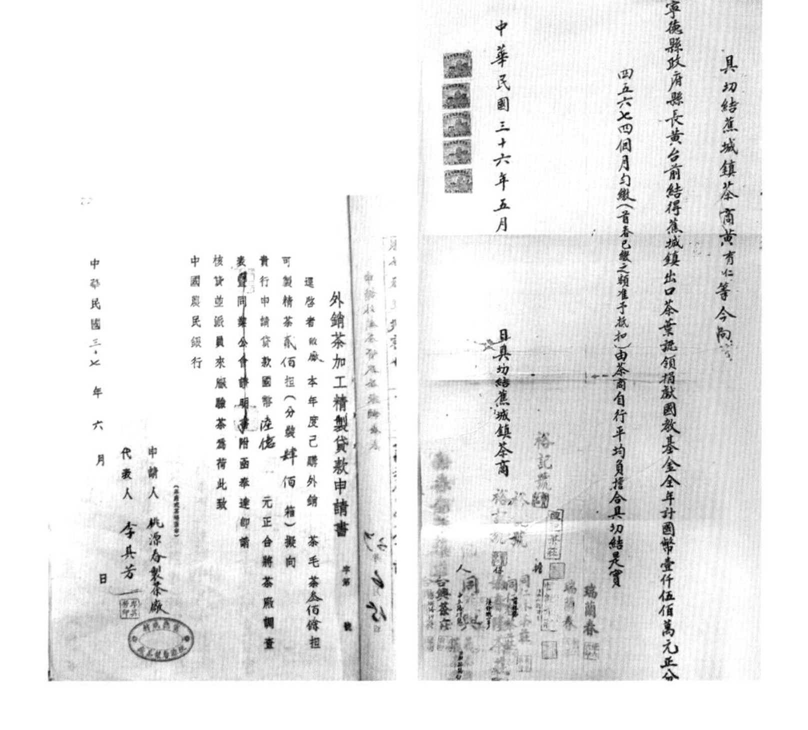
外銷茶加工精製貸款申請書

逕啟者敝廠本年度已購外銷茶毛茶叁佰餘担可製精茶貳佰担（分裝肆佰箱）擬向貴行申請貸款國幣柒億元正合將茶廠調查表暨同業公會證明書附函奉達即請核貸並派員來廠驗茶爲荷此致

中國農民銀行

申請人 桃源合製茶廠

代表人 李其芳

中華民國三十七年六月　日

具切結蕉城鎮茶商黃有仁等今向

寧德縣政府縣長黃台前結得蕉城鎮出口茶葉認領捐獻國教基金全年計國幣壹仟伍佰萬元正分四五六七四個月勻繳（首春已繳之類准予抵扣）由茶商自行平均負擔合具切結是實

中華民國三十六年五月　日具切結蕉城鎮茶商

裕記號

瑞蘭春

自古以来，宁德以其优越的地理条件为茶树生长提供良好的环境，境内地势西高东低，夏纳东南季风，冬阻西北寒流，茶区气候、生物、土壤均显阶状分布，有利于茶树生长发育和丰富内含物的形成。宁德又有世界的天然良港，境内的三都澳自1898年开埠设立福海关后，“1899年三都澳辟为对外通商口岸，英、美、意、俄、日、荷兰、瑞典、葡萄牙等十三个国家的二十一个公司在三都澳设立子公司或商行。闽东的茶叶……等货物，从这里漂洋过海，进入欧美市场，‘美孚’、‘德士古’煤油和其他洋货也通过这个口岸，相继流往闽东、闽北、浙南等地。”[①] 其间，茶叶出口量曾占福建省的18%~59%，通过福海关出口的货值中，茶值占到总值的90%~99%，是当时世界上唯一的以茶叶输出为主的关口，故被誉为中国东南地区“海上茶叶之路”。

地方政府对茶业的管理、保护和支持

19世纪中叶，我国五口通商后，英、美、俄等国对茶叶的需求量日益扩大，刺激了我国茶叶生产的发展。闽东作为福建省著名的茶叶产区，到了19世纪末，随着茶叶产销的不断发展，茶叶生产的区域化、市场化开始形成并逐步提高，出口贸易量也在

① 《闽东四十年》（1949—1989年），1989年9月5日。

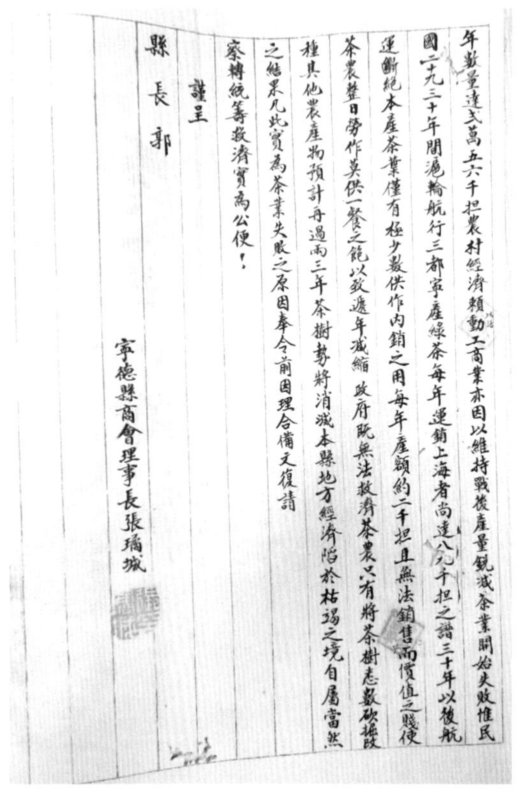
年數量達弍萬五六千担農村經濟賴以調劑工商業亦因以維持戰後產量銳減茶業開始失敗惟民
國二九三十年間滬輪航行三都宰產綠茶每年運銷上海者尚達八九千担之譜三十年以後航
運斷絕本產茶葉僅有極少數供作內銷之用每年產額約二千担且無法銷售而價值之賤使
茶農整日勞作莫供一餐之飽以致逐年減縮 政府既無法救濟茶農只有將茶樹悉數砍掘改
種其他農產物預計再過兩三年茶樹勢將消滅本縣地方經濟陷於枯竭之境自屬當然
之結果凡此實為茶業失敗之原因奉令前因理合備文復請
察轉統籌救濟實為公便！
謹呈
縣長郭
寧德縣商會理事長張瑞城

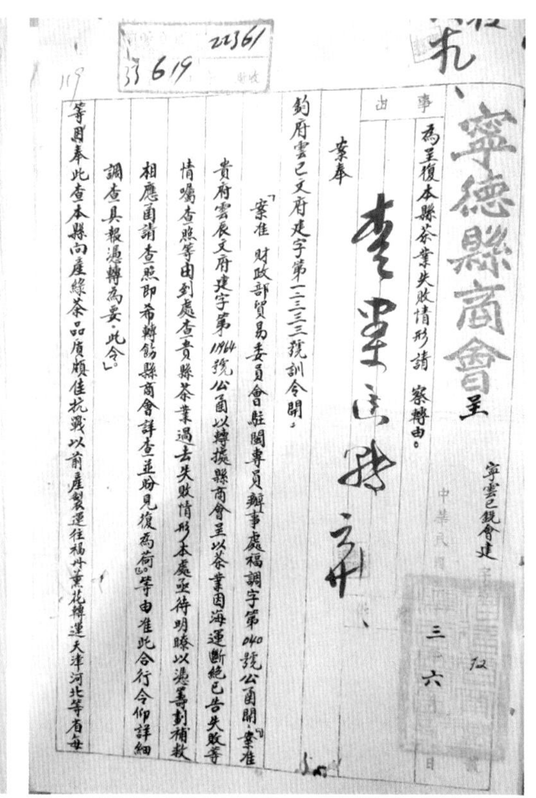
22361
33619
119
寧德縣商會呈 寧雲巳銑會建字第 號
事由 為呈復本縣茶業失敗情形請 察轉由。
案奉
鈞府雲巳文府建字第一三三三號訓令開：
「案准 財政部貿易委員會駐閩專員辦事處福調字第040號公函開：『案准
貴府雲辰文府建字第1844號公函以轉據縣商會呈以茶業因海運斷絕已告失敗等
情囑查照等由到處查貴縣茶業過去失敗情形本處亟待明瞭以憑籌劃補救
相應函請查照即希轉飭縣商會詳查並飭見復為荷』等由准此合行令仰詳細
調查具報憑轉為要。此令。」
等因奉此查本縣尚產綠茶品質頗佳抗戰以前產製運往福州薰花轉運天津河北等省每
中華民國 三十六年

迅速增长。当时，三都澳出口的工夫红茶多销往英、俄等欧洲国家，绿茶销往我国华东、华北、东北等地，白茶多输往我国香港、澳门等地。

《宁德县志·物产》中记："茶，西路各乡多有。"在抗日战争爆发之前的全盛时期，主要茶区已遍全县，成为福建省3个（宁德、福安、福鼎）3万担以上的主产县之一。档案资料显示，仅八都一地，抗日战争后（1947年）茶叶种植面积仍达到4 500亩，年产绿茶6 000担[1]。

民国以来，地方政府也比较重视对茶业发展的管理、保护和支持。这可以从有关志书和档案资料中得到印证，如1995年版《宁德市志》记载，"民国元年（1912）5月17日，宁德茶税局移驻八都，并在铁砂溪添设新卡，以便利东、西乡茶商报税。""民国五年4月，茶商万顺春、关锡福贩茶被抢。巡按使署令三都海军陆战队5旅派兵驻宁德保护茶商。""民国六年12月18日，宁德移植银尖茶树成功，省指令宁德茶业研究会广为劝植。""民国九年7月6日，宁德茶业研究会呈送优良茶叶参加福建国货展览会。城内蔡仁记绿茶获奖。"

值得一提的是，地方政府和银行对茶业发展的支持。据档案资料显示，地方政府每年都安排一定数额的银行贷款，用于支持和鼓励茶业同业公会的茶商多加工生产

① 蕉城区档案馆资料2-1-342。

用于出口外销的精制茶叶。如，宁德县著名茶商“一团春承记茶厂”的经理林达夫（名振仕，林廷伸第六子），于1948年6月18日，分别向宁德县长和中国农民银行宁德办事处递交申请报告和贷款申请书，给时任县长刘德馨的报告称：“窃商向在本邑城区设厂，精制红绿箱茶，运销沪港华北等地，历三十余年之历史。本年度仍拟兼制红茶、毛茶贰佰担，估计需本甚巨。兹拟向农民银行申请红茶加工贷款，以应加工之需……呈请察核，恳赐函请中国农民银行宁德办事处准予贷放，以资策进……”不仅城区茶商可以申请外销茶贷款，乡镇的茶商也可以申请。如，八都镇“黄安记”商号号东黄兰安也曾分别向县政府和中国农民银行宁德办事处提交加工外销茶贷款的报告和申请书，要求“贷款国币壹拾伍亿元”；又如，咸杉村“桃源春”茶商李其芳也在1948年6月15日提交报告和申请书，要求“贷款国币陆亿元”。①

上述这些事例，从一个侧面反映出当时地方政府还是比较看重茶业的，只是由于战争导致社会不稳定，经济滑坡，政府财力收不抵支，因而产生临时增加苛捐杂税的现象，从另一面加重了茶业从业者的负担，影响甚至阻碍了茶业的健康发展。

茶业同业公会促进了宁德茶业的发展与繁荣

民国时期，宁德天山绿茶产区如洋中、霍童、八都等地，拥有众多的茶叶加工和运销企业，而在水陆交汇的中心——蕉城，于民国三年（1914年）就成立了茶业公会。这是宁德工商界根据国民政府《商会法》的规定，按行业成立的最大同业公会。首任公会会长叫蔡祖德（又名仁峰），是清同治年间云南按察使蔡步钟的嫡孙。后来又成立了一个协调全县茶叶运销的组织，名为“宁德县茶业输出业同业公会”。到了民国三十六年（1947年），这个同业公会会员已发展到36家，资本额共计24.8亿元。其中有：林琴甫（名振琮，林廷伸第五子）经营的“林恒记”茶庄（资本额6 000万元）、林达夫经营的“一团春”茶厂（资本额5亿元）、林振夏（林廷伸第七子）经营的“德丰裕”茶庄（资本额6 000万元）、林世裘（林廷伸次子昆生之子）经营的“合团春”茶庄（资本额5 000万元）、张仁山经营的“福生春”茶庄（资本额6 000万元）、张铁崖（又名张璠城，张仁山之弟）经营的“怡春茂”茶庄（资本额5 000万元）、陈友熙经营的“陈美记”茶庄（资本额8 000万元）等宁德著名商家或社会名流经营的茶企业（以上金额皆为法币）②。公会理事长先是张仁山，后来是陈友熙。正是在茶业同业公会的积极协调和众多茶企业的努力经营下，促成了宁德茶业的发展与繁荣。正如民国三十三年（1944年）六月宁德县商会理事长张璠城在给县长郭克安的报告《为呈复本县茶叶失败情形请察转由》中所说，“本县向产绿茶，品质颇佳。抗战以前，产制运往福州熏花，转运天津、河北等省，每年数量达两万五六千

① 蕉城区档案馆资料2-1-195。

② 蕉城区档案馆资料2-1-392。

担，农村经济赖以活动，工商业亦因以维持。”[①]那时，茶叶贸易常呈兴旺景象，春夏之交，清明一过，宁德和附近各县的“天山绿茶”“坦洋工夫”便汇集三都码头运往福州和上海等地，岸上茶香终月不散。据统计，1936年三都澳海关的茶叶输出量达到11.54万担之多。[②]

宁德茶业的衰败及其原因

据周玉璠主编《宁川佳茗·茶贸春秋》一文资料显示，福海关开关以来，三都澳的茶叶出口贸易经历了四次兴衰[③]，其中抗日战争前后（1931—1949年）的第四次兴衰最为显著，日本的侵略给宁德县茶业发展带来的影响和损失也最大。民国三十三年（1944年）六月宁德县商会理事长张璠城给县长郭克安《为呈复本县茶叶失败情形请察转由》的报告中说：“战后产量锐减，茶叶开始失败。唯民国二十九三十年间，沪轮航行三都，宁产绿茶每年运销上海者尚达八九千担之谱。三十年以后，航运断绝，本产茶叶仅有极少数供作内销之用，每年产额约二千担，且无法销售。”[④]这份报告中的数据告诉我们，宁德茶叶“战后产量锐减”，从战前外销“每年数量达两万五六千担”到战后 “每年产额约二千担，且无法销售”，其中的缘由值得反思。笔者根据收集的宁德茶业发展史料及部分档案资料略作分析。

1. 茶区税捐繁多，从业者负担沉重

历代政府重视对茶叶生产的管理和茶税征收。据《三山志》记载，宁德茶税的历史可追溯到南宋时期，当时宁德县设巡检一名，专门负责盐、茶税的征收。明代更加细化。清末，政府开始对茶业产销实行登记管理。民国年间，政府对已开业和申请开业的独资、合资私营工商企业进行审查、核准、登记、注册、签发牌照等管理，茶业也不例外。清代的茶税分起运税和落地税，起运税在产茶地，按百斤征银1钱，火耗银（附加税）3分5厘，正耗补水银1钱；落地税在福州北岭关，按茶叶百斤纳税29文；到了民国时期，则需征收“坐产税” （所得税）， 倘有设厂经营者还应缴纳“出厂税”（营业税）。抗日战争爆发以来，又增加“因地制宜税”“直接税”。

杂捐，是地方政府收入的非正式税项，具体有贾捐、铺捐、酒捐、茶捐、纸木捐、米谷捐、猪捐、戏捐、喜庆捐等。民国时期，尤其1927年后，地方派捐更为紊乱，名目繁多，如以土特产为对象的叫特产捐，以商业行为为对象的叫商捐，以过往行人货物为对象的叫通过捐……抗日战争以来，宁德茶业从业者负担的杂捐有浚河捐、码头捐、国教基金、自卫队筹费、勘乱经费等，而且数量不菲。

① 蕉城区档案馆资料2-1-469。
② 周玉璠，等.2013.闽茶概论［M］.北京：中国农业出版社：402-403.
③ 注：第一次兴衰是1899—1914年，第二次兴衰是1915—1922年，第三次兴衰是1923—1930年，第四次兴衰是1931—1949年。
④ 蕉城区档案馆资料2-1-469。

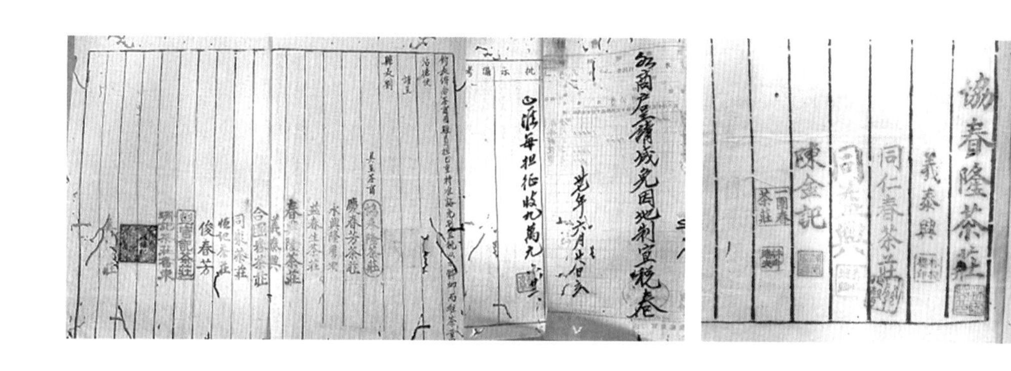

由于税赋和杂捐过多、过重，影响茶业从业者的生存和发展。因此，不时有茶农、茶商代表上书宁德县政府，要求减免各种税捐。

比如，宁德县属茶农代表叶先籍、周其为、林祥发、关崇乐等 5人向县政府提交《请免生茶直接税》，报告称："窃查茶为本县特产，农等均恃为日常生活。抗日战争以来，销途顿阻，茶农生活不绝如缕，痛苦情况笔难尽述。平日辛苦培植所得些许生茶，当地缺乏制茶厂，无人收买，非弃置则需数日长途运至福州求售，而其中亏折者又比比皆是。然在产区尚须缴纳坐产税（倘有设厂经营者尚应纳出厂税，惟本产区并无茶厂及制茶加香者工场），……乃查税收机关辄向茶农征收直接税，据闻系财政部规定。然茶农早在产区完纳坐产税，岂因转运之故，同一物品须纳二项以上之税，于理实欠公允。目前茶农方苦产品滞销价格下跌，生活困难已至极点，何能再受重复税征，势非绝其生路不可。农等为全县茶农生活计、为社会经济计，沥情佥请钧长烛察下情，准予据情层转财政部请免生茶直接税，以甦农困，不胜迫切待命之至。"[①]

又如，民国三十七年（1948年）六月协春隆茶庄等13家茶商联合向县长刘德馨呈送《请免因地制宜税》的报告，其中历数种种税捐负担，令人难以想象。摘录如下：

> 窃查本县多山，农民困苦异常，所赖以周转农村生活者，厥维茶叶一项。抗战以来，茶业一败涂地，胜利后始渐抬头。近因勘乱，华北多敌，茶业又复中落……本年钧府为维持国教，就茶叶每担征收二万元，嗣以自卫队筹费又增加五万元，重叠负担，商等力有不胜。经已联恳钧长俯察减轻。讵未兼旬，勘乱会因经费支绌，每担又欲增加十万元。商等棉力难胜，不敢从命，一致请求豁免。当由钧府秘书并勘乱会各委员召集商等再三劝导，即经议决减为每担五万元，合前共十万元，再加国教共十二万元。商等仰体钧长爱护地方，至意勉强遵缴。不料，昨日商等茶叶丈税时，又奉通知每担征收因地制宜税二十一万元（每担估价七百万元照三分科税），闻讯之下，不胜骇愕。茶粗税重，无法输出。……茶叶一项已负国教、自卫、勘乱三种经费，此外尚有所得税、浚河捐、码头捐、营业税等多项，

① 蕉城区档案馆资料2-1-469。

茶商负担有如矢集，实已力竭声嘶，岂能再负制宜税。

况商等经营茶叶均向殷户息借谷物变价作本。现在谷价比开手时已增三四倍，而福州茶市疲缓，银根吃紧，迄今茶款尚难算回。商等忤死经营，虽得蝇头之利以还谷价谷息，不敷尚巨，茶业前途殊属暗淡，影响茶农生计亦属匪浅……恳请钧长俯念茶商困难，负担已重，特准豁免制宜税，以示体恤，而维茶业沾德便。

谨呈县长刘

具呈茶商：协春隆茶庄、庆春芳茶庄、永兴隆茶庄、益春生茶庄、春兴隆茶庄、义泰兴茶庄、合团春茶庄、同康茶庄、恒记茶庄、俊春芳茶庄、彭官记茶庄、珊记茶庄、罗禧记茶庄。①

再如，宁德县开办时间早、规模大的“一团春”茶庄也因税赋增加，负担加重而向县长提出减免“房铺宅地税”的请求，报告说：“窃商所经营之茶庄，与其他本县茶庄性质既属相同，装运件数亦占少数，且营业期间仅限春、夏两季，其负担房铺宅地税自应一律办理。乃二十九年（1940年）度商庄奉定每月负担房铺税一十八元之多，绝无仅有，不独能力不堪重负，标准更失平衡。曾经详述理由呈请钧府依照征收他庄成例，豁免下半年负担，以示体恤。在案未蒙批准。查本年商庄因时局及运输困难，各种关系营业范围益趋缩小……今奉定铺税竟增至原额三倍之多，何堪重负。不已再情恳请钧察，准予免除下半年房铺宅地税，以昭公允而恤商艰……”②

从上述档案资料可知，当时苛捐杂税之繁多，连资本实力较为雄厚的“一团春”茶商都不堪重负，更何况实力一般的茶商企业呢?

2. 日本入侵，封锁并炸毁港口，导致外销中断，茶业衰败

抗日战争爆发以来，由于日军的大规模侵略，三都港屡受日寇侵犯和轰炸，据有关资料显示，“1939年，整个港口被封锁。1940年7月间，9艘日本军舰、5架飞机，加上600多名日军，从黄湾、新塘两侧登陆，包抄三都镇……日军夹带着煤油、硫黄弹等燃烧物，长驱直入包围了三个街区，接着四处放火烧房，停泊在码头和港口塘边的几十艘汽船、木帆船也被掷上燃烧弹起了火……全镇店屋、船舶烧成一片灰烬……三都澳所有港口建筑物都被毁灭了。”③

在日本的封锁下，经三都港出口外销的福建省运输公司下属外销茶叶船队被迫临时疏散躲避至八都毛屿一带。为此，福建省运输公司三都办事处于民国二十九年（1940年）8月19日函请宁德县政府，“查近日敌机轰炸，本处代财政部贸易委员会装驳外销茶船奉令疏散，兹有九艘疏散贵县辖八都毛屿一带……希印通知各该处乡公所知照准予该茶船等停泊”。这批茶船（九艘），船名分别是：“新捷安”“周

① 蕉城区档案馆资料2-1-935。
② 蕉城区档案馆资料2-1-81。
③ 周玉璠，等.2013.闽茶概论［M］.北京：中国农业出版社：402-403.

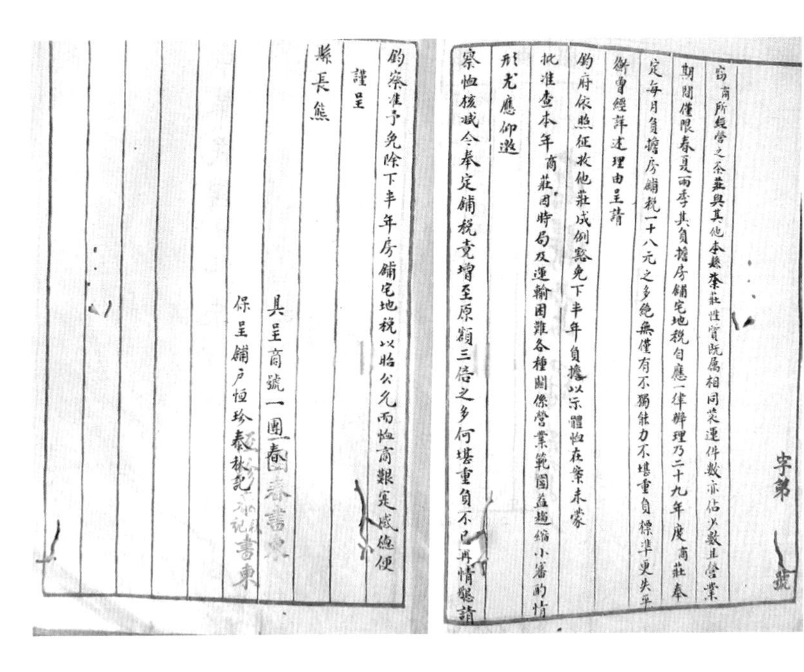

宇第　號

竊商所經營之茶莊與其他本縣茶莊性質既屬相同茶運件數亦佔少數且營業
期間僅限春夏兩季其負擔房鋪宅地稅自應一律辦理乃二十九年度 商莊奉
定每月負擔房鋪稅一十八元之多絕無僅有不獨能力不堪重負標準更失平
衡曾經詳述理由呈請
鈞府依照征收他莊成例豁免下半年負擔以示體恤在案未蒙
批准查本年商莊因時局及運輸困難各種關係營業範圍益趨縮小籌酌情
形尤應仰邀
察恤核減今奉定鋪稅竟增至原額三倍之多何堪重負不已再情懇請
鈞察准予免除下半年房鋪宅地稅以昭公允而恤商艱寔感德便
謹呈
縣長熊
具呈商號一團春
保呈鋪戶恒珍泰林記

立华”“周友芬”“新丰”“亭得发”“永兴顺”“永顺金”“金东利”和“新顺泰”，载茶重量分别是：700担、1 100担、1 100担、1 300担、1 300担、1 200担、900担、500担和179担，分别停泊于毛屿港、田螺港、下村港、八都和衡阳港等地。[1]

三都澳成为“死港”后，福海关于1942年降为闽海关的分关，后又迁到赛岐。在日本侵略者的封锁和轰炸下，宁德县的茶叶产销受到重挫，以至于“每年产额约二千担，且无法销售”。而且，转为内销之后，“（茶叶）价值之贱，使茶农整日劳作莫供一餐之饱，以致递年减缩。政府既无法救济，茶农只有将茶树悉数砍掘，改种其它农产物。预计再过两三年，茶树势将消灭，本县地方经济陷于枯竭之境，自属当然之结果。凡此实为茶叶失败之原因。”[2]

事实正如这一报告所言，没几年时间，宁德县茶叶生产萎缩，茶叶贸易一蹶不振，“1949年三都澳茶叶出口比1930年下降了59.34%”[3]。

① 蕉城区档案馆资料2-1-469。
② 蕉城区档案馆资料2-1-469。
③ 周玉璠，等.2013.闽茶概论［M］.北京：中国农业出版社：402-403.

猴墩茶行

——近代闽东一个畲族村落的茶叶商帮（1874—1927年）

蓝炯熹

在晚清闽东（福宁府）的畲族经济发展进程中，宁德县猴墩畲族村（猴墩，即今猴盾）是一个典型，这里除了从事传统的农业生产，还顺应咸（丰）同（治）年间福建华茶对外贸易的经济形势，办起了茶庄，形成了福建省惟一的畲族茶叶专业市场，并兴办了第一个畲族茶庄。分析半个世纪以来猴墩茶市形成的原因、运营特点和成功经验，对于研究封建时代散居地区的少数民族商品经济运行有一定的历史启迪意义。

猴墩茶事的地理背景

清代福建是我国的重要茶区，宁德“其地山陂洎附近民居旷地遍植茶树，高冈之上多培修竹。计茶所收，有春夏二季，年获利不让桑麻。”[①] 咸（丰）同（治）年间是福建茶叶贸易的黄金时代，当时，福建每年不仅茶叶的输出量居全国首位，而且福建茶在国际茶叶市场也风靡一时。在福建茶最为风光的时候，闽东（福宁府）的“北路茶”扮演了重要的角色。

早期福建出口的茶叶主要是“西路茶”，即武夷山茶，由陆路运往广州出关，道光《重纂福建通志·田赋·茶课》载：“福建省武夷山茶商人贩运经过关口，照则输税，在省不科引课。”[②] 福州口岸作为“五口通商”的港口之一，于道光二十二年（1842年）开埠之初，本口贸易不很景气。福州港的转机缘于太平天国起事，咸丰、同治年间太平军先后四次入闽，切断了闽北的茶叶商贸之路。[③] 美国旗昌洋行为了使武夷山“西路茶”的出口不至于中断，首先派遣该行的中国职员在茶季携带巨款到武夷山产茶区，大量收购红茶，并循闽江运到福州。同时，该行还包租船只往福州装载这些茶叶，由海路驶出口岸。此举的极大成功，引起了各商家竞相效法，到了咸丰五年（1855年）已有5家洋行“在福州抢购茶叶，竞争日剧”。“福州由是遂成驰名世界之茶叶集中地”。[④] 这一年，从福州输出1 573万余磅茶叶。次年，上升到3 500万

① 乾隆《宁德县志》卷一《舆地志·物产》。
② 道光《重纂福建通志》卷五十《田赋》，正联书院藏版。
③ 朱维干.1986.福建史稿［M］.福州：福建教育出版社：591-611.
④ 班思德《最近百年中国对外贸易史（1832—1931）》，转引自姚贤镐.1962.中国近代对外贸易史：第三册［M］.北京：中华书局.

余磅，逮至19世纪60年代突破了6 000万磅大关。此时，“福州之南台地方，为省会精华之区，洋行、茶行，密如栉比，其买办多广东人，自道（光）咸（丰）以来，操是术者皆起家巨万”。[①]他们每年“首春，由福州结伴溯江而上，所带资本，辄百数十万”，[②]往返于闽江沿线。

福州港独特的地理优势，更使其茶叶出口地位日益凸显。斯蒂芬 C.洛克伍德《琼记洋行：1858 年—1862 年的在华美商》认为：“茶叶从福州出口可以比上海或者广州快五到六个星期，更不用说与汉口相比，这样飞剪船们（clippers，旧时将快速帆船译为飞剪船）可以在西南季风来临之前，带着这年的新茶启程。我想我可以证明广州是所有口岸中最不受欢迎的，而有一个迄今尚不为人知的口岸——就在产茶区福建的福州，是最合适的。……福州府成为贸易中心（an Emporium of the Trade）之后带来的财富将会显著并且立即地增加福建省对欧洲商品的消费。”[③]这时的福州是我国三大茶市（另为汉口、九江）之出口总量最大者。据闽海关税务司洋人代理的统计资料，1865—1910年的任何一个年份，我国的任何一个海关的进出口栏里，鸦片与茶叶分别是进出口的最大宗货品。如闽海关总务课主任李瓦特统计，同治六年（1867年）福州口岸总进口额为 5 369 000元，其中鸦片3 775 000元，比例占到了 70%以上；总出口额为20 759 941元，其中红茶出口额为18 974 667元，绿茶出口额为105 998元，茶叶出口额总计19 080 665元，占出口总额的91.9%。[④]在福州口岸呈现出明显的贸易顺差，出口额是进口额的近4倍，福州口岸是全中国惟一的贸易顺差口岸。[⑤]

清同治三年（1864年）四月，天京将陷之时，六股太平军最后一次同时入闽，[⑥]规模极大，从西北到西南，战事几乎覆盖整个建州府、漳州府，并直接影响了西路茶、南路茶的种植与销售。而政局相对平静的闽东“北路茶”的比重便势必因此而逐年增大。北路茶地理方位临近福州，遂为大宗的茶叶出口提供了充足而雄厚的货源。“北路包括旧福宁府属之福鼎、霞浦、寿宁、福安、宁德、周墩、柘洋等县区及屏南一县。此路各县除沿海一带，因海风剧烈，土壤多含盐质不宜种茶外，虽穷乡僻壤无不有茶树之种植，产量之多，几占全省总产量十分之七，其繁盛盖始于海禁通后……”[⑦]咸丰、同治年间，福宁府的茶商们从武夷山西路茶产地请来了制茶师傅，

① 《申报》光绪六年（1880 年）十二月十一日。

② 衷干《茶市杂咏》，转引自林馥泉.1943.武夷茶叶之生产制造及运销［M］.福州：福建省林业处农业经济研究室.

③ Robert Gardella.1994.Harvesting Mountains， Fujian and the China Tea Trade：1757—1937［M］.Berkeley：University of California Press：48，59.

④ 福州海关.1992.近代福州及闽东地区社会经济概况·闽海关年度贸易报告：1867 年［M］.北京：华艺出版社：47.

⑤ 福州海关.1992.近代福州及闽东地区社会经济概况·闽海关年度贸易报告：1867 年［M］.北京：华艺出版社：50.

⑥ 朱维干.1986.福建史稿［M］.福州：福建教育出版社：611-618.

⑦ 唐永基，魏德端.1941.福建之茶［M］.福州：福建省政府统计处：13.

八都平湖茶场局部航拍图

开始揉制红茶，红茶作坊很快便遍及闽东北，时至今日的福建“闽红三品”（即福建三大工夫茶）中之二品，便是闽东北的福安“坦洋工夫”和福鼎“白琳工夫”。

宁德县为福宁府之门户，而九都猴墩畲族村为宁德所辖又地处宁德、福安两县交界地。据史书和畲民家族谱牒记载，畲民大量迁徙闽东是始于明代。畲民雷天辟于明隆庆四年（1570年）到宁德尖山大坪兴居立业。过了三年，因遭兵燹之乱，他的7个孩子，遂散处离居，各奔东西。四子雷光清于明万历元年（1573年）旋游宁德九都闽坑堂的猴墩地界，他“见其山水秀丽、地土肥饶，遂卜筑焉”。[1]清初，两条道路修到了猴墩村。清乾隆三十七年（1772年），宁德贡生叶禹为了恢复清初迁界时被毁的官道，“倡捐力辟旧路，百余年废路复睹周行，邑人竖碑以志”，官道“由六都左旋七都至铜镜又分东西二道，一右旋为东路，历福口、洋头、闽坑至福岭头，离城五十里与福安福岭塘交界。一左旋属西路，历九都、霍童等地至咸村（今周宁）”[2]。上述之“东路”又称“大岭”，位于猴墩村的东部。闽坑还辟有一路，位于大岭以西，并伸入闽东北腹地的更为偏远的“十二洋”（因12个村名均冠有“洋”字，故总称“十二洋”），这一条路也穿过了猴墩村。加之，猴墩村离八都镇的霍童溪码头不到7.5公里，霍童溪可通向三都澳、官井洋，这条海路可达福州、广州、上海。猴墩村既得人工开凿的陆路之利，又得天然形成的水路之便。民国猴墩村《雷氏宗谱·序言》载：“清咸丰、同治时，闽省大开茶局，猴墩遂为商旅辐辏之场，而五都（指宁德七都、八都、九都、十都、十一都等5都）之市集焉。”得天独厚的经济地理背景，为猴墩畲村茶市的形成带来了难得的契机。

猴墩茶商的人文环境

在猴墩村，最早抓住这个契机的是乡土精英雷志波，其生平事迹在《雷氏宗谱》中作了记载。猴墩村《雷氏宗谱》始修于光绪二年（1876年），二修于光绪廿三年（1897年），三修于民国十六年（1927年），基本遵循二三十年重修族谱的畲民家族定则。1876—1927年是猴墩村茶叶经济的鼎盛期，猴墩茶市已积累了一定的资金，形成了一定的规模。鼎建于民国五年（1916年）的砖木结构的雷氏祠堂，主要靠本村茶商的资助。自然，三修族谱的资金也来自猴墩茶商的支持。民国时期，猴墩村仅仅修过一次族谱，随着时局动乱、村庄茶叶经济的滑坡，雷氏家族再也没有足够的资金与能力来支撑这些耗资巨大的家族文化工程了。

据《雷氏宗谱》载，民国十六年（1927年）仲春，猴墩村“夏、汤、商、齐、鲁、晋”六房约有人口457人，其中男 259人，女195人。六房共嫁204人，六房内女性194人中大多为娶进的，而且，主要都是民族内部通婚，猴墩村是倡导族内婚的畲

① 《雷氏宗谱·源流谱序》，民国十六年（1927年）。

② 乾隆《宁德县志》卷二《建置志·道路》。

清代锡壶

民国时期茶罐

村。在雷家六房中，“夏房”为长房，共有232 人，占了人口总数的一半，是猴墩雷氏家族的主要房支。据猴墩村《雷氏宗谱》记载，从光绪二年到民国十六年，猴墩村人口规模大体维持在400人左右。从村落单一姓氏和人口规模看，猴墩村是福宁府一个典型的畲族聚居村。猴墩村气候、土壤适应栽种茶叶，村民都有种植与初制绿茶的传统。

畲民家族文化有自己的显著特点，一贯认为“盘、蓝、雷、钟”四大姓自古本为一家人。畲族古谣谚（畲语称谚语为“插头话”或“凑头话”）所说的“山哈（畲民自称）、山哈，不是亲戚就是叔伯”“凤凰山上好开基，同是南京一路人”“蓝雷三姓共门寮，不共锅灶同族亲”[①]等，是对畲民家族文化中“民族即家族”的“泛家族”观念最为权威的注脚。畲民的家族话语逻辑建立在“民族—家族—家庭”的法则之上。我们在畲族乡村时时能听到的一句话语是“畲家阵”，“阵”即“一伙人”的意思，这是畲民家族话语中一个非常重要的词，对“畲家阵”的阐释，应在“民族—家族—家庭”的三重涵义上理解。“泛家族”理念成了猴墩茶人经商过程中选择交易伙伴的一条永恒不变的基本标准。《雷氏宗谱·家范》定了“尊祖宗、孝父母、和兄弟、睦宗族、务农业、崇节俭、善家治、戒赌博、息争讼、严闺门”十条规矩。其中“睦宗族”载：“同乡共井，尚宜守望相助，疾病相扶持，况宗族均一祖所出，岂可途人相视。一族之内，喜必庆，忧必吊，有无相济，犯难相恤，勿以富欺贫，勿以贵凌贱。”“息争讼”载：“谚云‘一代动笔，九代不识。’语虽浅俚，里亦甚远，言讼不可长也。族中凡有授受不明，数目不清，先禀族长，听凭公断，依旧平心静气复归于好，勿致行苇践履之伤。”以上的家族伦理既是猴墩茶人的处世基准，也是他们的经商原则。

① 萧孝正.1990.中国谚语集成：福建卷：闽东畲族谚语［M］.福州：福建省宁德地区民间文学集成编委会：79.

在畲民家族谱牒中，往往有专门的章节历数大量的具有官阶品秩或雄才大略的“列祖列宗”。这些“列祖列宗”，或者在史书上确有其人，但未必与畲民同宗，只因为他们的姓氏均同于畲民四大主要姓氏“盘、蓝、雷、钟”，便不管属于什么民族、什么家族，一概伪托攀附，以增强畲民家族的政治、经济、文化力量；或者许多人物根本无法考证，也许本身就是子虚乌有，听凭家族的有意塑造，借以申张畲民家族的政治、经济、文化声势。民国猴墩村《雷氏宗谱》中也与其他畲族家谱一样，辟有《历朝封赠》内容，同时又增设《闽省簪缨录》专章，以历数闽省37位雷氏政治、经济、文化名人，其中雷志波被公推作猴墩本村惟一被选人而载入上述名人录。在猴墩茶市中，他的作用是至关重要的。

雷志波是猴墩村开基祖雷光清的第十一世孙雷天德的长子，生于清道光二十七年（1847年），卒于民国七年（1918年），享年71岁。他是猴墩村诸位茶商中最有名气与威望者，也是猴墩茶市的创始人与主导者。民国《雷氏宗谱》中赞扬他“天资高迈，器宇超凡，海涵地负之襟怀，有非浅局可规也。我兄（指志波）能人所能，人不能能我兄之能”。他具有超乎常人的智慧、抱负、远见、胆识和魄力，在同治十三年（1874年），把自家住屋辟为茶庄，起名“雷震昌号”，筹措资金，主动与驻福州的古田茶庄联系，将猴墩村作为茶叶经销点，做起茶叶买卖。据民国《雷氏宗谱》记载，他与地处福州府的闽中知县候选雷铭勋交往甚笃，雷铭勋在他与夫人双寿时，赠送的“婺星焕彩”牌匾，至今还悬挂在雷氏祖屋厅堂上。有雷鸣勋这个政治靠山，在九都这样的乡村一级社会还是能够应付自如的。在我们调查猴墩茶人的历史时了解到，在猴墩茶市方兴之时，茶叶贸易并不顺畅，在雷铭勋的直接干预下，打赢了官司，确保了猴墩茶叶运输之路的畅通，优化了茶叶市场的社会环境，增强了猴墩茶市的竞争力。雷志波凭借自身的政治影响力、经济实力和个人魅力，既任猴墩村雷氏家族的族长，又任九都茶叶商会会长。他扶持堂兄弟雷志满办起了第二家茶庄，商号为“雷泰盛号”，又带动了其族亲雷成学办起了第三家茶庄，商号为“雷成学号”。随着茶叶市场的拓展，雷志波的“雷震昌号”茶庄扩展为“灿记”、“庆记”茶庄，雷志满的“雷泰盛号”茶庄扩展为“满记”“祥记”茶庄。[1] 400 余人的畲族村落有5 家茶庄，并都是雷氏畲民家族成员经营，他们的贸易伙伴也基本上是“畲家阵”，即以附近畲村为主的畲族茶农。这些畲族村落包括七都的际头、高山，八都的半山、南岗、灵山，九都的九仙、后湖、柴坑、施洋、巫家山、上乌坑，赤溪的社洋、冥头石、尖山等。临近福安县甘棠、溪潭、穆阳等乡镇的畲族村落的茶叶也流向猴墩村。猴墩茶市以“畲家阵”的本民族认同感构建起了茶叶物流的社会经济网络。

猴墩茶庄以收购绿毛茶为主，每届茶季，茶庄隔两天即平均有百担茶叶装袋出运。在猴墩茶叶市场的鼎盛期，头春茶可收购1 500担之多，二春三春能收2 500担。

① 蓝纯干.2001.宁德市畲族志［M］.天津：天津古籍出版社：131.

那时，畲村大户茶农年平均可采收茶叶 3 担，就是一般的小户人家也可采收1担左右，每担茶叶的均价为25块银元。猴墩茶人除了将每年约 4 000多担干茶叶运往福州茶栈，又在猴墩村建起了村街饮食店、旅馆，接待各村送茶的畲家茶农。他们还在九都南部人口较密集的八都集市置业经商，办起了多家杂货店，经销煤油、布匹、海产、山货等。为了扩大经营范围与规模，进一步繁荣地方商品经济，猴墩茶商在用心主业的前提下，调动家族的力量，有意识地开始涉足服务业、零售业等。

受猴墩茶人的影响，一些畲村也办起茶庄。如际头畲村办起了“雷伏保”茶庄、中前畲村办起了“雷德庚”茶庄。同时，外地汉族茶商也来到八都，兴办了“吴兴记”“鲍乾”“顺德”“经永”等多家茶庄。民国《福建之茶》记载，宁德县共有6个茶叶初级市场，其中九都、八都两个初级市场即泛指以上的畲汉茶庄。[①]猴墩茶市拉动了九都、八都等地畲族村庄的规模化生产，并使地方性的民族商品经济融入了超民族的区域性经济之中。

猴墩茶市的运营模式

福建茶叶贸易市场的组织结构，分为二级。其一是以内地茶庄为主的初级市场，“内地茶庄”，亦称“茶号”，直接收购茶区茶叶或者通过茶贩间接收购茶叶。“茶贩之业务，系向茶农收集零星毛茶，和成大堆，就近转售于内地茶庄。乡僻茶农，端赖茶贩，始能脱售其零星粗制之茶，茶贩系属于临时性质，无专营与固定资本，凡各识门径者，均能任之。”其二是由茶栈组成的“中心市场”，即通过内地茶庄或庄客将初级市场所收购的茶叶集中推向海外或省内外，庄客不同于内地茶庄，主要区别在于“惟系受茶栈委托，或自与茶栈接洽，代其往产地采办”[②]。中心市场主要设在福州、厦门等贸易口岸。茶栈分为“洋茶栈”和“毛茶栈”，前者负责外销，后者负责内销。洋茶栈通过买办、洋行、进口商等将茶叶投向海外市场，毛茶栈通过经纪人向省内外推销。国内外茶行（或集市茶庄、茶叶店）则直接面对消费者。两级市场、三个环节构成了福建茶叶销售链。[③]

猴墩畲族茶庄属于内地茶庄，它们的收购对象主要是四邻乡村畲族茶农，由于同属“畲家阵”，彼此信任，根本无需茶贩中介代劳，因而降低了运营成本。和一般的内地茶庄一样，猴墩茶庄“资本不甚充足，多赖中心市场茶栈之货款以资周转。其制成之茶少有直接出口者，均须运至中心市场投栈”[④]。每年入冬，猴墩茶庄从福州茶栈挑回一桶桶银元，每担银元重90斤（官秤），作为定金分发给畲族茶农。四乡的畲族茶农得到了定金，用于修整茶园、发展茶叶、置办年货、盖房娶亲。到了来年三

---

① 唐永基，魏德端.1941.福建之茶［M］.福州：福建省政府统计处：241.
② 唐永基，魏德端.1941.福建之茶［M］.福州：福建省政府统计处：195.
③ 唐永基，魏德端.1941.福建之茶：茶叶市场［M］.福州：福建省政府统计处：196.
④ 唐永基，魏德端.1941.福建之茶［M］.福州：福建省政府统计处：195.

茶农 → 茶叶 → 茶贩 → 内地茶庄
内地茶庄 → 庄客 → 毛茶栈 → 经纪
内地茶庄 → 代报行
内地茶庄 → 庄客 → 洋茶栈 → 马签 → 买办 → 洋行 → 外国进口商 → 外国卖茶行 → 外国消费者
经纪 → 茶叶店 → 本省消费者
经纪 → 茶庄 → 省外消费者
经纪 → 花香茶行 → 省外茶商 → 省外消费者
买办 → 花香茶行

晚清至民国初期福建茶叶贸易运行图

春茶季，担担茶叶定期送到猴墩茶庄。茶庄将茶叶运往福州，取回余额，购回杂货。回到猴墩，卸下杂货，备足资金，好让茶农索取。一般一个来回需一旬时间。春去秋来，周而复始，资金循环，50余年如一日，“畲族茶农—猴墩茶庄—福州茶栈”三者所构成的经销网络，相互默契，合作共赢，信用的链条从不曾中断。

晚清的福建茶叶市场虽然看似有序，但是由于地方政府较少作为，勤于税收，疏于管理，缺乏实行茶叶经济执法的有效控制力，在两级市场之间的经济往来与贸易互动中，仅凭伦理道德的约束，而没有对商业契约的法律保障，因此，茶叶市场运作的链条便十分脆弱，封建时代商品经济的弊端也十分明显。光绪福州《福报》评论员慨然叹息：“中国则官自官，商自商，其赢余亏折，官自袖手而不问也；其强食弱肉，官又熟视而无睹也。甚且从而侵蚀之，而骚扰之，而冤抑之。”[①] 地方政府的无能与偏执必然给茶叶市场带来了无尽的麻烦与灾难。

《福报》还列举事实，反映茶市的信用危机：“前此有粤商某某者任用一无籍之人，裹十万余金，听此人俵散山贩。如是数年，某之金竟无归宿。而山贩每人挥霍纵博，动至千余……此者指不胜屈。粤商仍复不悟，仍行俵散。甚至金去而茶不归。又有甚者，受商之金，而茶不敷额，乃浮张其价：如十金足矣，乃张之曰十六金；二十金足矣，乃张三十金。久阁（搁）不售，而山贩归山，商之金已散于贩，而抱持疲货无可销售，则不能不末减其价以付洋商。……始而愤争，继而大讼，甚而各贿胥役，各延绅衿。起平地之波澜，生弥天之恫喝。若此者，茶商安得不疲，茶市安得不败。要之粤商轻于任人，山贩忍于行诈，辗转相寻，均归两败。”[②] 晚清潜在的信任危机造成福建茶叶市场的日益衰败。“闽之茶市，一年之间，春夏方交，闽之茶商皇皇

① 《福报·振兴商务策（中）》光绪二十二年九月初三，第四十八次，福州美华书局。
② 《福报·闽茶论（二）》光绪二十二年四月十七日，第十次，福州美华书局。

然，闽之贩省省然，闽山采茶之户孳孳然。及秋冬之交，茶尽商停，而传闻巨商某某者失业倒闭矣，小贩某某者逋负自裁矣，而采茶之户仍服蔽衣，饭山薯脱粟，曾不一饱。于是三种人皆敝然。"[1] 在百般无奈之中，闽、粤茶帮自发设立"公义堂"，意在用行会的力量斡旋地方政府，疏通、整合各级茶叶市场，以保障自身权益，维护商业信用。[2] 行业自律对于业内人士的约束也许具有效力，但对于游离于茶叶市场的亦商不商的自由茶贩来说，其控制力量就十分有限。福州《福报》所言及的现象，虽不一定是普遍的，但绝对是典型的。

猴墩茶市虽然规模不大，但却能始终如一、长盛不衰。究其原因，在于猴墩茶市全靠方园数十里的畲族乡村支撑，这个与众不同的茶市运营模式，是在畲民家族伦理的支配之下推进的，法律的真空由本家族的同心和本民族的协力来填补。猴墩茶市的主体由畲族茶商与畲村茶农构成，这个特殊的农商结合经济群体，在宁德县九都茶叶初级市场中，以家族文化的壁垒，杜绝了商场上的失信、瞒骗和讹诈等弊病，并以极端传统的社会诚信与贸易取予的基本规则，与福州中心市场的有关茶栈缔结了稳定的经济联盟，这种独树一帜的市场优势是清末民初其他茶叶市场根本无法达到的。

猴墩茶旅的保障机制

茶叶市场内部的正常运转，受到政治时局、社会环境、经济形势等诸多外部因素的制约。营造一个安定的社会环境，对于猴墩茶人来说，是至关重要的。清代福宁府畲族乡村的社会治安中的一个突出问题是丐帮的骚扰。"流丐恃强乞讨，动辄作赖，最为宁邑恶习。" 今存闽东霞浦县岭头畲族村的道光二十七年（1847年）十月二十九日《禁议示给》石碑记载了这种状况："贼匪、棍徒并恶丐、流乞潜入村户，日则强乞撒赖，夜则横行穿穴趴墙，盗牵牛猪牲畜、衣服，坐地分赃。……村民遭害，苦不胜言。盗贼、恶丐、流乞呼朋强索，并喜事诈讨花彩酒食等"。美国汉学家孔飞力将清代横行乡里的丐帮行为，称为"社会恐怖主义"，他认为他们主要运用"污染"和"破坏礼仪"两种武器，即以褴褛衣冠、腐臭身躯和恣意放荡的反常规言行，侵扰乡村社会，破坏四境安宁。[3] 福宁府许多畲族村落对丐帮横行十分无奈，只得求助县衙，"乞出示严禁，以儆盗贼而安弱农"。当地政府则复示文告，明令禁止，并饬令地保、甲长务宜督率村民做好治安巡查，以确保乡村宁靖。对于丐帮入侵村落之情节严重者，则明令"地保、甲长人等，立即扭送赴县，以凭案律，严拏究治，断不姑宽"。畲族乡村则往往将县衙告示勒石立于村口，昭示路人，震慑丐帮。现在，闽东宁德、霞浦等县（市）还保留着近10通内容雷同的清代县衙"禁骚扰"石

① 《福报·闽茶论（一）》光绪二十二年四月十四日，第九次，福州美华书局。
② 《福报·闽茶论（三）》光绪二十二年四月二十一日，第十一次，福州美华书局。
③ 王笛.2006.时间·空间·书写［M］.杭州：浙江人民出版社：61.

碑。但在实际情况中，县衙的告示到底有多少法律威力，是值得深思的。人少地偏的畲族村落仍然无法摆脱丐帮的侵害，更没有能力控制局面、维护治安。猴墩茶人与众不同，他们有一支训练有素的村民自卫队伍，名为“巡洋社”。在清嘉庆年间，这支队伍就已经成立了。民国猴墩《雷氏宗谱》所载的一份政治文书可资佐证：

特授宁德县正堂加三级随带加一级吴　违例巡洋等事———

本年十月十五日，据雷朝元、蓝奶弟、钟文乐等呈称：住居九都猿墩(即猴墩）地方，安业田园。所有巡洋各人向在平洋查看，从无夜间至。元等山宅巡查，田园有被盗时，元等向投不理。凡遇收成，各到山宅额外索取，被盗无赔。迩来并襍粮又要索取。元等理论，反欺畲民山宅，摩拳擦掌，种种被陷。切思巡洋所以御盗，被盗投验赔偿，故得抽送。似此，夜巡不到，被盗投验不理，凡有所收，一切统要额外抽送，且被盗更多，为害不浅焉！用此巡洋为哉？元等合同公议，各人自种自看，不失守望相助之意，无滋抽费，以省事端。现在本年八月，元族于闽坑林姓互控，元等即行各人自看田园，并无被盗。但未蒙给示，苟延一时，恐将来仍蹈旧辙，争闹滋弊，畲民奚堪。无奈呈恳恩准给示，以杜后患等情到县。

据此，除批示外，合行出示严禁。为此，示仰该处居民人等知悉：嗣后该处田园，以及襍粮等项，听雷朝元等自行防守，不许棍徒包揽巡洋，致滋事端。倘有前项匪棍仍前包揽，许即协保禀解赴县，以凭究治，毋得始勤终怠。亦不得藉端滋事干究。特示！

嘉庆十六年（1811）十月廿一日给告示！

发九都猴墩，实贴晓谕

以上告示涉及原有维护乡村治安的闽坑堡巡洋社不能恪尽职守，致使猴墩村不但夜间屡受盗匪侵害，而且还得负担巡洋社日常开支。猴墩村民便呈文县衙，要求在本村组织巡洋社“自看田园”。县衙以告示颁布，准许猴墩村“自行防守”。猴墩村向多习武之人，家族秘传的畲家拳形威力猛，出手快捷，猴墩村巡洋社纪律严明，白天习武健身，夜间巡看田园山林，令丐帮望而却步。清光绪年间，猴墩茶市兴盛，以猴墩村巡洋社为主体，九都成立了巡洋联社，由猴墩村雷志波的堂弟雷志滚出任联社社长。民国猴墩《雷氏宗谱》评价雷志滚：“翁嗜酒、刚方、尚侠、抑强，见乡邻有鼠牙雀角之争，出而排难解忧，慨当而慷。”与雷志波一样，他也是猴墩茶市中的重要角色，主要负责维持茶市的正常秩序。雷志波逝世后，他继任族长，是三修猴墩《雷氏宗谱》的主持人。

立于猴墩村口的光绪二十年（1894年）“禁骚扰”石碑耐人寻味，与其他畲村石碑的不同之处在于，可从碑文看出“县衙—村民—流丐”之间达成的某种默契。以往，猴墩茶人对于偶尔造访的流丐，多有接待，“故从前每欣然去，以是两得相安。”“乃迩来景况愈坏，流丐愈增，逐日成群，私取衣服或攘窃鸡豚、农具。倘与斗，则强拚赖许，事端丛生。”“在康庄大道，丐所常有徙，未有如此杂沓，应接不暇之忧。”以故，茶人“佥议，以按月定于初二、十六为期，准丐告乞大家。”他们要求县衙“恩赐给示，严禁合乡，感德顶期施给，亟应示禁，以杜滋扰悇。”县衙答复：“示二、十六两日为定，听凭施给，不得争多论少，强乞诈赖窃扰。余不姑宽丐首，不为约束，一体究惩，其答凛遵，毋违特示！”村里已有巡洋社组织，却对丐帮如此宽容，定期施给，猴墩茶人也许认为，“堵不如疏”。如此魄力与做法，更显出猴墩茶人的人情味与生存智慧。巡洋社还有一个重要的职责是保证茶市运输的绝对安全。在茶叶贸易的过程中，茶叶运输是极其重要的一个环节，这个环节必须确保茶叶质量与数量的稳定，不因搬运而缺损，直接影响茶叶的品质与价格。对于茶商而言，这个环节越规范、越简便越好。猴墩茶市创办伊始，采购的茶叶径自猴墩村运往附近的八都岚尾港下水，用运输脚踏船装载，集中三都澳福海关茶驳船出口。茶叶到了福州，卸货入仓等手续即由省城茶栈负责办理，押送茶担人只领到一张货运收执，到福州茶行报账领银即可，手续较为方便快捷，信用可靠。到了清末民初，兵荒马乱，海盗出没。猴墩茶市的茶叶运输主要改走陆路。宁德没有镖局，猴墩巡洋社肩负护卫茶旅的责任。他们以过人膂力，无穷汗水，甚至生命代价，维护茶叶产销链条的正常运转。他们知道，猴墩茶旅是维系5都畲村茶农的生命线，不可有丝毫闪失。畲家不论男女，都是挑重担、走长路的好手。巡洋社社兵既当挑夫，又任保镖。他们特制一副杂木担子，木制的扁担可承受100公斤左右的重量，木制的拄杖尾部嵌入半尺长的铁棍。平日这副担子可以挑起75公斤左右的长担。万一遇到麻烦事，拄杖便可充作七尺“齐眉棍”，用以御敌防身。按汉人的规矩，女人是不能出入茶行前厅的，更不能跟随茶担之旅。但是，畲族没有这种规矩。当年，随茶队到福州是猴墩村畲族妇女的一种时髦。她们在茶队里，帮助洗衣烧水，聊歌解乏。猴墩茶人妇女介入茶事，把茶叶经济渲染成了快乐经济。

猴墩巡洋社把茶市作为展示自身力量的舞台，从巡洋社维持一个村落的治安到巡洋总社治理整个茶市的社会环境，他们都发挥了积极的作用。在产、购、运的过程中，他们能够独当一面，数十年的茶叶之旅，在他们的尽心呵护下，整个茶叶运输的每一个环节，从不曾有很大的闪失。在确保茶叶产销、运输之旅的安全性问题上，猴墩茶人依靠家族自身的力量，以家族伦理精神运用的独有方式打造了一种保障机制。

结语

民国年间，唐永基、魏德端对福建省茶叶经济的发展前景并不乐观，认为闽茶界“内讧不息，遍地萑苻，茶产不特，未加保障，且极力摧残，沿途有苛捐杂税，名目之多，不胜枚举。省内交通不便之外，尚有强梁截劫之事，茶业已疲于奔命，安得有改良之余裕。且商人又取掺假与回笼茶以图厚利，政府既无鼓励与改良之举，茶商又取自杀政策，于是闽茶（华茶）之声誉日隳。国际之市场为日本、锡兰等竞争者所夺，以至一蹶不振。”[①] 根据上述对经济、社会环境的分析，即使再坚挺的茶叶市场也难以为继。随着政局不稳，社会动乱，经济委靡，茶业日衰，猴墩茶市日渐萎缩。到了20世纪40年代末，全村仅剩下一家茶庄，名为“合茗珍”，由原先的茶人后代合股而成。合茗珍茶庄惨淡经营，直至新中国成立初期经济体制变更，才最后终结。最后必须还要交代的是，20世纪80年代，新一代的猴墩茶庄再度崛起。

1874—1927年，我们看到了闽东一个畲族村落茶叶商帮半个世纪的繁荣，这个民族社区的茶市有如下特点：

猴墩茶市是初级茶叶专业市场，最贴近茶区与茶农，其交易伙伴以“畲家阵”为主体，广大的畲族村落是维护猴墩茶市经济正常运行的稳定基础和坚强后盾。从猴墩茶市，我们看到了今天“公司+农户”的雏形。

猴墩茶人具备亦农亦商的身份，他们既熟悉茶叶种植与制作的全过程，对货品质量的优劣有着较强的鉴别力，又熟悉茶叶初级市场的运行规则，还具备富有创意的运营本领。因此，在猴墩茶市的茶叶交易中不会出现重大的失误。

猴墩茶市成功的关键还需要一批乡土精英与经济能人，如雷志波、雷志滗等，他们不仅具有商品意识、商人素质，而且还具有社会公信度，能够主导并掌控整个茶叶初级市场的运行。

猴墩茶市具有地理方位的优势与水陆两便的运输条件，在闽东茶市兴起时，他们抢到了先机。

猴墩茶市与福州茶叶中心市场（福州茶栈）对接，在产、购、运、销的全过程中，“九都等地茶农—猴墩茶市—福州茶栈”三者构建了稳定的经济网络，他们按照产销规则与商业信用，各行其是，各获其利，他们的经济活动暗合了现代社会资本理论，测量现代社会资本的三个指标便是“信任、规范与网络”。不同之处是，猴墩茶市的信任度不仅建立在畲民的族规家范上，以“畲家阵”为主体的畲族茶农的同心协力是更为重要的砝码。民族意识与家族道德融为一体，“民族—家族”的经济伦理精神，虽有历史的局限性，但在封建时代的商品经济活动中却能够独放异彩。

猴墩茶市主要经营绿茶，绿茶在海外市场的竞争力不如红茶，但内销国内却有绝对优势，因此，不容易受到国际茶叶市场风波的干扰。初级市场的利润空间不如中心市场大，但所承担的风险也相对小，因此，猴墩茶人农商并举，持筹握算，细水长流，家境还是会逐步殷实，其经商之路也能够走得较远。总之，猴墩茶人在留下历史记忆的同时也留下了精神遗产，在当下少数民族地区培育和发展社会主义市场经济的形势下，是有一定借鉴意义的。

① 唐永基，魏德端.1941.福建之茶［M］.福州：福建省政府统计处：9.

民国时期洋中天山绿茶销售概况

陈言抖

宁德三都澳自清光绪二十四年（1898年）五月八日成立“福海关”，至新中国成立之前，是近代长达半个世纪中国东南方的一个著名茶叶对外通商口岸。历史上曾年均出口茶叶10万多担，占当时福建省茶叶出口量的50%。这些茶叶除部分由闽东地区各县输入以外，主要是宁德本地产的绿茶，而洋中作为天山绿茶的原产地，则是产品的主要来源。历史上洋中曾经茶行、茶庄遍布，小贩小商众多。小贩小商走村串户把各家各户所产茶叶收购来后盘给茶行茶商，茶行茶商由陆路直接运到福州或三都澳，再销往外国及国内各地。

笔者曾特地前往洋中际头村、章后村、林坂村、芹屿村、洋中村、东山村等地，深入寻找当年的茶行遗址，走访知情老人，了解当年的茶叶流通情况。据章后村一个66岁的老人讲，他爷爷在清朝末年就是办茶行的，茶行遗址就在鞠多岭头的路边。据其回忆：有一个“全祥”的山东老板每年都到章后收购清明茶20担左右运往福州。他爷爷开办的茶行称“吉盛茶行”，所以每个茶叶包装袋上都盖有“吉盛”二字的印章。他爷爷经营茶叶赚钱后建了一座四扇前后廊庑的大房子，厅中对联曰：“青山元春永不老，绿水一堂概长生。”可惜前几年旧房被拆，改建新房，对联也随之被毁。林坂村的茶行旧址现已改建成小加工厂。据村民回忆，当年的茶行约建于20世纪30年代，木质结构，有三层楼，每层200多平方米。无奈抗日战争爆发后，茶叶销路断绝茶行亏本而倒闭。这座大房子，还题有茶叶经销的对联，但前几年旧房改造也被毁。另据芹屿村现任支部书记刘作雄介绍，其祖父辈在芹屿村也办有一个茶行，其祖父生前存有一木刻印章，刻有“吉盛”二字，还有购茶账薄等，可惜待其祖父去世后，这些遗物皆被付之一炬。由此可推测，章后、芹屿二地茶行皆属“吉盛茶行”。除了章后、林坂、芹屿茶行外，洋中、东山等村也开办有很多茶庄、茶行。据周玉璠主编的《宁川佳茗——天山绿茶》一书介绍：自清末至民国后期，西乡曾有近100多家茶庄、茶行或茶商，从事茶叶购销、贩卖，同时兼营其他商品，还有人在宁德县城、福州等地设点专营茶叶经销业务。清同治丁卯（1867年）前后，有来自山东、天津一带的茶商（俗称京帮），在洋中一带开设茶庄。山东茶商（谢先生）还在鞠多岭头建房开设“全祥茶庄”（遗址房基尚存），专门收购天山茶，嫩茶销往华北，粗茶运往南洋。清末洋中街周洪烈等在濂坑铁砂溪开设的“如意茶行”，民国初年（1912—1922年）周兴增、周吉朝、周吉营等合营的“同泰店”等都曾经营销茶到福州的业务，民国中后期，合记、聚成颐、同仁、合兴、恒新、新珍等十几家茶庄也经营茶叶，合记、同仁、恒新等茶庄还派人坐庄福州南门兜、下杭街等处从事茶叶经营。从天山茶区内外汇集到洋中的茶叶多由茶商或经纪人运抵福州宁德会馆，售予台江区“生顺”“良友”等茶行茶店，再转销国内外。当年东山村的陈德丰、陈伏教、陈伏忠、陈砚斗等人都办有茶行，经营茶叶生意。直至1937年日本侵略中国，三都澳海关关闭，茶叶销路断绝，才使兴旺近半个世纪的茶叶贸易一落千丈。

畲山
话茶事

翁泰其

畲族人历史上被称为“山哈”，意思是住在山里的人。据有关文献记载，早在公元七世纪初的隋唐之际，畲族百姓就开始迁徙来到闽东山区繁衍生息，过着山里农耕的生活。因其居无定所，四处迁徙，而且多散居在重峦迭嶂的深山老林之中，处在那种艰难而闭塞的自然环境下，因生产和生活的需求，与茶结下不解之缘，形成了具有自己本民族特色的民风茶情，在各民族茶文化中独树一帜。

畲族茶史溯源应在陆羽《茶经》问世之前。《茶经》问世于唐建中元年（780年），而根据浙江景宁畲族调查记载：“唐·永泰二年丙午（766年），即有雷姓畲民从福建的福州罗源县十八都苏坑境南坑迁往浙江处州青田县一带山区，砍伐山林，开垦田园”，如此算来，他们种植茶树，已有1 200多年历史。闽东福安（坦洋工夫茶的产地）县志也载：这里在唐代就开始种茶，并有“比屋皆饮”之风。在1 000多年前的福建长汀宣城畲族聚居点的上畲、中畲、下畲等村，就有“上畲上畲，无水煎茶”的民谚。可见在1 000多年以前茶就与畲族人民结下不解之缘，形成畲山无处不种茶、畲民无时不喝茶的习俗。

种植畲茶

茶是畲族居住地区的主要土特产品之一，畲族百姓从祖宗开基起就有了种茶产业，这与其生活的环境息息相关。他们所处之地多在山地、丘陵、盆谷之间，这里有古树参天的山峦和终年缭绕的云雾，还有酸性岩风化后含酸度较高的土壤，都比较适合茶树生长，且白天温差大，光合作用强，夜晚气温低，呼吸作用弱，植物营养消耗少，茶叶里积累的有机质自然就多。再加上高山雨水充沛，夜晚薄薄的云雾笼着，早晨和风把夜雾

畲族瓷碟

民国时期铜茶罐

揭去，再经过阳光照射，长出绿叶，如此多次循环，才能长出好的茶树。

畲山茶树传统品种中，有一种号称“猪母石绿”的茶，生长在宁德市蕉城区八都镇的畲族小村中。畲山茶树长绿不衰，抑或寒冬腊月结霜积雪，其本色依然不改。另一方面畲家人用茶树来保持水土，保护生态平衡，茶山上的茶园中均有横沟和纵沟，头尾皆建立防护林带。在畲山常见到岭上是茶，岭下也是茶，村前是茶，厝后也是茶，茫茫的茶树装点起畲家的繁荣与安逸。这种“依山结庐，栽茶为邻”的景象在畲族村是一个普遍现象。畲族有句“园里无茶不成寮，山上无茶不成树”的谚语，体现了畲家人人茶一体、人化自然、人茶共存的风格特点。

采摘畲茶

时令到了惊蛰，一阵阵春雷打破了畲山的宁静，气温回升，万物苏醒。

经过严冬的茶树悄悄地萌出米粒大的芽头，春阳平添了它的魅力。茶芽在阳光的抚慰和雨露滋润中，爆发出它迅猛的威力。春分前后，即可看见一排排茶树的树冠上冒出一个个毛茸茸的新梢来。

“摘茶啦！摘茶啦！”清晨，畲族村姑阿嫂在缥缈的山雾还未散尽、太阳还未露脸时，便三五成群地上山了。她们身穿黑衣红边、蓝带墨裙的凤凰装，头戴精致斗笠，或肩挑竹篮，或背挎茶篓晃动在茫茫的茶海中。她们在茶园里拨动着灵巧的双手，来去像穿梭，上下像鸡啄米，左拽右闪，快速地撷取芽梢。那绿油油湿润润的嫩茶芽总让大家情不自禁地唱起幸福的歌儿。在歌声中唱出了人与人之间的和谐之情：

“春风吹暖清明日，四方姐妹来山顶。不要区分你我她，采茶下山一家人”。

畲家风俗是妇女与男人同样担任山间的各种劳作，因工作较为辛劳，一旦走到茶山中，大家不免用山歌来表达自己的情感。这些畲族男女到了山间茶埂田园，就好像精神得到了解放，情不自禁地对起畲歌。他们一边忙着采茶，一面不停地唱着山歌，把自己的整个身心都寄托在大自然的怀抱里，毫不拘束地通过山歌表达出来。唱出来的歌往往与茶分不开，如“春茶泛绿满山香，唱首歌儿扔过岗，歌儿扔进郎篓内，紧紧催郎唱来还”；“人随春色到畲山，茶歌重重迭透天，有歌唱出无歌转，打尽娘子脚手酸。”这便是畲家男女在野外采茶劳动中，即茶生歌的表达方式。

在采摘上，畲家讲究五不采（不采粗老叶、不采鱼鳞叶、不采幼芽梢、不采花蕾、不采梗蒂）和“头茶粗（采），二茶幼（采），三茶养（不采）”的说法，即采春茶和夏茶，秋茶不采。这一方面是为了保证茶的质量，另一方面也反映了一种朴素的自然保护思想。

制作畲茶

畲族的百姓在制茶工艺上，都是采用比较原始的制茶方法，制作简单，基本按照杀青、揉茶、焙茶三道工序进行，几乎家家户户都可加工生产。一般先是用铁锅杀青然后用手或脚在笸箩或木筐内搓揉茶青，经过几个回合的成块，使茶汁溢出叶表，紧缩成条状，而后抖松，借日光晒干。若是自家饮用的，则放到铁镬炒干，称为炒绿。随着生产工艺的改进，畲族人也拥有现代化产业的茶生产工艺，不仅可加工畲茶，还可以加工红茶、金观音和铁观音之类的茶叶。

销售畲茶

畲家茶叶起源于唐，兴于宋、元时期，到明、清较盛，1862—1874年，在宁德县境内的猴盾畲族村，当时就兴起绿茶生产与销售的热潮。从咸丰到同治年间，福建茶贸易处于鼎盛之时，地处山中的畲民也从中感受到发展经济的契机，逐渐兴起茶叶贸易，畲族茶商的足迹也从闽东延伸到福州各地。畲族商人雷志波、雷志满、雷成学分别在自己的家乡猴盾村办起雷震昌号、雷泰盛号和雷成学号茶庄，鼎盛时，雷震昌号又扩分为灿记与庆记茶庄；雷泰盛号扩分为满记与祥记茶庄。此外宁德的际头畲族村也办起雷佛保茶庄，中前畲族村办起了雷德庚茶庄，吸引了周边的霍童、七都、穆阳、甘棠等乡镇的畲、汉茶农，把茶叶输送到此地贸易。据统计每年约有200吨干毛茶从猴盾村运送到八都岚尾港下水输运，集中到三都澳再出口各地。茶市旺季，仅从猴盾村输出的茶叶一年就达4 000余担。

畲茶治病

畲族世居偏僻山区，时常缺医少药。由“神农尝百草，日遇七十二毒，得茶而解之”之说，畲家人就把茶当为家中常备用药，不花钱、不请医，通过临床实践，独创出许多用茶治病的良方，比较典型的有用茶预防四时风寒感冒；用茶泡姜，以治痢疾；用茶泡糖，以和肠胃；用茶拌鸡蛋煎炖，以平肝壮肾；用茶与银器、大米、小麦、黄豆、稻秆、灯芯等“七宝”煎汤服，以祛受惊等偏方。畲族的茶谚就有“茶是青山灵芝草”“天光一碗茶，药店无交家”之说。

三香炉茶记载及太白醉酒传说

黄垂贵

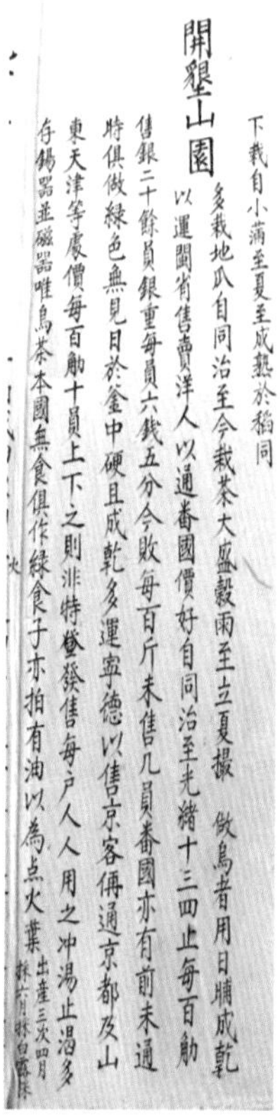
下栽自小滿至夏至成熟於稻同
開墾山園
多栽地瓜自同治至今栽茶大盛穀雨至立夏撮 做烏者用日晡成乾
以運閩省售賣洋人以通番國價好自同治至光緒十三四止每百觔
售銀二十餘員銀重每員六戔五分今敗每百斤未售几員番國亦有前未通
時俱做綠色無見日於釜中硬且成乾多運寧德以售京客倆通京都及山
東天津等處價每百觔十員上下之則非特發售每戶人人用之沖湯止渴多
存錫器並磁器唯烏茶本國無食俱作綠食子亦拍有油以為點火葉 出產三次四月採六月採白露採

虎贝香炉峰系霍童山脉次高山峰，位于霍童山西部，海拔1 120米，山顶自西向东有三块巨石一字摆开，每一块巨石外径都在30米×30米以上，中间相隔30米左右，站在香炉峰下直径约2平方公里的山坳里，往上遥望香炉峰的三座巨石，有如三座巨大的香炉。而在香炉峰下的山坳中曾有一大片优质茶园，由于该山坳平均海拔在900米左右，常年云雾缭绕，所以该处茶叶生长缓慢但品质醇厚清香，现今仍存大片茶园遗迹，其中仍可见直径20厘米左右的古茶树。

据修至清朝光绪年间的石堂黄氏家谱记载：

> 自同治至今（光绪十八年）栽茶大盛，谷雨至立夏撮做乌者，用日晡（当地话为晡，晒的意思）成干，以运闽省（福州）售卖洋人，以通番国价好，自同治至光绪十三四止每百觔（斤，下同）售银二十余员（圆，下同），银重每员六钱五分。今败每百斤未售几员，番国亦有前未通时俱做绿色，无见日于釜中硬且成干，多运宁德以售京客，再通京都及山东、天津等处，价每百斤十员上下之，则非特发售每户人人用之冲汤止渴，多存锡器并磁器。唯乌茶本国无食俱作绿食，子亦拍有油以为点火。叶出产三次，四月采六月采白露采。

从以上记载便知，香炉峰下的石堂古村，曾盛产茶叶、茶油。茶产业十分发达。从茶叶采摘的时间、次数到产制工艺，从留存自用到销售国外和内销可以看出当时石堂古村盛产红茶和绿茶，而且还有大量出口，即使是内销的，也销到北京、山东、天津等地。可见当时石堂茶叶品质良好，深受各地消费者青睐。据石堂文峰村老人讲，以前石堂茶叶产销十分兴旺，周边村很多茶农都到本村兜售茶叶，当时村中有很多村民开设茶行，产制红茶和绿茶，其中三香炉茶叶因为海拔高，常年有雾，水质清且又有天然小盆地气候，所以在这一带茶区中唯数三香炉茶叶最好（三香炉原有六七户山民居住，后搬迁到石堂文峰，现为文峰村第九村民小组的一部分），所以，石堂当时以“石堂三香炉”命名的茶叶声名远扬。

虎贝三香炉峰之第一峰

另外，据当地村民讲，三香炉茶叶还是过去当地百姓家中必备的敬神上品，除了三香炉茶叶清香冲水好，还因为有关三香炉峰太白醉酒的传说，所以百姓认为用该处茶叶敬神敬佛最好。早在宋末元初理学家朱熹先生的三传弟子陈普就有一首诗生动刻画了太白醉酒的相关传说：陈普先生旧庐与夜呈太白醉酒型的三香炉峰遥相对望，不由发挥了超常的想象力，邀李太白月夜醉饮。诗文如下：

和李太白把酒问明月歌

宋·陈普

人生能几月圆时，歌之舞之复蹈之。
月为一人我成三，更遣青州从事相追随。
四人好在都无阙，相劝相酬到明发。
此夜山河有主张，琐碎繁星俱灭没。
采石已来五百春，当时青天为宇四无邻。
上下通透皆冰玉，岂徒眉宇真天人。
力士嗔人譬如刀割大江水，世间闲是闲非皆如此。
君不见李白携月到夜郎，一洗瘴天尽入冰壶里。

此外，三香炉峰还流传道人修炼升天的传说。《宁德县志》记载：元元统年间（1333—1335年）周仙即周兴能，世称净白先生，洋中人，隐霍山，炼丹道成，别诸徒，蹑香炉峰白日上升。宋乾道年间（1165—1173年），署名“江南剑客”（一说即是吕洞宾）到霍童山，并留下七律诗一首，其中“炉火焰烧情欲境，剑峰（锋）割断利名关”。传说唐代李白曾拜师司马承祯于香炉峰并题诗，诗文曰：“家本紫云山，道风未沦落；沉怀丹壑志，冲宵归寂寞；竭来游荒闽，扪步涉禹凿；夤缘泛湖海，偃蹇陟庐霍。”至今香炉峰巨大的石壁上仍留有该诗文摩崖石刻的痕迹，部分笔画仍清晰可辨。

古时，村民若次日登香炉峰或登山砍柴火，往往都要在早上用陶罐放茶叶清水置炭火中煎浓茶，以此浓茶汁冲鸡蛋成浓茶蛋花来喝，既提神又营养。此外，原香炉峰下的山民还留传一种香甜可口的浓茶黄土皮蛋制作工艺。所以，香炉峰茶文化中蕴含丰富的历史道教文化，值得慢嚼与回味。

宁德“一团春”茶行

陈玉海

“一团春”茶行行址在原碧山街上的新桥头与池头坪之间，临护城河开两个大门，一个在正面，架一木桥于河上，通城内，另一个在池头坪通城的石桥边。在20世纪初至抗日战争爆发前，这是一家声名显赫的巨型家族企业。

“一团春”茶行由居住在碧山街上街“碧山别墅（又称‘可园’）”里的林廷伸创办。林廷伸（1867—1929），字聘直，号理斋，清贡生，曾官罗源县学教谕。从清末民初间福建文坛领袖陈衍撰文，光绪帝师陈宝琛书丹，书法家郑孝胥篆额的《清故罗源县学教谕林君墓志铭》中能看到，林廷伸虽执儒业，但思想先进，跟上了当时的资本主义思潮：“（教谕）任满，念母老乞养，归才壮岁耳。慨然曰：‘儒官以阘茸被诟病也久矣’，乃提倡实业，创办蚕桑，更新制瓷制纸，同志翕然从之。……以本邑产茶出售属粗生品，损失甚大，乃盛莳珠兰末丽设厂熏制，运销南北洋，西商踊跃争购。”

20世纪初，“一团春”茶行的创办者林廷伸敏锐把握当时国内外茶叶市场上的旺盛需求信息，一开始就生产、经营精制绿茶、工夫红茶、特色花茶。这方面，茶业界前辈周玉璠先生在《宁川与福海关茶事》一文中有较为详细的记叙，清光绪三十四年（1908年），林廷伸督导子弟在“可园”、宁德大桥头溪畔种植茉莉花、玉兰花等窨制花茶的香花，同时，开始加工窨制茉莉花茶，并结合制造工夫红茶。宣统二年（1910年），试制“玉兰片花茶”成功，民国四年（1915年），选送“玉兰片花茶”参加在美国旧金山举行的巴拿马太平洋万国博览会，荣获银质奖，奖牌高挂天津总行大厅。民国后，加工花茶1 000担左右，运销天津、上海、香港等地。寡识如我，认为，利用“玉兰”“茉莉”熏制花茶，在闽东北地区，“一团春”茶行当时是第一家。

“一团春”茶行发轫即生产、营销并行。为了开拓市场，林廷伸把“一团春”茶行总行设立在天津，并在北平（北京）、青岛、上海、宁波等地分设茶庄。天津，是清季以降与外国通商的主要港口，林廷伸委派第五子振琮住津门主理“茶叶运销事”。振琮，小字永忠，号琴甫，毕业于上海惠灵英文专修学校，曾供职湘、鄂、赣、皖四岸食盐济运局及南京邮政储金汇业局，有深厚的英文功底，有工作历练，由他经营，自然得心应手。林廷伸又令曾就读于著名的福州格致书院的第六子振仕主理

碧山林昆生故居

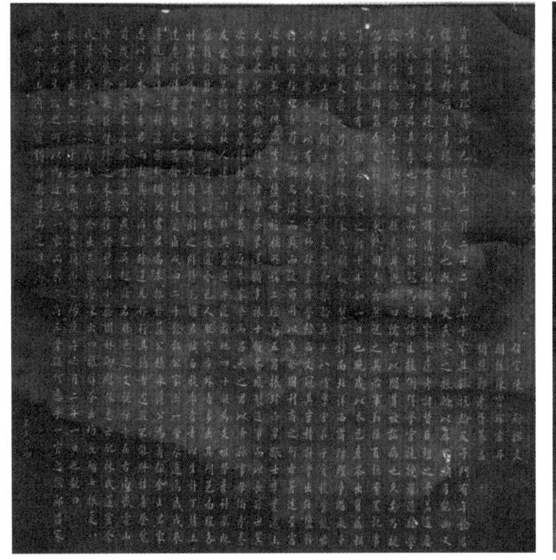

林廷伸墓志铭

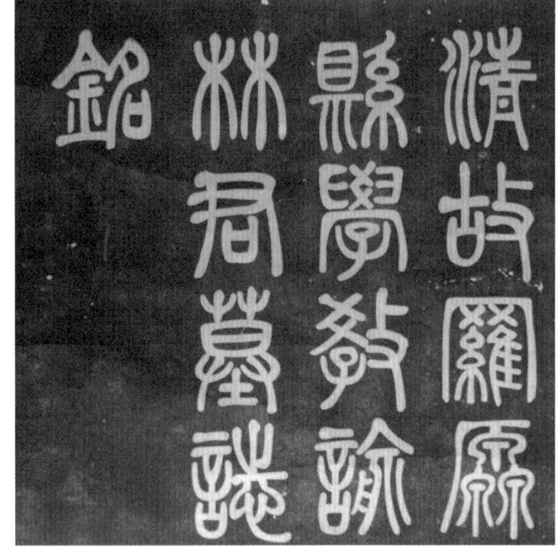

林廷伸墓志铭篆盖

茶厂制造事。由此，“一团春”茶行办得越发红火。每年海运津、沪单花茶就达100多担。运往福州的，由福州茶行、宁德会馆代售，尤其经“生顺茅茶行”销往我国香港、澳门地区以及东南亚地区。陈衍曾慨叹“厂中男女职工赖以糊口者数百家”，可见其生产规模之巨大。

由于“一团春”茶行经营的茶叶经海道运销量日趋增大，为了使茶叶在船上不受潮，包装物牢固，装卸方便，林廷伸特地从福州请来一名专长制作茶箱的陈而步（别名“乌俤”）师傅，长期驻厂。他的工艺精巧，手工用杉木制成的茶箱，板厚仅2 分，长、宽各2尺3分，高2尺9寸，板块间用炒竹钉契实，围、底板锯成三角榫头卯眼，相互扣牢；规格统一，装叠轻便，牢固防潮。由此可以大批量长途运输，节省了成本。工人们装茶时，先在箱的内底、四边铺敷一、二层箬叶片，再套上布袋，然后往袋里装实定量茶叶，袋头还要压上箬叶片，扣下盖子，即成一箱。陆运的，则把茶袋套在竹茶笼里，袋的内底、边敷上箬叶片，然后往袋里各装实35公斤茶叶，再压上箬叶，捆袋头时扎个方便上扁担的布环。以前，陆道从宁德县城至福州120公里，要花四五天时间，途经外县时，会有人“拦担”，即当地人以赚取运费的名义，要由其代运出境，这时往往给对方些小钱，便让放行，特别是临近榕城个别乡村的一些人平时很难缠，可他们竟不敢为难“一团春”茶行的挑担队，可见这家茶行名声之大，况且，每次由几十人组成的挑担队，人家也惹不起。

“一团春”茶行制作精制茶所用的初制茶，据故老相传，主要来自宁德县西部山区。宁德县历史盛产优质茶叶，茶叶专家认为，早在唐末（907年前后）即生产经营茶叶。乾隆《宁德县志》记载：“于今西乡……其地山陂洎附近民居旷地遍植茶树，高冈之上多培修竹。计茶所收，有春夏二季，年获利不让桑麻。”洋中乡天山山麓的章后、际头、留田、芹屿等近百个村子所产的“天山芽茶”，和支提寺周边所产的“支提茶芽”最为著名。明万历间，文学家谢肇淛（1567—1627），邀集郑孟麟、徐兴公等名士聚于“汗竹巢”，品评武夷、鼓山、支提、太姥、清源五山名茶，认为：“建溪（武夷）栗粒追泉洞（鼓山），太姥云芽近霍林（支提）。”

《宁德支提寺历代文契抄白》（约抄于清乾隆年间）载：康熙三十一年（1692年），支提寺僧无晦将该房在九都扶摇村一块受种三斗五升的田，转卖给同山宁房二千第六世的海津洵梁，得支提细茶18斤，契书上载明值“时价银三两”，即细茶每百斤值16.6两；以地亩价论，康熙三十八年，支提寺僧房系间转替寺田11亩6分，得价银25两，折合每亩值2两1钱5分。换言之，于当时每15斤左右支提细茶即可换买到1亩田，从中可见当年支提山细茶价值之高。

为了保护“天山芽茶”，尤其支提寺周边所产的“支提茶芽”，清康熙四年（1665年）六月十六日，福建右路福宁镇标右营游击高满敖奉太子太保、闽浙总督李率泰令牌，在支提寺张榜禁谕：“照得支提禅林所产茶芽，悉皆僧众培植，赖为焚修养廉之需，近闻文武各官及棍徒影射营头名色，短价勒买或贩卖觅利或派取以馈，遗所产之茶不足以供，溪壑络绎，骚害混扰清规，殊可痛恨，除出示严禁外，合行申饬”。其后，目前已知的福建巡抚许世昌于康熙五年（1666年）五月，钦差福建督查粮饷道管带清军驿传盐法道布政使司参议李某于康熙八年（1669年）三月二十日，总镇福建延津等处地方驻扎福宁州右都督吴万福于康熙十年（1671年）正月二十日，都分别在支提寺和支提寺僧人运茶经过的沿途关隘立榜，严禁“本省地方游棍串冒兵役，假藉当行垄断，借端助税勒抽，及沿途守隘兵役借端私索”。从上列史实，可见西部山区及支提山周边所产茶叶品色之优，在当时名气之大，它自然也成了日后宁德县各茶行的首选。

以林廷伸为首的林氏家族经营“一团春”茶行，获得丰硕成果，但他们不忘回报社会。他们打开“林氏宗祠”大门，举办碧山学堂、国民学校，传播新学，接纳贫民子弟入学。1937年中，他们深明抗日救国的大义，慨然出借“林氏宗祠”，作为新四军第三支队第六团后方留守处。林廷伸长子振翰，曾任四川盐运使兼四川盐务缉私统领，是我国近代著名的翻译家和盐务、盐政专家，他于1932年积劳谢世时，蒋介石、宋子文等国民政府领袖、大佬及财界、知识界知名人士一百多人赠送了挽词、挽幛，多地进行公祭。1943年，抗日战争白热化，全国民众踊跃捐款捐物支援前线，在宁德县妇女联合会劝募一架“妇女号”飞机活动中，林廷伸次子振玉（字昆生）慷慨解囊，捐出一百银圆，为全县之最，而这时他们家的资财已是今非昔比。

“一团春”茶行经营至20世纪30年代末，因日寇大规模入侵，我国陷入战乱，交通阻塞，百业俱废，经济崩溃，民生凋敝，而停业。逮至日寇投降，大江南北又陷入国共两党争战的炮火中，茶行经营艰涩。

1949年中华人民共和国于成立后，“一团春”茶行行址、建筑物被当地政府使用，相继在这里开办了红星米厂、新生米厂、宁德县政府招待所、第一招待所，宁德县供电公司等单位。1996年，这里及碧山路一大半的民房、商店被房地产开发为如今的锦福城。

“益和”茶行的兴衰

周玉钦　口述　郑贻雄　整理

“益和”茶行商铺坐落于中南街（俗称南门兜）中段。中南街不算长，约150米，宽4米左右，北接县城南门“德化桥”，南与“战场溪桥”相通，两边的木板房比肩接踵，几乎全是前店后屋的构造。自古以来，这条街就是县城通往省城的重要陆路通道，经历多少年的车马人流，小石块铺就的地面已相当平整且光溜（现已被铺上水泥）。街道两旁有三四座两层高的砖瓦房（其中有一座还是西式洋楼），在这连片的木板房街区中显得突兀不凡，其中有一座的主人名叫周长顺，他是“益和”茶行的开办者。

“益和”茶行原先是经营米酒南杂一类的杂货店，只一间店面，也没挂什么招牌。大约在清末，周长顺作为长子，在读了几年私塾之后就开始跟随其父在店里帮忙。周长顺比较聪明，又念了几年私塾，很快就熟悉店里的经营业务。民国初期，因其父身体不好，他就承担起商店的全部经营业务了。这时，他已不满足于传统小生意的经营方式，在认真考察了当时县城内外的商贸环境和发展趋势后，做出了开辟新的门路，扩展生意规模的计划。

清末，三都澳开埠。由于三都澳自然条件良好，既位于我国沿海岸线的正中点，又处在太平洋西岸国际航线中心的边缘，本埠船只可直接驶进全国或世界的主要海运航道，对发展国内乃至国际远洋大型运输业十分有利。便利的海上交通促进了港口贸易的发达，外轮驶入时把大批人们生活所需的日用品运进来，回程时将地方的农副产品推销出去。物资的交换与流通，促进了当地经济的发展。到了民国初年，三都港已逐渐发展成为我国东南沿海重要对外商贸港口之一。在出口方面，茶叶是福海关的大宗产品，所占的比重大，三都澳也由此成了中国闽东南地区的“海上茶叶之路”。每年茶叶上市，水上运输格外繁忙，有上海“福祐号”“神集号”轮船和印度支那轮船公司的货轮等多艘船只前来三都澳运送茶叶到福州、厦门、广州、上海、天津、营口等地。

与三都岛仅一水之隔的宁德县城的东门、南门一带分布着许多大小船埠，来往的大小船只架起了三都港口与宁德县城及沿海村庄之间便利的海上交通平台，促进了宁德商贸业的繁荣，尤其是茶叶出口的连年递增。三都澳于清光绪二十四年（1898年）年5月8日成立福海关。福海关成立不久，出口茶叶从1899年的8.91万担提升到1910年

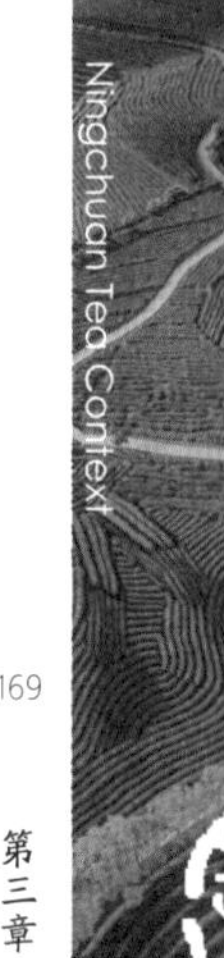

的12.39万担。海关报告中指出："其他各口出现的贸易萧条，至今为止还没影响本口"，1915年国际红茶畅销，该埠出口茶上升到建港后的第一次最高水平，达142 588担。1923年三都澳出口茶达历史最高水平。据《中华民国十二年（1923年）三都澳华洋贸易情形论略》论述："本年春间欧美各国所存红茶无多……出口之数，较上年多至两倍有奇，……春间绿茶，在此方销路极广。"这年茶叶输出量达142 829担，比1922年增长36.52%。20世纪20年代末至30年代初，三都澳出口茶量约保持年11万担左右。每年清明一过，岸上茶香终月不散。

除了海上的交通优势，蕉城还有一个陆路的交通便利——宁德县城往福州省城的古道，出南门后首先经过南门兜，再经相邻的桥头下村、筱场村和下宅园村，然后过飞鸾岭再往罗源、连江到达福州。

那时，宁德农村的经济作物主要有茶、竹、烟、麻、菁等，对外出口的大宗农副产品是茶叶、竹制品、土纸。为了扩大经营范围和品种，周长顺选择从茶叶的加工和贸易做起。

每年从清明到白露是茶叶收购季节（有春茶、夏茶和秋茶之分），在这期间周长顺一边收购一边进行加工。将收购的毛茶由雇来的师傅和小工进行分检和分类，分出等级然后装袋，其中有一部分用茉莉花窨制花茶，成为加工成品中的精品。收购高峰期，每天可收购十多担，每袋装50公斤，堆垒在房间里，数量多时，放到前后厅，一直堆到屋顶。

茶叶的贸易运输分水路和陆路进行。水路运输是雇小船将加工后袋装的茶叶运到福州"新昌泰"茶庄设在三都岛码头的庄口（相当于收购转运站点），然后由福州的茶商雇船再转运到福州（每趟能运数十担），由福州的两家茶庄负责收购，再销往南北各地。在当时的宁德，还很少有人从事茶叶外销生意。周长顺可算是比较早与福州的茶商建立茶叶购销合作关系的，大家都很讲信誉和信用，针对茶叶的市场行情也时常沟通，体现公开公平，所以在合作贸易中双方都能获利。陆路运输是雇人肩挑，经飞鸾到罗源再到福州，每挑百斤工钱是银元2圆。当时的挑工有林目、愚愚等五六位家住南门兜和桥头下的青年。周长顺平时待人随和，对待雇工或客户都很关照，从不苛求和刻薄，所以他们成了周长顺长期营业的合作者。茶叶加工繁忙时，也请他们帮助师傅一起加工，加工结束后，就由他们负责陆路运输，甚至从福州茶行收入的茶银也是由他们负责从福州挑回来（经过伪装，保证运输安全）。

民国时期，绿茶是各地民众喜好的饮用品，而宁德又是福建省绿茶的主产区和出口地，出口的绿茶借助便利的海上运输，北达宁波、上海，南达福、厦、漳、泉等地。销量大，价格也适宜，周长顺接连获利，有了做大生意的本钱。他的信心更足，眼光也看得更长远了。由于生意顺畅红火，家庭也兴旺和睦，为了扩大影响，他选择用"益和"作为自己茶行的商号（相当于今天企业的品牌）。后来，在福州城的一些茶庄老板，一见到印有“益和”字样的茶包，就知道是周长顺茶行出的茶，他们都很乐意收购。

经营茶叶成功，有了更多的资本，周长顺继续扩大经营品种，于是在收购和加工茶叶的同时，也先后开始兼营烟叶的加工销售、小鱼小虾的腌制加工和开办壳灰厂。由于有茶叶收购的便利渠道，烟叶、壳灰的购销也比较顺畅，基本上也都与各地农村的老客户打交道。这样，既扩大了经营品种，增加了收入，又与各地乡村的村民密切了购销合作关系，并因此将生意做到邻县去了。生产壳灰和腌制品时，也有大量邻县的客商前来购买。

从民国初期一直到日本侵略中国之前，宁德的社会总体上是比较安定的，尤其三都澳开埠通商通航，有了水运交通的便利，带动了宁德对外商贸业的繁荣，在这样的环境下，周长顺的创业比较顺利，“益和”茶行的商贸发展在当时的蕉城算得上一流，也有一定名声。他从加工茶叶做起，逐步扩大经营品种，将生意从宁德做到外县和福州等地，这在当时算是一个成功的小工商业者了。

但是，由于日本侵略中国，轰炸三都和宁德，打破了和平安定的环境，破坏了海上运输线，直接影响了沿海城市之间的商贸往来，导致宁德以茶叶为主的土特产品出口量锐减。失去了外地市场，宁德的茶叶、土纸、竹制品、瓷器等也就被迫停止生产和加工，许多人因此陷入贫困和破产。周长顺经营的“益和”茶行的生意因福州等地茶庄的关闭，被迫减少生产茶叶，其余烟叶、壳灰厂等的生产和营销也大受影响而减产。

日本侵略，不仅给全国各地带来巨大的灾难，也给各地的经济建设和小工商业者的商贸业带来沉重打击。战乱导致生产停滞，民众经济困难，社会购买力随之急剧下降，导致许多商家因没生意可做而关门。此时周长顺年事已高，遭受这巨大变故，身心疲惫，不久就累倒了，茶行关闭了，壳灰厂时开时停，烟丝和腌制品的生意也相当冷淡，“益和”茶行的商贸活动急剧萎缩。

1945年8月，日本投降了，消息传来，全县民众齐声欢庆。“益和”茶行的开办者周长顺在这迎庆胜利的日子里也走完了他七十多岁的人生之路，静静地走了。

缪济川
与“蘭成茶铺”轶事

黄鹤

善人居

同治三年秋八月卅日东关外不戒于火延烧数百户缪蘭成铺适当其中邻有黄姓者困于火口眷廿余无生路蘭成凿壁出之乃免于难迨焰愈烈四邻皆烬而蘭成之铺岿然独存可知冥冥中自有默相善人之意爰为额之旌之

知宁德县古滇汤箴卫并书

缪济川，又名德盛，字尚舟，太学生，生于嘉庆十五年（1810年）七月初七。咸丰末年，他用与别人合作开办茶行赚到的第一桶金在宁德东门外（今海滨路）霍童埠头附近盖了一座土木结构的房子作为茶铺，并取名“蘭成茶铺”。

缪济川的创业过程有一段传奇的故事。咸丰六年（1856年）前，缪济川为八都某老板当伙计，是年正月十六日八都老板捎口信叫缪济川到八都商量生意之事，他以为由于家里困难超支了老板的工钱，可能是老板向他讨钱了。吃了早饭，他从霍童老家出发徒步去八都，经过霍童邑岭亭下九仙方向，在一处有十九台阶的泉水井边喝水休息，由于他身体不是很好，赶路疲劳，就这样在井边睡着了，梦见一个美丽姑娘送一杯清茶给他喝。一阵清风吹醒缪济川，他发现原来自己是在做梦。休息片刻继续赶往八都。到八都老板家已经是午后，老板请他吃饭，在饭桌上，老板对他欠钱的事一字未提，却与他商讨下一步做什么生意比较好。缪济川灵机一动，就将在途中邑岭休息时所梦见的内容陈述给老板听，并认为是仙女送清茶作暗示，以茶为题，那就做茶叶生意。老板听了也觉得有理，当即确定投资做茶叶生意。于是，就以霍童为中心点先设茶叶收购点，然后再进入屏南、周墩等周边布点，铺开茶叶经营，由于他的人缘关系好，茶叶贸易顺利进行，第一年春季的形势发展比较顺畅。

由于缪济川经营管理有方，为人真诚，善待同伙，茶叶生意越做越好，老板在短短几年中就发了财，缪济川也分成十八担白银，叫十八个人挑回霍童，轰动霍童周边地区。缪济川不忘仙女托梦之事，首先在霍童邑岭观音阁边建凉亭供来往旅客休息、避雨之用。同治年间，他在霍童开办“蘭成茶行”。之后又在宁德蕉城海滨路——人们叫做船头街的地方——购地建设一座土木结构商铺，商号“蘭成茶铺”，供霍童茶商和土特产等商人之用。同治三年（1864年）八月卅日，船头街发生火灾，火烧街面达数百户，“蘭成茶铺”也处在火海包围之中，由于房屋是土木结构，不易着火，邻居有黄姓一家20多人困于过火房中，找不到紧急通道，紧张营救之中，“蘭成茶铺”将自己房子土墙（三合土夯筑）的墙体凿开锅大的墙洞，让黄姓一家得以逃生，然后用大火锅塞住墙洞。火焰愈来愈烈，四邻皆烬而“蘭成茶铺”独存。宁德知县汤箴卫（云南蒙自举人，同治三年任）到达现场勘察，赞扬缪济川急难救人之举，并题“善人居”匾额以旌之。

缪济川将汤知县褒表他的“善人居”之匾制成两块，一块挂在城关“蘭成茶铺”，新中国成立后宁德县改造道路，房子被拆，该匾额被拿回霍童缪氏宗祠悬挂；一块挂在霍童“蘭成”茶行，现仍在霍童三叉路缪济川旧屋大厅悬挂，供游客观赏。

霍童这一块“善人居”匾额是经受过“文化大革命”风风雨雨才保存下来的。在“文革”“破四旧”中，被红卫兵拿到霍童黄厝坪准备点火焚毁，被缪林青母（小脚老太婆）钱连吉从火堆中半拖半拉抢救回家，当时红卫兵见了也不敢来阻拦。

缪济川一生经营茶业有方，在赚到财富后首先想的做的都是怎么回馈社会，所以人们称他“德盛”行为。茶商们凭缪济川先生“善人居”的美称，放心与其合作。

后来缪济川又倡议在福州盖宁德会馆，供茶商专用。为什么要建馆呢？因为茶商茶叶进入福州后，一到傍晚当地人对外地茶叶采用压价等手段打压价格，宁德茶商都吃过苦头，多住几天开费多，要解决这问题，必须要在当地福州买地建立足点。

缪济川提议组合“蘭成”、郑实圃、陈中和、宋大成、萧万澡、萧方仞、周声著、魏衡卿八家股商成立茶商理事会，缪为理事长，于同治元年（1862年）筹备在福州铺前顶建宁德会馆。当时由于当地人不肯出让土地，外地人进入福州城买地建房困难很大。缪济川他们想出很多办法，分几步实施：先搞一个戏台地，建戏台演戏给群众看，取得当地人的同意后，再建一座“魁星阁”，庇佑孩子读书有成，然后又建一座下婆宫保佑当地小孩与妇女健康平安，接着继续扩建，最后建成“宁德会馆”。茶叶贸易不断发展和壮大，鼎盛时期几十上百人，各种土特产齐上阵，糖、烟、酒、油料等种类繁多。福州城里日用品煤油、洋火、肥皂、布匹以及京果等源源不断进入宁德、霍童、周墩、屏南、政和等地，宁德会馆成为货物集散中心、文化交流中心，促进商务人员出省到浙江、上海、山东、北京等地开展生意活动和物资交流。随着信息量增多，各种交流非常活跃，宁德会馆成为闽东对外经贸窗口和接受新思想、改变旧观点的场所。当年由于三都澳福海关未开埠，所以霍童的茶叶都是运往福州再转口输出海外，为了解决海上交通问题，他们联合购买了一艘轮船，作为三都澳走福州航线之用。据《闽海关年度贸易报告》记载：1860—1861年度，福州茶叶运往英国36 507 700磅，澳大利亚11 797 200磅，美国11 293 600磅，欧洲大陆2 068 000磅，合计61 666 500磅，说明当年福州茶叶出口数量极大。《近代福州及闽东地区社会经济概况》一书记载：1889年闽海关税务司主管官员英国人班谟在报告中提到“屏南、霍童及邻近地区的茶叶，茶商显然极力要提高质量……”“屏南、霍童等地茶叶，在福州价本季末15~33两，前季18.5~37两”。可见当时霍童茶叶在闽海关占有一定的分量，所以海关才会如此重视其质量问题。

光绪三十一年（1905年），缪济川长子缪文齐在霍童创办邮政代办所；接受新生事物，引进新技术，促进经济发展，由原来单一生产土烟，到后来生产洋烟。卷烟机器从上海购买，他们学习机器操作，仿造木制卷烟机开始生产洞天牌香烟，由简易包装到后来用彩色香烟盒；后来又生产“孟丽君”牌香烟。抗日战争时期香烟品牌增加“大刀牌”，抗战胜利后增加“胜利牌”香烟。

当今，缪济川的后代在上海、北京等地做茶叶生意时还继续使用“蘭成”商号的品牌。

八都猴盾“雷氏”茶庄兴衰记

阮大纶　雷珍琨

面临三都澳的宁德八都镇狮子山一带畲村有大坪、猴盾、半山、南冈、新楼等，山顶的大坪村海拔达400米，山下的新楼村只有30米，地质属红壤土，利于种茶。这一带茶山在清代就是宁德茶区。故猴盾《雷氏宗谱》记载：“洎清咸丰、同治时，闽省大开茶局，猴盾遂为商族辐辏之场，而五都之市以集焉，自是才能蔚起，而冰镜先生其超出也。”

当时，猴盾村有一百二十户畲族居民。村里出了一个能人，名雷志波，又号冰镜（系光绪二年由太学升名例贡生修职郎），对山区开发茶业颇具慧眼。他认为畲家人爱茶，山地利种茶，无茶家失礼，无茶难成富。正好清咸丰、同治间，闽省大开茶局，大兴茶业。雷志波即抓准这一时机带头种茶，并发动村邻垦荒种茶，利用农地间作茶树。至清同治十三年（1874年）雷志波把自己的住房前半部开敞为茶庄，挂牌号“雷震昌”茶庄，收购茶叶。并理顺流通渠道，外县与福安县穆阳缪姓茶庄互通茶讯；口外与福州市内的古田茶庄联络，从经济上挂钩作为倾销点；再从运输上做详细安排，联络山下屿头村岚尾港船只作运输脚踏船，联络屿头村、仁厚村肩挑劳力负责挑运装卸。故每逢春茶旺市，猴盾茶庄每隔两日即有百担茶叶装袋出运，随潮送到三都澳茶驳船出口往福州。茶到福州后，卸货入庄等手续即由省城茶庄负责处理，押送茶担人只领取一张货运收执，到福州茶行报账领银即可，手续简便，信用。所以当时农村茶庄不愁销路，只怕茶叶收购不上。

经过多方发动联络，除宁德县赤溪的班竹、社洋、棉头石、陈洋、蔗坪、院前、留洋、尖山等山村，七都的际头、高山，霍童的施洋、巫家山，九都的九仙、柴坑、石湖，八都的半山、灵山、南冈、吴山等山村的茶叶，都送到猴盾收购外，连福安县甘棠的过洋、大车、林洋、西院；溪柄的路上、底坑；溪潭的横街、岳秀、兰田、山头庄；穆阳的七埕、东山等山村茶叶，也从清水壑过岭头挑到猴盾村收购。不久，猴盾村雷志满亦办起“雷泰盛”号茶庄，雷成学办起“雷成学”号茶庄，一个小山村竟办起三个茶庄。茶叶当盛之时，茶庄里日夜制茶，日夜集市，热闹非凡。茶市上，卖茶者手提签号，列队如长龙。头春茶即能收购1 500多担，二三春收购2 500多担，每年从三都澳出口近4 000多担。后期茶叶大发展，收购点扩大，“震昌”号茶庄分出了“灿记”“庆记”茶庄，“泰盛”号茶庄分出“满记”“祥记”茶庄。同时期，其

雷志波故居

他畲族茶村受影响也办起了际头“雷伏保”茶庄、中前“雷德庚”茶庄。其后还有外省外市商人客驻八都街兴办“吴兴记”“鲍乾”“顺德”“经永”等茶庄，收购八都、九都、霍童这一路茶叶。抗日战争开始，三都港被封锁，水运受阻，茶市萧条，猴盾村三家茶庄即合并成一家茶庄，取名“合茗珍”茶庄，年出口茶只余200多担，全靠肩挑运至省城福州。

当年，猴盾茶叶盛时，大户茶农年可采茶150多公斤，最少者亦可采收二三十斤，一般户平均都采百斤以上，真可谓“畲家无户无园不种茶”。每担茶价平均值25银元，折合薯米28担（每4斤茶叶顶100斤薯米），则一家日食日用即能解决。茶农雷支全一家八口，全半劳力五人，垦种12亩间作茶，年产茶叶150公斤，总值75元银元，并因此摆脱了贫困。先后为其两个儿子娶了两门媳妇，建起一座新厝，开辟了茶园，生活过得火红。茶业的发展，大大促进了山村经济的繁荣。一个猴盾村开起三间屠宰铺，一间南京杂，二间糕饼店，一间豆腐店，一时成为宁德县五都（七都、八都、九都、十都、十二都）集市之一。

“震昌”畲家茶商号史话

林峰

“震昌”号茶庄旧址

茶瓮

出自宁德八都镇猴盾村的畲茶，之所以能成为闽东茶叶历史上浓墨重彩的一笔，是因为清代同治年间（1874年）的雷志波“震昌”茶庄商号。

清代年间，宁德县城的陆路，由六都经八都铜镜之后，分东西两路。东路经闽坑与福安福岭塘交界。东路在县志中，又称“大岭”，就在猴盾村的东部。其中，必经之地所相邻的水漈一侧，又处在霍童溪之畔。正因为这种特殊的地理位置，猴盾茶叶运输出村，水陆兼可。关于霍童溪对两岸村庄经济的重大作用，清代张君宾编撰的《宁德县志》是这样描述的：“至铜镜、水漈与潮水接，过金垂渡，达鹿坑入于海。可通小艚，民赖营生。”

土生土长的雷志波熟识这一地理位置。如果仅靠猴盾一村，畲民们在番薯地里只能套种茶叶，这些套种的茶叶被当地畲民称为“园头茶”，数量自然少之又少，绝对成不了经销的后方基地。但恰是与霍童溪相接，与福安交界，所以，当他的“震昌”商号运行开始后，宁德县城的七都际头、高山，八都的半山、南岗、灵山，九都的九仙、后湖、柴坑、施洋、巫家山、上乌坑，赤溪的社洋、冥头石、尖山等畲村的茶叶源源不断地送来，还有福安的甘棠、溪潭、穆阳一带畲村茶叶也流向猴盾。《宁德市畲族志》说，同治年间的“震昌”商号，让零星毛茶合成大堆，使猴盾村一度成为茶叶的集市。

猴盾茶市的鼎盛时期，头春茶可收购到1 500担之多，二春三春能收到2 500担。

由此，每届茶季，猴盾各茶庄商号平均有百担茶叶装袋出运。民国《福建之茶》肯定了猴盾所形成的茶市作用，将八都的畲族茶庄列为宁德县六个茶叶初级市场之一。

由猴盾出运的茶，经水漈的岚尾港码头运到三都澳，这是一条最为经济，便捷的茶路。为此，“震昌”商号在岚尾港码头自然少不了纠纷。据雷志波的曾孙雷良裕回忆说，家谱中曾记载了这样的一段官司。当年“震昌”商号的茶队在岚尾港码头等待时，附近的一伙村民认为，如此“肥肉”，自然需要交纳码头管理费。当事件交涉时，占着地域优势的码头一伙村民将志波的茶倾倒入霍童溪。事件迫使一场官司难以避免。县令裁断，这一帮码头村民赔偿“震昌”商号如数茶叶。码头的这伙村民凑不齐茶叶数量，不得不在茶筐里塞上番薯顶数。自古畲谚说得好：畲汉一家亲，黄土变成金。熟知这个道理的“天资高迈，器宇超凡，海涵地负之襟怀”的雷志波，用睁一只眼闭一只眼的方法，让这一帮村民心服口服。1964年就读八都新楼小学的雷良裕见过附近的塔头岭原有一座凉亭，凉亭的主梁上刻着其曾祖父雷志波的名字。这座由雷志波捐建的凉亭，成为陆路上村民歇息的好驿站。

从水漈出发抵达三都澳的“震昌”茶叶，源源不断发往福州、厦门后，成为闽海关进出口的大宗货品。从陆路上，猴盾到福州需走三天三夜。在清代，靠什么来防御盗匪？雷良裕小时候听他奶奶讲述说，畲族妇女没有裹脚，奶奶有幸随同爷爷雷志波去福州宁德会馆。途中所有挑担的畲民，都有一根“杖梁”，一头平一头包上铁锤，除了作为猴盾村特制的杂木扁担的支撑点，用于歇息之外；还可兼作枪棍，用以防身。第一次上了大都会福州，让她大开眼界，为此她还在福州做了两颗金牙齿。每每说起茶路之事，她总不忘记嘴上的那两颗金牙齿。

从福州宁德会馆带回来的银元，都会如数地分到供货的茶农手中，一分不少。到了入冬，农闲时节，当村民急需用钱时，“震昌”号还会将银元先付分给茶农，以解村民的燃眉之急。这种作为定金的模式而建立起来的信用，坚不可摧，主导和掌控着这个宁德唯一的畲族茶市，并为猴盾其他畲族茶庄所模仿。雷志波的“震昌”号扩展为“灿记”“庆记”。同村的雷志满“泰盛”号茶庄扩展为“满记”“祥记”。《宁德市畲族志》说，400余人的畲族村落有5家茶庄，形成茶叶的“畲家阵”。

雷志波的茶庄，为什么起名为“震昌”号呢？虽无直接史料足资考证，但《雷氏宗谱》记载，这个“有非浅局可规”的雷志波会五行八卦。仅从字面上看，“震”，八卦之一，卦行代表“雷”；而“昌”字为“兴旺”。取名“震昌”，不正是寓意着“雷氏兴旺”？

只可惜，辉煌的猴盾畲族茶，随着抗日战争的爆发而逐渐消退。

霍童商人商海沉浮记

林津梁　章立德

清光绪二十年甲午（1894年）初夏，宁德霍童街商人章永年来到八都，租来两艘外海运输船，装上刚从霍童运下来的樟木枋，驶向外海。他满怀喜悦地计算着，若将此樟木枋运到北京去，卖给官府作为慈禧太后修理颐和园的彩色长廊用，扣除工本、砍伐、运输，可赚实利万余两银元，有十倍以上的利润。现在万事齐备，只等海运到京，则白花花的银子就会滚滚而来，这是其他生意无可相比的厚利买卖。正当章永年做着发财美梦的时候，不料，中日甲午战争爆发，海上战火纷飞，船只不能北上，只能停靠在宁波湾，一停数日，他身上银子用完了，而船只是按日计租的，再加上当地流氓地痞趁机敲诈，明抢暗偷，损失惨重，为了远离战祸，保住身家性命，无奈之下，他将所剩樟木枋贱价出售，换得些许银子，急速返回霍童，到家已临近春节。

他原来经营的大多是小本生意，本小利微，从未亏损过。此次商机难得，他想赚笔大钱，用高利向亲朋筹借上千两银子，雇工昼夜加班在梅山砍伐樟木，锯成樟木枋，赶运北京，不想时运不济，一文未赚还落个负债累累，两手空空回家，债主上门讨债，弄得他东躲西藏、狼狈不堪。但他人穷志不短，当年他29岁，正值年轻力壮，而且头脑灵活，为人精明，善于经营，所以，虽然负债，仍然到处寻找商机。他的事情被赤溪何厝村的富商何尧景老板知道，何老板当时在泉州、福州、霞浦、福鼎等地均开有商铺，经营茶叶、布匹以及酒类等，生意做得红红火火。由于经营范围比较大，比较缺人手。他认为章永年此次失败是天时战祸引起，并不是经营不善造成的，虽然落魄，但仍是一个生意场中的经营好手，是一个人才，所以何老板特地派人来霍童找到章永年，带他去何厝与他面谈，何老板对章永年说："老弟，你这次生意不成功，不要灰心，我知道你是个人才，我想将我在外经营茶叶的'何银记'招牌托付给你，并将我在闽南泉州经营茶叶的厂场、设备全都转让给你经营，如果经营不善，亏本由我承担，如果经营得利，你也可以还清债务，你意下如何？"章永年万分感激何老板在他困难之时伸出援手，雪中送炭，恩同再造。何老板又说："我为什么要将招牌和我的制茶设备等转让给你呢？一来我年事已高，经营生意力不从心。二来我看你是个百里挑一，不可多得的经商人才，有主意、有魄力而且年轻力壮，为人又诚信踏实，所以我将我一生经营的'何银记'招牌及制茶设备等托付给你，让你经营。但我有一个条件，那就是在我百年之后，万一我的后人家道衰败贫穷之时，要靠你给

霍童古街

予经济上接济支持，你是否愿意承担此责任？”章永年千恩万谢何老板的救厄之恩，他说：“何老板，你尽管放心好了，你的儿子我要永远作为亲兄弟看待，我一定会全力支撑弟弟们的家业的。”在何老板的大力支持和指导下，章永年打着何老板响亮的 “何银记”招牌去闽南经营茶叶，当时在闽南同安山区做茶叶生意用的是两种方法：一种是收购当地和邻村的茶青，自己加工焙烤；另一种是收购当地山民焙烤好的干茶，和自己烤好的茶一起发给当地的妇女捡去茶梗，按级拼堆复焙后，用茶袋包装好发到福州各地茶行销售。经过一年艰苦创业，茶叶畅销各地，生意兴旺，赚了一大把银元，霍童的债主们闻讯赶到闽南向章永年讨钱，章永年办了一桌酒席款待亲友，对他们说：“大家都是同乡，在外面什么都不要说了，你们放心好了，我欠你们的债务，一定会还给大家的。我今年做茶叶是赚了一些钱，但无法全额还清欠款，我现在根据欠款的份额按成数还给大家，等以后我赚多了，一定将欠款还清。”债主们在酒足饭饱之后，就各自拿着自己的还款份额回家了。

第二年，章永年看到茶叶生意盈利稳妥，又看准福州省会茶叶销路更好、利润更多的商机，马上将茶厂设备搬到福州去生产、经营。结果他又赚得盆满钵满，在还清乡邻欠款之余，还有经费继续扩大规模经营。连续几年下来，章永年在福州茶叶市场生意越做越大，又赚了很多钱，于是回到霍童老家购田买地，盖屋造坟，成了清末霍童当地经营茶叶发财的富商。

赤溪何厝老板亡故后，他的家人因战乱的影响，生意失败，经营困难。章永年知恩图报，闻讯后随即带了一大笔银元赶往赤溪何厝，接济恩人何老板的家人，并资助他们重新创业。中国社会到清末已有商业经济萌芽，章永年为人精明，有经商头脑，看准了茶叶是福建商贸的支柱产业，在明人何老板指点下，从经营樟木枋亏损到转行经营茶叶盈利。多亏何老板慧眼识英雄，使得章永年在商海沉浮中，一跃成为霍童当地数一数二的茶行大老板。

霍童“郑源源”茶庄史话

林峰

1945年之前，或许更早。当从霍童镇剃头弄12号郑源源厝出来的规格统一的木箱，被一个个运到当地人称作“薜荔树”的渡口时，镇上的村民就知道，这是“郑源源”号茶庄又出新茶了。那些箱子，箱板大约有2厘米之厚，内层用干粽叶贴着一层，外层四角包着铁皮，刷上透明的清油，所以会清楚地看见，那箱体上早已烙上“郑源源”茶庄商号和净重。而这一批又一批精致的茶，与清末民初宁德县城赫赫有名的“一团春”茶行有着千丝万缕的关系——林昆生在霍童郑源源厝设立了茶庄商号，从收购茶青，一直到加工成精致成品。当然，茶品名除了“郑源源”，还有“满天星”等。

这种记忆，深深地印在年逾七旬的郑友金[①]老人脑海中。2014年7月25日的下午，他站在祖上留传下的六扇大厝的后厅中央，说起他4岁时见到的画面：收购高峰期，挑担送茶叶来的茶农，要排队等候，先发给号签，而后根据号签号码由评茶师傅逐一评定级别后收下。大厅里，摆放着2米长的长凳，大概有30多条吧，那些女人们一排排坐在长凳上捡茶。收茶的师傅会逐一检验茶叶质量后收下，并分给他们小木签，以作为稍后对账的凭证。忙碌时，实在是抽不到人手，儿时的郑友金就会被外婆叫来，坐在大厅角落，依次派发小木签。签，又分长签和短签，10条短签，可以换取一条长签。但你远没有想到，收茶的高峰期，这样的长凳足足有200多条，这还不算短凳。仔细算，光捡茶的女人，就有上百人，可以想象，当年的郑厝老宅有多大、多热闹。

毛茶精选还采用手摇风选机，一种类似农家的风谷机，风选出轻飘的茶片，而后按级归堆。到了焙茶的工序时，需要连夜加班烘焙。那时，只有两个焙茶师傅，一个叫缪金元、一个叫缪金厂。郑友金说，一直到新中国成立后，这两位师傅还在从事焙茶，因为好手艺而更加有名气了。那个装茶的木箱，很是讲究，厚度和规格都逐一统一。用的干粽叶，就取材于霍童当地的山上，但需要的是，长约20厘米的粽叶，也要

---

① 郑友金的舅公是林昆生，爷爷是郑宗霖。郑宗霖出身书香门第，幼年家教严厉，九岁能为文。光绪二十八年（1902年）中第二十一名举人，时年二十九岁，光绪三十年（1904年）朝廷钦加其四品衔，授江西东乡知县。郑宗霖莅任以后，以汉代“饮马投钱”的项仲仙、“蒲鞭示辱”的刘宽为榜样，关心政务，体民疾苦，深得东乡士民拥戴。郑宗霖丁忧回乡数年间，清政府土崩瓦解。民国二年（1913年），由于他为官清正，办事干练，闽省民政厅长聘其为行政公署总务处长，又委以福鼎县长一职；继任民政厅长的刘次源和省长萨镇冰屡次授予重任，均被其辞推。民国初年，著名诗人陈衍由京返里，组织了著名的“说诗社”，闽中诗人入社称弟子者达数十位，郑宗霖与福安穆阳人陈文翰跻身其间，成为“说诗社”仅有的两名闽东籍诗人。

装茶锡罐

手摇茶叶风选机

求统一长度，串接成一张张“纸”，铺垫在箱内四周。这样的包装方式，是鉴于当年运出霍童的茶，基本走水运通过霍童溪，到八都铜镜渡口，再转运到三都澳出口。所以，外箱要再上一层清油，以防潮湿，更加保险。茶成品包装箱内改用锡箔纸，那是后来的事了。

说到焙茶的工具，自然是竹焙笼。竹焙笼上面有支架和隔层，隔层上面摊放茶叶，下面放炭火进行烤焙。

关于“一团春”茶行的知名，在飞鸾岭五福亭保存较好的一块《起步岭碑》记录了光绪五年（1879年），宁德、福安、寿宁三县茶商捐资重修飞鸾岭路的过程，内容详细，弥足珍贵。碑文中镌刻着许多商号名录，其中就有宁德林理斋“一团春”。福安的“泰大来”“福兴隆”“祥记”，也都赫然其上。当年，闽中知名“一团春”茶庄已是宁德县城富豪的林昆生，显然是把霍童作为制茶的后方基地。清卢建其编纂的《宁德县志》上，肯定了这一方水土出产的好茶。它在《物属》中说：“茶，西路各乡多有，支提尤佳。”支提山下，便是霍童古镇。

出自“郑源源”的好茶，以其良好的质量被十方茶商所称道，使“郑源源”商号声名远扬。在郑友金的印象中，当时的经济收益给祖上老宅带来了繁华。老宅曾保存有一个大牌匾，但在土地改革时期，匾上的字被铲平。而类似这种的大牌匾，在郑友金的印象中，有很多很多。关于那个规格极致的茶箱，也在前几年，因为“没有地方放”而被劈成木片烧掉了。所幸，剩下的，还有一条捡茶的长凳，凳面上，抛光的纹

郑源源在霍童生产时留存的长凳

理，闪亮而沉寂，见证着当年“郑源源”商号繁荣的历史痕迹。

“郑源源”号茶行的繁荣，随着抗日战争的爆发而逐渐消退。这其中，也包括了“舟记兰花”茶商号。历史已经逝去，但抹不去的，是镌刻的记忆。所以，当霍童镇上年纪的老人回忆“郑源源”号茶庄辉煌的历史时，他们这样概括道：当年，霍童的茶庄商号不止一个，但卖茶的茶农要问，毛茶送到哪家，镇上人自然会说是“郑源源”！茶商来霍童，问买哪家茶，周边百姓也会回答道“郑源源”！

赤溪“双泰成”茶行

陈永仲

民国时期，宁德赤溪的“双泰成”茶行，在当地家喻户晓。经营业主傅隆优先生儿时受过良好教育，曾在宁德蕉城“莲峰书院”（现宁德一中的前身）念书，他知识面广，精于打算，善于经营。在宁德赤溪，他不仅经营茶行，还经营百货、糖厂、酒厂、酱油厂，样样精通，因此成为当地有名的商人。茶叶，在当时列为重要物资，只要守土一方，经营有方，就能赚钱，这自然成为傅隆优先生的主营生意。

“双泰成”茶行不论是制售红茶，还是绿茶，年销售量均为100~200担（每担100斤，每斤16两制）。每年所制售的茶叶，不论是哪种茶类，不论制售量多少，不论盈利多少，都与福州茶业总行的行情、利益相关。每年清明前，“双泰成”茶行就要到福州茶业总行领预付“茶银”。这“茶银”不是简单的“银票”，透过“茶银”的是一种合同关系，是一种信任与信誉的关系。“双泰成”茶行在这种购销的双赢关系中获利，年利润率一般在50%~100%不等。

“双泰成”茶行的营销时间贯穿整个民国时期，动荡的社会环境对茶业行情也造成了影响，在1937年抗日战争爆发之前，“双泰成”茶行以制售红茶为主，主要销往英国等欧洲国家；抗日战争爆发之后，由于时局动乱，红茶国外市场受阻，改为制售绿茶，销往国内。这一时期，赤溪成为“天山绿茶”的重要产区。

每年，从福州茶业总行领到“茶银”后，“双泰成”茶行就进入了制售茶的生产实施阶段：

第一环节：收购茶青。茶青的主要品种是赤溪当地的菜茶，在抗日战争胜利后的一段时间里，当地农户在种地瓜的梯地沿边，按近2米的间距插种茶苗。收购茶青由当地的茶贩来完成。茶贩有“行内的”与“行外的”之分，“行内的”由茶行内定专门人员去收购茶青，人数7~8人；“行外的”由乡里街坊自发而行，人数15~20人，他们上山收购茶青时，靠的是肩背手提，用的是专门制作的茶袋（或称“小布袋”），来完成茶青从点到面的集散。

第二环节：制茶。制茶，是“双泰成”茶行的核心技术。“双泰成”茶行制茶，严在工序。制作红茶严格按晾青、揉捻、解块、发酵、烘焙、筛分（手筛去杂质分粗细）、匀堆、复火（成品）的初、精制工序；制作绿茶经过杀青（在传统土灶上进行）、揉捻、解块（手散）、烘焙、筛分手筛（去杂质分粗细）、均堆、复火（成品）的初、精制工序。每道工序都至细至精。在制作红茶的晾青环节，禁止用手触摸茶叶，只能借用竹片翻动茶青；在烘焙环节，由技术工人专门盯守操作，把握火候；对较粗茶青的揉捻专门放在特制的小布袋（30厘米×25厘米）滚动复揉，俗称“踢揉”，以达到外形紧结。茶行按工艺要求，在杀青、烘焙、揉捻、发酵等重点环节，培养和组织比较专业的师傅工上岗，人数在20~30人不等，并长抓不懈，保证了制茶工艺、流程技术精益求精。

“双泰成”茶行制茶，精在把度。度体现在掌控温度、湿度和时间，在过去没有现代技术支撑的情况下，把度更显得不易，为此，揉捻、烘焙、发酵成为制好茶的关键。在制作红茶的发酵环节，最佳时间选在下午3点至4点，在太阳的照射下进行，把揉捻过的茶叶放在箩筐里，裹上布袋，上面再盖上布袋开始发酵。如何把湿度调到95%~100%，全凭师傅工的经验，以目测、触摸手感为判断，对打湿、日照、时间三因素优选而成，使发酵出的红茶达到乌黑油润、汤色红艳的效果。初焙、复焙同样用竹焙笼烘焙，但火候的掌握不一样，要掌控好毛火、足火和微火，关键在打火盆时，木炭的燃烧与用炭灰抹盖等的技术处理，从而来调控火温。初焙用毛火，以防止茶叶变红，复焙用微火充分发挥色、香、味。可谓细微之处见精深功夫。

第三环节：包装与运输。“双泰成”茶行每年制出的100~200担不等的成品茶，先是通过陆路，靠人工肩挑到连江琯头，再通过水路，船运到福州台江。陆路的挑行、水路的舟载及茶性的特质对成品茶的包装材料和包装方法上有着特殊的要求。为达到成品茶的包装能防水、防潮湿、防串味，茶行在包装中采用三种材料对成品茶进行三层包装：第一步，中层包装。按每袋25公斤装量及规格要求，制出成型的竹筐。第二步，里层包装。材料选用包粽子用的竹叶，把竹叶头尾纵向相连，用竹签别成条形带，将竹叶条形带贴放竹筐的立面（包括底和盖面部分），再经竹签固定成里袋，待成品茶装入后，做封口处理。第三步，外层包装。对经两层打包好的竹筐，再用油纸六面裹包，最后用绳子捆绑而成。

傅隆优先生的茶行运营，不仅使自己成为一方富商，而且使当地（赤溪）成为声名远播的产茶区，同时也形成了一方茶产业。民国时期，赤溪每年在采茶、贩茶、制茶、包装、搬运上，就业人数就达300~400人之多。

傅隆优先生在茶行运营上，讲茶道，讲茶艺；在做人上，讲道义，讲诚信，乐心公益事业，牵头修路、修桥、建盖公众信仰的“武圣庙”等。如今他“制茶精茶道、处世好做人”的处世之道，已得到传承并发扬光大。

好山好水
出好茶

刘永存

2006年，多家机构对天山绿茶原产地的土壤、水质、气候等再次进行了研究和认证。这年年底，由旅美侨商刘先生经营的“千亩茶场”在天山脚下落土扩建，2009年，已出产成品，全部销往国外。

一个产品能千年不衰，必有它的独特之处。

天山岗下，是我的家乡。这里云雾缭绕，水流潺潺，清风夹杂着山间芳草的气息，沁人心脾。记得2000年的农历腊月，我引着市、镇两级领导去慰问中天山村一名贫困大学生及老村干，一路上都有新奇的发现。山间一幢独楼旁，清泉随着竹笕，叮叮咚咚，滴蓄在一方木槽里，水体如镜一般通透。到慰问对象家时，主妇含笑递上热茶，杯中直立的茶针在沸水的泡制下，如一朵含苞欲放的花儿缓缓舒展开来，渐渐地杯中的茶叶相互拥挤在一起，清水杯透射出一种淡雅的天山绿。

天山的山，蓄天山的水，天山的水，出天山茶！

天山绿茶原产于宁德洋中镇中天山一带，产地主要集中于铁坪坑、中天山和里天山。那里的茶农基本都是章后村的后裔。其祖上的章后村，距天山只有几里的路程。

昔日章后村，人丁兴旺。村中的刘氏祖厅颇有气势。大厅堂宇上的梁柱，无一小于一围之粗，尤其是中央的横梁超过了两围。厅堂地面，全部用一尺多宽青石条铺

洋中天山

设。据村里一位年近百岁的老人说，“文革”前，厅堂上还曾存一圣旨牌。厅堂的右侧，至今还留存一块清咸丰年间知县赠送的与天山茶事有关的匾额，厅堂左右的大柱上留存一副咸丰年间章后村举人刘开封亲笔所书的对联。在章后村方圆十里，至今还没有发现青石条的遗迹，青石条的来源至今仍是个谜。在那个手工的年代，建造出这样一座规模建筑，要耗费多少财力？

这财富来源，无非是茶。

据相关资料载，1898年，三都澳的福海关开关后，良好的交通环境，使得天山茶漂洋过海，成了海内外茶客喜爱的产品，给茶农带来赚钱的契机。20世纪三四十年代，洋中莒溪村茶商冯杰（美籍华人商会前会长冯近凡先生之父）常住章后村，收购天山名茶，运销海外，每日达几十箱之多。

天山主峰“宝顶”，海拔1 143米，山势雄伟，坡谷绵延，土壤肥厚，也夹杂黄土壤。山间泉水喷涌，峰顶云蒸雾绕。尤其是冬、春两季，山间云雾白昼不断。由于高湿低温，茶叶生长缓慢，周期变长。相比一般地方，出产时间要迟大约一个节气的时间。记得在儿时，每到清明的那天，母亲在房前的一棵大茶树上（那棵茶树是每年长得最早的一棵）只能采到一小把茶尖。

据资料，自唐末（907年前后），宁德西乡天山一带已有栽种加工茶叶，并且成为了山区人民劳动致富的主要经济作物。唐时，天山一带产制“蜡面”贡茶，宋代生产团茶、茶饼、乳茶、龙团茶等，元、明主要以生产茶饼（作为礼品或用于祭祀）为主，明代以后以制作炒青条形茶为主。1781年前后，天山所产的芽茶，被列为贡品而闻名全国，也因此使当时的西乡洋中，成了闽东乃至福建重要的茶叶集散地和贸易中心。

古驿道鞠多岭，是通往古建州（今南平、建瓯一带）的必经大道。19世纪90年代之前，天山茶区的际头、留田、南坪、芹屿等村及梨坪、省溪等近百个自然村，也都必须经过鞠多岭大道，才能穿过洋中，进入茶米交易区。历经千年的风雨沧桑，历经百代茶夫脚板磨蚀，鞠多岭台阶上的铺路石，全都已经变成了一面面闪亮的镜子。

天山绿茶成为贡品后，客商慕其名而来。相传，早于100多年前就有天津的“京帮”、山东的“全祥”及福州茶行客商，云集洋中、天山一带采购茶叶。清后期，山东茶商谢先生，还在鞠多岭头建房设有“全祥”茶庄，专门收购天山茶，遗址房基现今尚存。亦曾有传教士抵达洋中，到茶区购优质名茶。清后期，由于福州花茶的兴起，天山茶区采制的茶供不应求。当时，仅宁德“一团春”茶庄，年加工花茶100担左右，全部运往天津或上海。抗日战争爆发后，海道闭塞，全国上下一片慌乱，茶叶销路受阻，茶价低落，致使茶农收益严重受挫，甚至在有的年份，茶农所产茶叶无门销售，只好倒入溪河。1935年绿毛茶收购价春茶每担44~22元不等，至1948年，每担茶只兑换谷子225公斤。

新中国成立后，天山绿茶的生产得到了恢复和开发，天山绿茶成为福建烘青绿茶中的极品，以“香高、味浓、色翠、耐泡”的优异品质，赢得海内外美誉。1979年以天山绿茶为原料窨制的“天山银毫”，在全国内销花茶评比中获第一名；1982年在全国首届、第二届名茶评比中，获中国名茶之誉；1986年获部优产品。“鞠岭”牌天山绿茶等系列产品，至今已经获得80多次全国、全省名优茶奖。1983年春首批送去上品70.5公斤到北京应市，至1984年50担增加到了1 000担。随着“天山绿茶”的名声远播，销路更宽，销量见涨。至今，天山绿茶销往美国、欧盟、东南亚等60多个国家和地区。

赤溪制茶
古今谈

傅济霖

茶，作为农村经济发展的主要命脉根源，有着漫长的历史轨迹。据明嘉靖十七年（1538年）《宁德县志》记载，当时宁德茶农植茶仅见于东南沿海的三都、五都、六都。到了清乾隆四十六年（1781年）茶农种茶才见于十一都（即赤溪）。清乾隆四十六年《宁德县志》记载：“其地山陂洎附近民居，旷地遍植茶树，高冈之上多培修竹。计茶所收，有春夏二季，年获利不让桑麻”。当时种植品种只限于清一色的菜茶。采摘周期是清明—白露（农历二月至九月底），产量亦有限，只供农家自用或馈赠。到了清末民国初（1911—1933年）五口通商末期，赤溪出现四家茶商开办制茶、售茶行业，通称“茶行”。商号为：“巫和记”，老板是巫和国；“傅元记”，老板是傅元厚、傅炳孝父子（笔者先祖、先父）；“采茗珍”，亦称“杨泰记”，老板是杨景泰；后期又增加“双泰成”，老板是傅荣传（即今泰成茶叶有限公司董事长傅佛华之父）。

民国初，“巫和记”茶行规模较大，除拥有大面积茶山、茶园生产基地，还设立了四处茶青收购点，即龙涧溪拱桥头站楼、三官溪桥头站楼、里仓溪桥头站点、中州亭（今废）站点，专门收购各山村茶农的茶青。收购范围东至龟山、宣洋、斑竹、尖山，西至旸谷、夏村，北至官岭、丹岗、由知等村庄，涵盖整个十一都。

民国初年，每年立春前，茶行老板必整装亲赴省城福州下杭街，向“生顺”号茶站领取茶银（履行事先签约定例的茶贷）。“巫和记”年产2 000担毛茶，领2 000两银币（合两担银）。

各家茶行制成的毛茶，均留样并标明数量、质量、价格（毛茶平均出售价为每百斤八角银币，每元银币可换三百片铜币）。毛茶装入印有黑色商号名称的白布茶袋（每袋约老秤百斤），分几批，雇挑夫肩挑至溪虎岔渡口（溪南对岸），装入霍童舵（小木船），顺流运至八都溪，转载宁波大篷船，赶潮水航运三都澳，经海关检验后，北上天津，或直接出口日本、东南亚等国家。

“巫和记”茶行因年产毛茶2 000担，销路广，获利厚，故在几年内发了大财，先后建起木结构大宅院两三座，成为赤溪茶业首富。

民国二十二年（1933年），“采茗珍”号茶行因匪乱歇业，1937年抗日战争爆发，全国水陆交通与港口闭塞，霍童缪氏“蘭成茶行”锡箔木箱包装的精制茶叶上

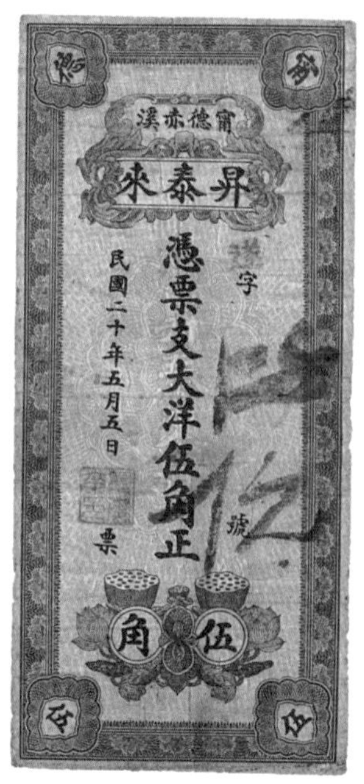

民国茶票

万箱运至邑坂，闻日机轰炸三都，不敢外运，就卸下储藏于邑坂林氏祖厅，雇山东人看管。过了8年，至1945年抗日战争胜利后才运出。因此，“傅元记”“巫和记”和“双泰成”等茶行在抗日战争期间也全部歇业，直到抗日战争胜利后，“傅元记”“巫和记”和“双泰成”二家茶行才率先复业。后来，“采茗珍”茶行由于生意不景气，于1947年改为小规模茶贩，直至新中国成立前，为“双泰成”号采购茶青并初加工毛茶。

新中国成立后，农业合作化时期，茶山、茶场与茶叶制作归生产大队经营，制茶厂设在赤溪武圣庙，茶农种茶品种有所增加，茶厂揉茶工序开始用手动揉茶机，嗣后逐步改用柴油机带动，但炒茶、焙茶、筛茶仍沿用旧式手工操作，1959—1960年“大跃进”、大炼钢铁，茶厂为炼铁厂取代，茶农也被一平二调到外地参加炼铁，制茶业处于低潮。“文革”期间，集体化茶厂又遭到一劫，茶业经济停滞发展。改革开放后，1995年，赤溪成立了泰成茶叶有限公司。工厂制茶全部采用电力机械化模式；产品包装也采用木箱、纸箱、盒罐品牌商标小包装出售，称精制名茶，远销国内外。境内茶农也相应引进各种优良茶品种营造优质茶园，进行科学管理，产量与质量不断提高，经济效益也随之而提高。经营茶叶的个体户、制茶厂也随之增多，2005年同行们成立了茶叶协会，制茶规模空前扩大。

古法制茶，全靠人力操作。经过炒、揉、焙、筛、拣、踩六道工序，才完成毛茶产品。要完成炒茶工序，必须雇用体强力壮，双手机巧灵活，而且能掌握火候、时间，善观茶色与气味变化的男女技工若干；要完成焙茶工序，必须雇用知道焙屉茶坯摊放厚薄的人员，要防止茶粉落入灰火冒烟，致茶变味；要完成踩“粕”工序，必须选用脚力好的男工若干，能将装满“茶粕”的踩袋，踩得团团滚动。至于拣茶女工，全靠手眼快捷，特别是双手拇指与食指结合，交替快速地从蔑匾上摊开的小撮茶坯中拣出黄叶和茶梗，验收员是按黄叶、茶梗的重量付给暂用的白纸条茶票作为报酬，工人凭茶票领取报酬。这些女工，老幼兼收，多多益善，并无定额，只是各视其质量、数量，给资多寡不同而已，如验收不合格，还要退回重拣。

谈到产品评级问题，也是至关重要的一环。评茶员古今均称“茶师”。茶师要眼、鼻、口三官能俱佳，评出茶产品的形、色、香、味的优和劣。茶师通过特制茶具泡茶，品尝茶水的回味是否隽永、清香，色泽是否均衡，大小是否一致。如果形、色、香、味俱佳（达标）者评一等或特等，缺一者次之，全缺者不列等。

茶师泡茶评等级，对水质也有讲究。俗语说：好茶须配好水。应选用弱碱性矿泉水为宜，因为酸性水质会破坏茶的品质，所以不取；同时开水温度也要恰到好处，一般采用70~80℃开水冲泡为宜。

古式制茶设备与用具 >>

茶灶——黄土筑成，前低后高，铁锅依势安装。

茶焙——蔑制圆形围拢，中置焙屉于炭火上。

茶筛——蔑制圆形大小方格孔手筛。

茶踩袋——粗布制容积30~40厘米小袋，用于踩茶粕。

茶风升——亦称谷风升，用于吹去茶杂质。

茶袋框——竹皮制筒形框架，用于套茶袋装茶。

蔑垫——圆形有边圈的称笪，广阔打卷的称软垫，用于拣茶、晾茶和堆茶。

大秤——老秤，16两，盘秤，用于称茶。

茶壶、茶杯——用于评茶。

吴山茶事

张久昇

八都吴山，地僻偏远，然因其位处高山之巅，云气环绕，这里的茶也就名闻一方了。

正是阳春三月时节，山花烂漫，往八都灵山寺的方向直上葱茏六百旋，车经过最后一个让人心惊的“回头弯”之后，便见吴山村了。泊在高山坳中的村子早已弥漫在茶的清香和茶事的喧腾之中——隆隆的茶机把平日的鸡鸣声堙没；往来于村中巷道的不是背着筐箩向茶山走去的村姑老妪，便是挑着一担担茶青回来的青壮年农民；那些原本人口日稀空落落的房前屋后，也堆放着成堆的茶青；村巷交汇处、店铺旁，一把把长杆秤，拉开了一个个小茶市，大大的秤砣吊起的是山村人一年收入的主要来源。这样的场景，在村中老人的儿时记忆里就有。

吴山村有1 300多人口，环村的一大片风水林像慈祥的长者荫翳着这里的子子孙孙，使得这个高山之巅不见溪河的村庄里三口古井清泉不断，滋养着村中数百年来和睦相处的吴、刘、彭三大家族。据说，因最初村庄布局像一个巨大的罗盘，村名原为罗盘里，后来吴姓的人渐多，就改名为吴山了。这些年来，走出去的山里人渐渐多了起来，偌大的村子平日里就600多人常住。茶叶就像一把哨子，春风吹响它的时候，许多山下的人就呼啦啦地回来了。采茶的、贩茶的、制茶的，昔日宁静的村庄也就闹腾起来了。

此时聊天，茶必然是主角。像闽东许多山区村一样，茶叶就像是村庄的孪生体，有村庄的地方几乎都有茶。据吴山制茶专家刘雷发回忆，吴山原来有的是土话称作“篱笆茶”的品种，也叫“园头茶”，叶片儿较短，一般要到立夏才能开采，茶味鲜爽。让吴山人引以为豪的是另一种颜色绿中带黄、叶片儿向背边微微蜷曲的“早清明”品种。说起“早清明”，吴山茶人中的耆老——八十五岁高龄的吴良贤说出了一段一株茶的故事。那是20世纪30年代的一个春天，高山上的村民还沉浸在春节喝酒猜拳的闲散中，这天，勤劳的吴伯像往常一样到山上放牛了。天寒地冻，供牛儿采食的草并不多，吴伯赶着牛儿翻到了吴山上另一座向阳的山坡。在人迹罕至的灌木丛林，吴伯突然发现，一株半人多高的野茶树抽出了黄嫩嫩的新牙，清香弥漫，这让一路走来疲惫的吴伯顿觉神清气爽。这些纤细的茶尖儿可比吴山茶园里的篱笆茶足足提早了两个节气冒出呢。吴伯十分欣喜，连挖带拔，扛回了这棵茶树，种在了吴山篱笆茶的园地之中，分株栽种，因为未到清明就发芽，村里人就叫它 “早清明”。“早清明”茶好、香浓，但因为是小叶种茶，产量不高，新栽种的也是如此。那时没有嫁接杂交技术，但大自然是天然的调配师，这株野茶承沐了吴山云雾生根发芽，春来冬去结的籽落地后长出的茶树，每年春天虽然比母茶晚了七八天出叶，但较吴山本地的篱笆茶也要早半月之多了，而且也吸收了吴山篱笆菜茶产量高的优点，亩产干茶能达50多公斤。于是一传十，十传百，新生的“早清明”和“半清明”茶种在吴山广泛种植，不久后便声名远播，与福鼎白琳工夫、福安坦洋工夫齐名了。

家家种茶，户户制茶。那时，煮饭菜的油锅一洗便是杀青的茶灶，手搓脚揉，没人去讲究卫生条件，但也绝没有农药残留，没有添加剂。当年20岁出头的吴良贤便是种茶和制茶的能手。他采用“S”型的密植方式取代原来“一”字型疏植法，提高亩产量。制茶是个赶工的活，产量高了，他反复琢磨，研制出螺旋式的杀青机，可高温操作，且一人可同时兼管三个茶灶，省时又省力。也因此，年纪轻轻的他，被评上了县劳模，并在新中国成立初作为吴山乡农业生产合作社副社长出席了团中央在北京召开的第二届全国青年社会主义建设积极分子大会，受到毛主席的接见。随会他带上了1公斤自产的 “早清明”茶给中央领导，后来还收到中央寄来的感谢信。这成了老人一生中最灿烂的一笔。那本他珍藏了60年的大会材料，关于他的人物事迹中介绍到：……吴山1954年每亩茶叶的平均产量高达143.1斤，为全县每亩平均产量（16.5公斤）的4倍多……那时，吴山成了远近闻名的茶乡，不说宁德四邻八乡，连松溪等地都有人前来取经。

柴米油盐酱醋茶。茶虽为山里人的必需品，却也是物质匮乏时代吴山人待客和礼尚往来的上好佳品。茶好茶多，最重要的还是要有销路。那时，宁德县城水陆两条往福州的茶路已开通，并形成了靠脚力生活的茶帮。但海风吹不到偏远的吴山村，这里茶叶多年来一直处于自给自足的状态。直到一位叫刘永昌的村民挑起茶担踏上了茶路。人多地少，也许是迫于生计，刘永昌年轻时到山下的八都镇帮人看店铺。八都山海交汇，店铺是各种信息的汇集点，这无疑拓宽了刘永昌的见识和胆略。后来，他就成了新中国成立前村里贩茶到福州的第一人也是唯一的一人。收茶季节，家家户户收购茶叶，有的三五斤，有的一两担，统一放在吴良贤家里（与刘永昌是妻弟关系），择个好日子，他组织了村里年轻力壮的挑工十来人，挑着百多斤的茶担，下吴山，经八都、七都到宁德城关，往白鹤岭再翻山越岭去福州，一趟来回至少都要七八天。那时，商路并不太平，刘永昌和他的挑工们往往故意穿着破衣烂裳，以防被山贼盯上。躲得了山贼，却躲不了时运。新中国成立前夕，当刘永昌又一次不远千里把凝结着吴山日月精华和脚夫们汗水的茶叶送到福州茶行时，这次却领不回一块银元，甚至连前几次几乎比纸还贱的国民党金元券也没有——那个茶行资本家举家连夜逃到香港去了，只留给刘永昌一张写着差茶叶款折黄金六两的欠条。刘永昌临终时，把欠条留给了儿子。世事流转，几十年后，这张欠条终究只是当年父辈开辟吴山茶路的见证，再无兑现的可能。

至此，吴山茶没了销路，沉寂了几年。

新中国成立后，吴山人种茶、制茶的产业，也随着时代和市场的发展变化而起起落落。但就像那株有缘让吴山人发现的“早清明”一样，茶叶，注定成了一张清香的吴山名片。从历史走向现在，还将联系着未来。“现在吴山年产茶叶3 000担，是这里村民收入的重要来源。”村里的当家人把茶叶作为一项重要发展项目。而让刘永昌也许没想到的是，当年他走出的第一条茶路，仿佛成了一个指引，更多的茶商，包括他的儿孙们，从制茶到开茶庄，已经遍布全国各地，甚至走向海外了。

茶山村小传

郑贻雄　整理

在霍童溪北岸，霍童九十九峰之一的卓笔峰下，山腰丛林间掩映着依山叠筑的白墙黛瓦村舍，极似一幅泼墨山水画。由山脚顺着蜿蜒曲折的岭道，拾级登完九曲三百一十五级蹬道，便到达宁德历史上少有的以茶命名的山村——茶山村。

茶山，原是卓笔峰下的一角无名小山坡，同治五年（1866年），石桥龙腰村的江夏黄氏第十五世裔孙黄天畿，时年三十四岁，携妻带子，三人到此落户开基，垦山栽茶。从此，这里出现以茶为名的茶山村。

当年初上山，黄天畿搭座草棚遮风雨，搬块岩石作炉灶，在草莽丛中开荒，插上地瓜充口粮，趁空砍柴打猎换油盐。如此年年月月，掘山不止，开荒不辍，在岩头山壁间遍栽茶树，长年累月的辛苦劳作，其中的艰难自不待言。10多年后，风调雨顺年景，除了有粮食收成，每年能采茶10多担，省吃俭用后留充经费扩大再生产。

经过70多年的艰苦创业，到新中国成立时，茶山村才有8座土楼，人丁也只有40多口。直到20世纪90年代，茶山村经过六代人125年的辛勤劳动和繁衍生息，房屋由原先的一座茅楼发展至46座楼房，人口也由当时的3口人发展到202人。

自1952年全国开展爱国卫生运动以来，茶山村出现一派崭新的卫生景象，改变了百年来一直沿袭的天井积肥的不良作法，并迁移改建厕所畜舍。家家户户刷洗得干干净净，住房窗明几净，甚至连厕所的蹲板也洗刷得干干净净，大有一尘不染之态。蚊蝇鼠虱销声匿迹。同时，人人还养成勤换衣服、勤洗澡、勤刷牙和维护公共卫生的良好习惯，精神面貌大大改观。通过经常性卫生工作的开展，各种传染病发病率显著减少，村民个个容光焕发，干劲充沛，农业生产蒸蒸日上，成为山区开展卫生运动的一面旗帜。1964年12月茶山村荣获省级“卫生村”称号，还被省卫生检查团冠以福建省“太阳村”的美名。人们到茶山村参观，只见：村头几树芙蓉，繁花迎风招展。村里条条巷路寸草不生，也无禽畜放养，门前屋角各自栽种茶果，墙头窗口摆上数盆花草。立村前小憩，回首霍童，楼堂林立，一马平川，阡陌作物如茵，公路似带，车辆奔驰，溪河如练，风帆上下竞渡。大小童峰间的远山近树，云雾迷濛。仰望长空，看白云飞渡，数雄鹰翱翔，使人宛在画图中，乐而忘还。

茶山村，也曾有过曲折的经历。1958年的一场“左”的风浪，有人“瞎指挥”，硬把满山遍地的茶树连根带叶全部移植到集体茶场去“落户”，结果导致整个茶山满目疮痍，出现了村名茶山不见茶的怪现象。而且这时全村的劳力被集中到文湖大队去搞“大炼钢铁”运动，吃“大食堂”，一直到1961年闹饥荒，人员才撤回到茶山生产队。到了“文革”期间，又搞“农业学大寨”运动，平整土地，造田种糖蔗、种地瓜，茶叶生产没有得到重视，也就没有得到更好的发展。

中共十一届三中全会后，党的富民政策给茶山带来生机，人们在荒芜的茶山上重新垦荒种茶。80年代实行家庭承包经营制后，激发了群众的生产积极性，茶山村的茶叶生产又恢复了勃勃生机。人们在霍童溪坂开垦新茶园，引进高产的“福云六号”新品种，实行新式栽培法，茶叶产量大大提高。而原茶山的老茶树因品种差，也逐渐被淘汰了，茶山人在原址上种上松树，现在已成一片茂密的松林。

到了90年代，由于“造福工程”，茶山村整村从茶山山腰搬迁到山脚，盖起新村居住。转眼才过10多年，在霍童溪畔北岸新开垦的近百亩茶园里，每户就可年产茶青七八担，每担平均售价200元，每户每年便能收入1 500元左右。村里除口粮自给，加上茉莉、香菇、蘑菇、糖蔗、花生、豆、果等经济作物和家庭手工业及野生药物的采集，人们的生活水平大大提高。现在，家家住新房，时新的电视机、电冰箱、洗衣机及电话、手机等现代化电器和通信设备，也纷纷进入山村平常百姓家。村里修通了与外界相连的水泥路，户户饮用山泉自来水，入夜则全村电灯齐放光彩，村民们生活在现代化的美好环境里。

茶山村环境的美化，既陶冶了人们的心灵，又促进了人们的行为美、心灵美和语言美。全村男女老幼互爱互助，尊老爱幼，形成了“村无游手好闲浪浪子，户有秉灯夜读朗朗声”的良好社会风气，曾连续荣获全省爱国卫生运动先进单位、宁德县精神文明先进集体、宁德地区“文明村”的称号。

宁德茶商
冯毓英

蔡健

冯毓英，又名冯杰，祖籍福建宁德洋中镇莒溪乡，1892年出生于宁德城关，年幼时跟随父亲采卖中草药为生，因此长期游走在山区、乡村与县城之间。在洋中天山一带采集中草药过程中，发现这一带高山上云围雾绕，高低沉浮，远近山峦在云海中出没无常，有如人间仙境。由于茶能入药，又能作为山区村民的日常饮料，人们便在房前屋后及山地大量栽种，冯毓英发现天山一带出产的绿茶品质比其他地方的要好出许多，可称得上是绿茶中的上品，这引起他的好奇和关注。

当时，由于山高路远、交通不便及市场信息闭塞，山区茶农卖茶叶十分困难，冯毓英看到这一情况，就萌生从事茶叶贸易的想法，得到他父亲的支持后，于是开始经营茶叶生意。起先，他组织一些人到洋中天山一带乡村收购村民粗加工的成品茶运往城关转卖，从中赚取差价，有了一定的收入。但冯毓英并不满足，他是深谙营销之道的一个商人，懂得如何扩大经营之法，一方面将山区收购的茶叶进行分类挑拣，按品质分类出售，提高了利润；一方面寻找合作伙伴，建立稳定的购销渠道。经过几年的努力，年纪轻轻的冯毓英就拥有了巨额的财富，成为富甲一方的人。20世纪30年代初，冯毓英在宁德小东门买了房子，经过扩建后开办了自己的茶行——兴隆茶行，又在大街上开了家布庄。每年都有大量茶叶在兴隆茶行被加工、分拣，打包走山路或水运到福州，在福州下杭街设有办事处，由三弟和其子冯瑞麟长驻办事处，与福州新润茶行老板合作，将茶叶转往各地出售，从福州运回来的就是银元和布料。

20世纪二三十年代，山上有土匪，海上有海盗，在福州北岭经常还会遇到抢劫，从事茶叶贸易也时常会遭遇一定的危险，但由于冯毓英为人豪爽，宽厚待人，所雇用的职员、挑夫等都尽心尽责，想方设法，帮助顺利完成茶叶运输和贸易。经过几年经营，生意越来越好，销量也越来越多。兴隆茶行无论在宁德，还是在福州一带都有较大影响。

天有不测风云，1945年日寇兵败途经宁德时，一把火把这一年刚收购进仓库的1 000多担新茶全烧了，大火过后，房倒屋塌，不剩片瓦，所有的财产都在转眼间化为尘烟，剩下小东门家里的几十担茶叶也被推进房前小河中。这饱含家仇族恨的打击，差点使冯毓英一蹶不振。他一生生活俭朴，为人善良正直，所以在商界老板和朋友们的鼎力资助下，很快就重整旗鼓，东山再起。据民国三十六年（1947年）宁德

冯毓英

县茶叶输出业同业公会会员登记表记载：冯毓英，56岁，经营商号——“冯合兴”，资本额——“五千万元（法币）”，执业年份“15年”，从事业务——“茶叶输出业”，所在地——“环城路39号”。这是当时登记的宁德县茶叶输出业同业公会34家商号中执业时间最早、执业时间最长的一家。

经商多年的冯毓英发现西方发达国家茶叶贸易市场潜力很大，很想将茶叶贸易的生意做到太平洋彼岸去。到了1947年，长子冯近凡以优异成绩考进美国哈佛大学，他当即变卖了大量资产让冯近凡在美国哈佛大学攻读国际贸易博士学位，希望将来冯近凡能继承父业，把茶叶生意做到美国等西方国家去。

此后，社会鼎革，新中国成立后，冯毓英积极投入到商业公私合营和工商业社会主义改造中，由于多年过度劳累，最终于1954年走完了平凡的经商人生。

1950年冬，当冯近凡于哈佛大学将要毕业时，正值朝鲜战争爆发，中美两国关系恶化乃至决裂，美国政府宣布禁止所有在美学习的中国留学生回大陆，冯近凡于是留居美国。这时，他已先后获得哈佛大学国际贸易系和城市管理系两个博士及纽约市立大学商学院贸易系硕士学位。1951—1956年，冯近凡先后在美国移民局任职，纽约市立大学商学院当教授，又到著名的摩根银行任高级职员，后来又下海经商，成为海外华侨中的著名企业家。他身居异国，心怀故里，报效祖国的拳拳之心，始终不渝。从20世纪70年代起，致力于促进中美人民的友好合作和发展中美贸易关系的社会活动。1972年冯近凡先生应中国政府邀请，率领以冯先生为团长的50多名美国商界华侨代表团（这是中美关系正常化后第一个华侨代表团）回国参加国庆典礼，在北京人民大会堂得到周恩来总理接见，并长时间地亲切交谈。由于1950年以后中国茶叶未能进入美国市场，1976年北京外贸部负责人请冯近凡先生帮忙，希望中国茶叶能进入美国市场。冯先生回美国后做了大量工作，邀请美国农业部部长到中国参观茶叶生产情况后，美国农业部专家建议中国茶叶要改进生产方式，按美方的要求进行生产和加工，从此以后，以“天山绿茶”“西湖龙井”“坦洋工夫茶”“武夷岩茶”“福鼎白茶”“安溪铁观音”等为代表的中国茶叶开始源源不断进入美国等西方国家市场。这也实现了冯毓英老人的遗愿。

八都平湖茶场航拍图

第四章 茶档寻真

Ningchuan Tea Context

康熙年间福建官府保护支提山茶的榜文抄白

会商整顿关务疏

清末民初三都海关茶叶贸易记录节选

1933年《京粤线福建段沿海内地工商业物产交通要述》节选

1935年《福建建设报告——调查福建北路茶叶报告》节选

1936年《福建建设报告——福建茶叶之研究》节选

民国时期宁德县部分乡村茶园栽培及毛茶制造费用调查表

宁德茶叶概况

宁德县茶业输出业同业公会会员申请登记表（1947年）

宁德县（蕉城区）茶树优异种质资源调查

宁德县茶叶大事简记

康熙年间福建官府保护支提山茶的榜文抄白

陈玉海　提供

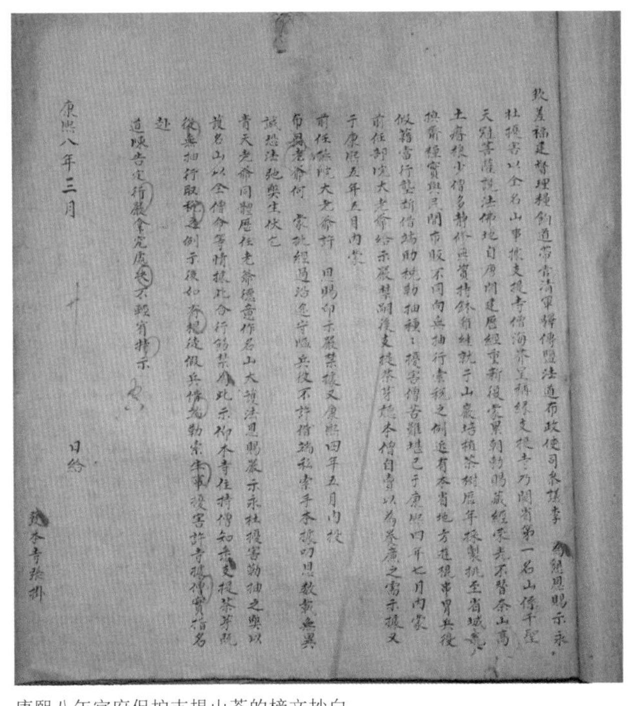

康熙八年官府保护支提山茶的榜文抄白

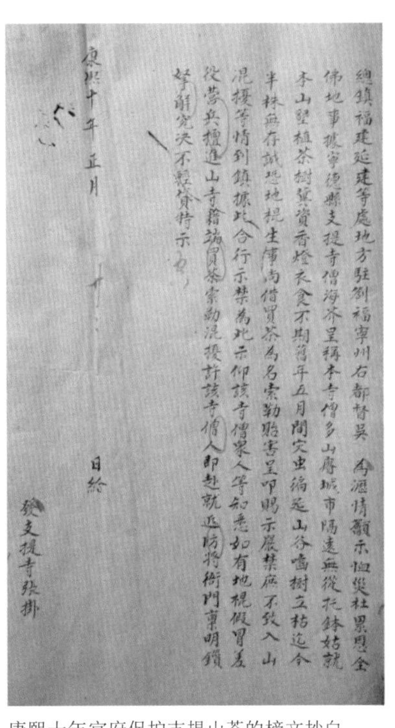

總鎮福建延建等處地方駐劄福寧州右都督吳　為懇情額示恤災杜累恩全佛地事據寧德縣支提寺僧海芥呈稱本寺僧多山磨城市隔遠無從托鉢姑就本山墾植茶樹冀資香燈衣食不期舊年五月間突出稿延山谷嚙樹立枯迄今半株無存誠恐地棍生事尚借買茶為名索勒貽害呈叩賜示嚴禁庶不致入山混擾等情到鎮據此合行示禁為此示仰該寺僧眾人等知悉如有地棍假冒差役營兵擅進山寺藉端買茶索勒混擾許該寺僧人即赴就近防將衙門稟明鎖拏解究決不輕貸特示

康熙十年正月　日給

發支提寺張掛

康熙十年官府保护支提山茶的榜文抄白

一

钦差福建督理粮饷道带管清军驿传盐法道布政使司参议李

为恳恩赐示，永杜扰害，以全名山事。据支提寺僧海芥呈称，缘支提寺乃闽省第一名山，系千圣天冠菩萨说法佛地，自唐开建历经重新，复蒙累朝敕赐藏经，荣光不替。奈山高土瘠，粮少僧多，静修无资，持钵难继，就于山岩培植茶树，历年采制，挑至省城兑换斋粮，实与民间市贩不同，向无抽行索税之例。近有本省地方游棍，串冒兵役，假藉当行垄断，借端助税勒抽，种种扰害，僧苦难堪。已于康熙四年七月蒙前任部院大老爷给示严禁，嗣后支提茶芽听本僧自卖，以为养廉之需；示据，又于康熙五年五月内蒙前任抚院大老爷许　恩赐，印示严禁；据，又康熙四年五月内投布政老爷何　，蒙批经过沿途守隘兵役不许借端私索手本；据，叨恩数载无异，诚恐法驰弊生，伏乞青天老爷同体历任老爷德意，作名山大护法，恩赐严示，永杜扰害勒抽之弊，以护名山，以全僧命等情。据此合行饬禁。为此示仰本寺住持僧知悉，支提茶芽既从无抽行取税之例，示后如有棍徒假兵借端勒索生事扰害，许寺据僧实指名赴道陈告，定行严拿究处，决不轻宥。特示。

康熙八年三月廿日给
发本寺张挂

二

总镇福建延建等处地方驻劄福宁州右都督吴

为沥情籲示恤灾，杜累恩全佛地事，据宁德县支提寺僧海芥呈称：本寺僧多山瘠，城市隔远，无从托钵，姑就本山垦植茶树，冀资香灯衣食。不期旧年五月间，灾虫遍延山谷，啮树立枯，迄今半株无存。诚恐地棍生事，尚借买茶为名索勒贻害，呈叩赐示严禁，庶不致入山混扰等情，到镇据此合行示禁，为此示仰该寺僧众人等知悉。如有地棍假冒差役营兵擅进山寺，借端买茶索勒混扰，许该寺僧人即赴就近防将衙门，禀明锁拿解究，决不轻贷，特示。

康熙十年正月廿二日给
发支提寺张挂

海芥，支提山华藏万寿寺（支提寺）大迁国师下第五代法孙，当年当山住持。

“前任部院大老爷”，指太子太保、福建总督李率泰。清康熙四年（1665年）六月十六日，福建右路福宁镇标右营游击高满敖奉太子太保、福建省总督李率泰令牌，在支提寺张榜禁谕：“文武各官及棍徒影射营头名色，短价勒买，或贩卖觅利或派取以馈，遗所产之茶不足以供，溪壑络绎，骚害混扰清规，殊可痛恨，除出示严禁外，合行申饬”。

“前任抚院大老爷许”，指清顺治十八年至康熙五年（1661—1666年）任福建巡抚的许世昌。许世昌，字中轩。在任内请免顺治十年以前，福建的“牛角”等税加价银10余万两、免荒田粮60余万石，赈贫施药，有政声。入祀名宦祠。

“布政老爷何”，指时任福建布政使司左布政使的何中魁。

会商
整顿关务疏

陈仕玲　提供

会商整顿关务疏

光绪九年　福州将军穆图善

窃臣穆图善，迭准户部奏咨，行令遵奉谕旨，整顿关税，设法稽征。务于足额之外，力求溢解等因。深愧庸愚，勉图报称，与臣何璟、臣张兆栋遇事会商，和衷共济。窃维征税之法，在于择地以设官，相时以税卡，扼歧路以杜奸商之走漏，循成宪以稽蠹吏之侵渔。前因宁德县辖开垦筑提（堤），经臣等奏，将税关移置东冲，改白石为验卡。建议之初，人情难与，谋始外论，不免异同，坚持定见行之，数月商舶往来，一按税则，毫无例外，取赢咸称利便。盖皆宣扬朝廷恩德，遵守户部定章。因之纳输日有起色，此移关之验也。查原设关税口岸十九处，宁德、白石为北路之二。宁德关移设东冲，仅于白石填给照单，于税课犹多疏漏，至以茶叶为大宗，宁属白石一口，向有征收茶叶渡税，长征福安所出之茶，始因该处采办，内多茶胚、茶梗，体恤商艰，每担折收制钱六十文。彼时出产有限，类皆附入货税造报。迨光绪初年，所征渐旺，始行汇合折报，按则科征，每担征银一钱，列册报部有案。自白石改为验卡，福安茶叶不由东冲经过，致有漏税，且查北路产茶逐年增旺，非独福安一县，统计福宁所属五县，处处皆有茶商运茶，按其地势，尽属海滨港纷歧，易滋绕越，与西路延、建等处绝无海口者不同，非择要移卡，不足以杜偷漏。臣穆图善昼夜焦思，与臣璟、臣兆栋往返筹商，务求国课得有裨益。饬据东冲口委员佐领金生，会同宁德县知县朱宝书，察看海勘得离福宁府二百二十里之飞鸾地方，为北路茶商进省必由之路。将从前白石征过茶叶渡税，就该处设立总稽征，实足扼五县要冲，查照常税，则例从其轻者，不论粗细，每担征银一钱，其余杂货亦照税则减成折收。经臣等联衔示谕，分饬各该地方官，转饬遵办，并饬福防同知王冕南，传谕各茶商，毋许推延观望。臣等覆查卡由移置，既非创设，税亦循旧，并非重征，属扼要之区，易剔漏私之弊，当兹持筹支绌，固不敢专求科敛，罔恤民艰，亦未便任听奸人私营利薮，相应请旨部核议，示覆以便遵行。

清末民初三都海关茶叶贸易记录节选

缪品枚 搜集整理

三都澳港位于三都岛的西南端，港大水深，既安全避风又适于航轮停泊下锚。闽东各县茶叶荟萃于此，成为天然中心，年产合计达3万箱。水路交通可达三大城市，为人烟稠密的内地资本的投资提供有利条件。

1899年5月8日正式开关至年底的8月中，港口贸易实际上只有几笔帆船贸易的统计记录，虽然贸易量不大，但很有可能发展成为轮船贸易，因为福州活跃的茶叶贸易，将会因有最廉价的茶叶而将贸易重心移向三都澳。

1900年，从商业观点来说是平静的一年。三都澳港口开放后，茶叶开始因运抵福州市场的时间快捷而增值，但在茶商未信服之前，大部分头春茶仍由陆路运输，只有30 000担由两艘定期航轮运往福州。三都周围农村年内运出的茶叶价值估计超过200万海关两，包括茶叶在内的出口货，总值超过500万海关两。海关统计表尚未反映出三都澳口岸的潜力。茶商称今年生意不好，许多商人亏本，他们说市面需求质差价廉的茶叶——这说明他们无意改进茶叶质量。牺牲质量追求数量，将使贸易遭到严重损害。

1901年，由于茶商充分利用从三都澳船运茶叶到福州相对于陆运所带来的快捷，福海关的贸易净值为124.70万海关两，比上年的贸易总值增加59.08万海关两。除了茶叶，绝大多数贸易物品都由当地民船运输，民船贸易主要是与北方进行的。大阪商船株式会社考虑于1902年在上海和福州之间开设一条轮船航线，中间在宁波和三都澳停靠，如果他们按照合理的价格运货，将会是一项获利的投资。出于对夏季台风、常关修订税则和比较可靠安全等方面考虑，都会使轮船运输生意兴隆。常关移归洋关管理之后，洋关已能够准确地估算出本地贸易的全部价值。包括通过三都澳的货物价值和陆运茶叶的价值在内，贸易总值在600万海关两以上。尽管普遍传闻这一年度茶农无利可获，茶商却相反，承认自己比1900年赚得多。1900年对于茶商是个灾年，他们预垫出去扶植茶农生产的资金较少，加上采茶季节时福安地区阴雨绵绵，结果在本地市场上上市的板洋茶质量不高，普通工夫茶的价格比1900年低25%左右。供北方销售的绿茶茶质好，与出口国外的花茶一样，获得了丰厚的利润。据闻绿茶产地宁德等地的情况更好。但是这些地方的茶一般都陆运到福州，因此不受福海关监管。从北部和西部地区通过这个海湾运到福州的茶叶仅有8万担左右，而1900 年则有11万担。茶末和碎茶有相当数量的减少。

1902年，是三都澳开埠的第四年，贸易总值有相当增长，总值为152.10万海关两，比1901年增加27.40万海关两，但与往年一样，只有一项增长，即出口茶叶，仅此一项即有148.80万海关两，占总额的98%。其他出口仅有6 000海关两，三都口岸初开时，几乎没有任何贸易。截至1902年，三都还没有任何值得一提的商人和商店。虽然每年有数千担茶叶通过口岸，但只不过是茶区偶然地通过这里将茶叶运到福州而已，连一磅茶叶的交易都没有。

1903年，在洋关监管下的贸易额和税收额两方面均相当可观，但物品极为有限，实际上只有茶叶这种货物。1903年进出口货物净总值达到195.91万海关两，仅出口茶叶一项就有191.93万海关两，其余仅占进出口额的2%，即4万海关两而已。其他出口货合并起来也只达到微不足道的4 000海关两，普通贸易则依然由民船装运，并不经过三都，而是直接运往邻近市镇。从福宁来的茶叶改由轮船转运福州。在茶季，一船额外雇用的轮船在这里停了几星期，但仅此而已，因为所有茶叶并不在此买卖，大部分茶叶甚至不卸在这里，而是从乡间上行小船直接靠上轮船起卸。

1905年，开春不吉。初春阴雨连绵，致使小麦遭毁、茶季推迟。三四月间，本地居民普遍不安，谣传波罗的海舰队将驻扎三都澳湾。原先一直往返于福州和本口的大阪轮船株式会社的两艘小轮船突然撤走，更加深了人们的恐惧。日俄战争导致平常出入三都口岸的山东帆船停航。三都海关年度贸易总值为222.01海关两，而上年为199.53万海关两。出口总额（主要是茶叶的出口）达218.24万海关两。

同年的茶叶贸易情况尚好，茶农似乎总是心满意足，但福州的一些经纪人还是抱怨买卖无利可图。从当地运出的大部分绿茶只是为防霉变而稍加烘烤，但未经挑选分等，运到福州后，再按等级进行分类，掺入新收的茉莉花加香，然后装箱复出出口到对这种茶的需求量不断增大的华北。但目前的情况是，附近地区的所有茶叶先运到福州，这样，就得加上转运费和经纪人所得的利润，茶叶价就升高了。本年度经常关进出口的贸易额为241.58万海关两。除此之外，价值225.23万海关两的土货，经过本关在湾内所设的分所出口。常关税收额为81 807关平两。比上一年增加10 680海关两。

1906年，无论从商业还是别的角度看，三都澳地区都是相对平静的一年。春季，沙埕向内河轮船开放，分占了三都澳一部分贸易往来，抑制了三都口岸贸易的稳步扩展。今年有1.50万担原本由三都澳运出的北岭茶直接从沙埕运往福州，因此，闽海关就在本关税收减少的情况下增加了税收。

同年茶叶收成很好，绿茶装运量大有增长，几乎可以弥补口岸未能出口北岭茶所造成的损失。所有茶叶都运到福州，然后出口国外，绿茶则出口到华北地区。茶季，尽管船运竞争激烈，但运费昂贵，一种运费回扣风气盛行，使船运公司能与充当茶农和福州茶商经纪人的掮客分享利益。根据当时流行的付款制度，茶农可先得到一笔预付款，接着便要等到他的货到福州找到了买主后，才能得到贷款的剩余部分。

1907年，贸易复苏。但实际贸易幅度比去年还稍有降低，税收总额却为142 815海关两，为自1899年设关以来的最高纪录。生产者及中人在1907年茶季获利颇丰。三都澳邻近产“平阳”茶，这种茶与锡兰香味茶有些相似，中级平阳茶畅销一直到茶季结束。

1908年，其他各口出现的贸易萧条尚未影响三都澳。全年税收额增加8 000海关两，主要应归功于茶叶贸易。茶叶价格一直在每斤铜钱120 文以上。而1907年，只有这价格的一半，几乎还不够采茶费。对本地商人来说，今年是个好年景，据说盈利丰厚。各种好转自然促进了贸易，使贸易额增加了38 000海关两。公众事务委员会设法努力试种茉莉花茶来改善口岸的福利。周围地区运来的绿茶都运往福州，按品级分类后，掺进新鲜茉莉花加香，然后复出口到华北。

1909年，贸易净值比上年下降44 000海关两，原因是出口不足所致，前一茶季由于盲目购买，囤货过多，1908年的纪录被超过，因为进口货总值增加80 000海关两。因此，尽管贸易总额下降，总的来说，贸易仍显示出令人满意的稳步进展。运输公司在茶季开始时充满活力，不少于三艘新轮船航行于福州与三都之间。激烈的竞争严重影响了利润，轮船不止一次亏本开航。年初，地方公共事务委员会开始栽种茉莉花，从福州聘来一位园艺专家，在他的监督下栽种了5 000棵幼苗。这项事业正处在试验阶段，如果土壤及气候适宜，农民能被说服大量栽种，即可获得成功。

1910年，年初出现短暂的干旱，使食品价格上涨一时，并拖延了红薯的播种。除此之外，全年的气候无可抱怨。茶叶贸易十分兴旺。绿茶需求量的空前增加使价格比往年上涨20%。由于茶叶是税收的主要来源，因此茶叶贸易促使本年度税收上升，比去年增加17 000海关两。海关监管的贸易总值2 922 337海关两，比1909年多307 020海关两。从事货运的轮船数量比往年有所减少，主要原因是怡和轮船公司的船只比以往更少来本水域从事运输活动。1910年，一些农户表示愿意种植茉莉花，他们的带头无疑会鼓励其他人从事种植，公共事业委员会愿为他们免费提供树苗，受助者种植成功后只需支付树苗的成本费。

1911年，口岸贸易一帆风顺，如果辛亥革命在初夏爆发，贸易情况就可能不同。夏初正是茶季，是给三都澳带来生机和活力的时候。但革命在本口处于冬眠状态时爆发，因此，政治变化并未影响通过海关的贸易。但受常关监管的与北方口岸之间行驶的民船贸易却颇受其害。除三沙外，各地都有发生骚乱，但从贸易统计看，这些骚乱影响不大。1910年的繁荣延续到今春，生意兴隆。今年气候都很好，茶叶获利甚大。

1912年，人们寄希望于贸易的显著发展，基于与北方口岸的轮船航运，要实现这个目标仍遥遥无期。经营沿岸贸易的较大轮船不定期地来往，并不能满足这种要求，我们所需要的有类似百吨的洋式轮船在口岸和中国沿海各口岸之间的定期来往。

1915年，既因欧洲战事影响市场，又加中国政体受迂靡定，以致商务景象殊鲜活泼，然进出口货物价值与税课，较之历年以来均有起色者，大抵全在于本埠所称为巨宗出口各茶之增盈，有以致之也。计各茶所增加者，共29 800担，海关进出口货物净估值关平银402 831两，较去年计增1 463 150两，合之常关往来货物估值2 998 859两，总共关平银7 026 890两，分而计之，进口货值共2 608 550两；出口货值共4 418 340两。

1916年，贸易无起色，又兼春间国体改革，并国家之两银行停止兑现等事，以致贸易衰落之象，愈益昭著。至茶业一项，因欧洲战争延长，亦大受池鱼之殃也。计进出口货物价值与税课之减色者，大抵系因本埠所称为大宗出口各茶之短绌所致，计各茶较去年共短28 015担，以故凡抱有本年茶市，仍能继续去年佳景之乐观者，均皆失望。推原茶贩本年所售之价不及去年者，匪特因茶质较劣，而盘运各费昂贵，汇兑价格不佳，亦均足致茶市疲滞不振也。海关进出口货物，净估值关平银2 927 460两，较去年计短1 100 571两，合之常关往来货物估值3 537 634两，总共关平646 594两，分而计之，进口货值共2 743 063两，出口货值，共3 722 031。其由常关往来货物之价值，虽生意较少，然比之去年，却为增盈，其故盖因改订货物价值所致耳。

1917年，由海关报运进出口货物净估值关平银250 562两，较上年计短425 000两之谱。本埠之兴旺，多赖于茶，故英政府所宣布禁运华茶入口一事，乃系本埠之不幸。然本埠为产茶之区，所受之害，较福州尚轻。盖三都一带所产之茶，均系运由福州发售，故其害对于福州为较重。本关册内所载红茶减销者，即难免非因此禁运所致，但销售本国绿茶所增之数，较红茶所减之数，不相上下，差堪弥补。初春，首二两次所采之茶，因雨不适宜，稍受损害，统计所出之茶，其品质及数额，尚称中等。当茶季之初，植茶之区，所定价格，颇为昂贵，至季杪时，因福州市面疲钝，价格因之稍落。用本年茶市景象，就植茶者一再言之，则可称为适意之年，详观本年种种状况，当可为纸等一额手耳。若夫贩茶者，则反是矣。盖该贩等存茶尚多，苦难售脱，倘届来春，仍此积存，则新茶即难免有滞销之虑矣。

1918年，进出口货物估值净数之衰落原因，半由于本埠茶市停顿（根于英国禁运华茶入口之所致），加以盗贼流行，水陆梗阻，普通商务，实受其害。茶市停顿情形，已如上述，故植者贩者，莫不失望，虽所产红茶，其质极佳，然销路有限，即如上年之坦洋茶，福州茶贩仍存积甚多，未能售脱，若以寻常市况论之，则此种货色，早经伦敦市场吸收矣。虽然尚有一种特色颇堪注意者，即本处所产之茶，中国北方一带颇形畅销，此亦本埠商务一要点也。

1919年，进出口货物经过海关者，计估值净数关平银2 318 874两，较之上年，进口增关平银4 251两；出口增关平银574 651两。茶季开市甚早，因清明前雨水充足，茶芽易于滋生。4月中旬，绿茶即纷纷装运出口。所产既丰，其质复美，销路亦形畅旺，故该季茶业，颇称得利，惟绿茶于中国北方一带，尤形畅销，是以出口之数，多于红茶也。至于出洋华茶，备受种种困难：一因俄国及西伯利亚一带，华茶贸易，概行停止；一因英政府优待印度茶，减轻进口税，故华茶几无立足余地。现华茶出洋，既于本年10月10日起免税二年，将来此项茶业，或可冀其维持固有地位也。

1923年春，欧美各国所存红茶无多，故华茶之销路甚形畅旺，且自民国八年特许红茶免税以来，茶业逐见起色，同年出口之数较上年多至两倍有奇。计全年普通贸易总额曾由180万增至280万。

1924年，全年进出口货物，估值净数关平银3 139 081两，较之民国十二年增加322 927两，其中仍如往年，以茶叶最占多数，计值关平银 2 378 799两，占全额75%。除茶叶外其他货物，由本属宁德、霞浦、福安、福鼎、寿宁运出者，均由民船装运。首轮船公司不谋补救，以予商人便利，此项贸易将终为民船所独据。盖本属民船贸易，能直达北方，若由轮运，必须辗转换轮，甚至往来温州宁波之货物，非由福州上海转口不能直达，无怪商人乐用民船，而利其直接也。其余出口货物仅值关平银176 411两，进口洋土杂货共值关平银58 3871两。再查三都全岛，居民不过数百户，生活甚简，仅以土产番薯为粮食。沿海村落，零星房屋，约计20余处，当辟作商埠之时，绝无商务可纪，至今仍无一大贾商，亦无一殷实商店，每年虽有10余万担茶叶出口，均系各属运来，转轮赴省，应无在此交易者；即寻常日用之需，亦须向福州或邻近城镇购买。由此间至最近城镇，水程有十英里。总之，三都孤悬海上，自无贸易，即用为陆地过境货物囤运之区，亦因其地位孤悬，而受甚大障碍。缘轮运上下，须用驳船，囤仓有费搬运烦难，其中损失耗费，颇为不算。固不若民船直接灵便而省费也。但茶则利在速运，困茶市荟萃福州，为金融总汇之所，必俟运到彼处，方能贸易，故出口时愈速愈妙，纵耗费稍大，亦所不计，是以除茶叶外，他种货物由本埠转运出口者，均无踊跃之可能，然则茶叶不仅为本埠出口货物之大宗，亦实为本埠出口贸易中之独一货物也。

1925年，年景如常，而他处之工潮政变，亦曾使本埠商务受有多少影响，惟以本埠商务多为就地之性质，且甚有限，不过暂受打击，逾时即复原状。至本埠贸易值本年净数关平银300万两，较之（民国）十年约短关平银15万两。

1926年，贸易景象，亦称满意。全年进出口货物净值已达关平银 390万两。较之去年几增90万两，询推近十年中最高之数。倘年终本省不发生政争，兵戈载道，征用船只，致商业上之设施，顿呈紊乱状况，则增加之数，当必更有可观，计茶为本埠出口贸易大宗，估值已达关平银300万两，堪称美满。

1927年，全国各地，政工风潮，迭相发生，三都一隅，尚无此现象，然影响所及，无免时呈不安之状，商务之受其打击者，亦复不少。闽东虽无军事行动，而望春季商业畅旺之时，常川往来轮船，动被封差，加以施行新捐，商业遂大受影响。往来待运之货物，因乏船只，往往有改用民船者。出口则专运茶饼，此项航业，足为本埠贸易史上开一新纪元，将来定能逐渐发达也。同年贸易价值，减少关平银579 807两，而茶叶一项，约占五分之四。

1928年，贸易状况，尚属平稳，加之新税则即将施行，此项货物进口，愈形踊跃，遂至市面充斥，间有另租新货栈，以资存储者。本年洋货贸易估值，允推近三十年中最高之数，税课因之增加不少。全年贸易计属海关者，净值达关平银 3 576 637两，较之去年约增300 000万两。本年出口红茶减少，以欧美需求不殷，价格高昂，与有人垄断居奇所致。茶叶一项，居福州贸易重要部分，占本埠出口货物之大宗。自来本埠贸易遇有不佳，莫不归咎于茶叶，故对于茶叶，常求设法改良。昔有人提议，本埠一带必须自行种植茉莉花，自熏茶叶，直接运往北方，或外洋等处，如是则茶叶前途之发达，自可拭目以待。按茉莉是一项，跟今数年前，已有农人试行种植，惜未能继续进行。细考本年贸易，所受匪患、金融、飓风、捐税及末设银行与交通不便等情影响。而进口华洋同类货品之竞争，恒视价值之高低，以定其胜负焉。就本埠大宗出产而论，茶叶显属衰落，粗碗、海纸颇有起色，客货往来，略有增加。总之本年较去年颇见进步，惟与历年相较仍属退步耳。

表1　清光绪年间三都澳海关输出茶叶统计表

单位：担，%

年份	三都澳输出茶叶			
	合计	红茶	绿茶	其他
1899	89 733	缺	缺	
1900	102 596	缺	缺	
1901	99 958	缺	缺	
1902	88 345	49 800	11 000	
1903	104 919	49 000	37 300	
1904	103 162	56 159	47 003	
1905	111 187	48 325	59 205	
1906	109 928	38 525	70 000	
1907	105 250	41 250	64 000	
1908	119 239	61 372	50 000	
1909	109 414	40 123	66 906	
1910	123 934	43 018	75 159	
1911	120 197	46 692	68 274	
1912	107 241	50 637	52 636	
1913	111 948	缺	缺	
1914	112 739	38 200	70 966	

表2 民国年间三都澳海关输出茶叶统计表

单位：担，海关两，%

年 份	三都澳出口茶叶					福建省（三个海关）出口茶叶	
	数量				价值	数量	价值
	小计	红茶	绿茶	其他			
1912	107 238	50 637	52 636		1 804 481	229 160	5 037 154
1913	110 936				2 211 258	265 616	7 355 715
1914	112 739	38 200	70 966		2 049 036	245 838	5 471 425
1915	142 586	72 355	66 789		3 278 963	275 798	7 117 347
1916	114 571	53 868	58 197		2 213 033	294 781	7 012 919
1917	103 884		65 238		1 977 956	211 847	4 637 606
1918	89 840	26 851	62 915		1 386 938	189 477	3 863 498
1919	111 592	37 916	68 011		1 811 079	211 787	4 302 292
1920	95 011				1 756 540	184 142	3 859 838
1921	88 533				1 517 377	201 130	4 458 699
1922	104 619				1 380 944	224 409	4 613 190
1923	140 821	48 507			2 149 197	265 822	5 389 208
1924	137 735	47 831			2 379 216	245 915	6 399 008
1925	118 965				2 157 817	231 959	6 140 428
1926	119 857				3 043 837	237 008	6 951 972
1927	122 322				2 640 800	227 228	6 490 844
1928	116 692				2 514 254	346 879	11 512 415
1929	112 919				2 529 731	353 462	12 891 122
1930	102 485				2 213 294	300 286	11 388 257
1931	111 099				3 799 015	226 005	13 679 628
1932							
1933							
1934							
1935							
1936	115 490						
1949	41 467						

资料来源：据《福建建设报告·福建茶产之研究》整理。

表3 1934—1941年闽东茶叶产量统计表

单位：担

年份	福安	福鼎	宁德	霞浦	寿宁	周墩	柘荣	古田	屏南	福建省合计
1934	32 500	32 010	28 200	9 600	22 300	6 300	2 300	8 250	2 840	218 930
1935	31 000	29 985	27 000	8 000	17 500	5 100	1 960	6 600	3 300	193 915
1936	40 000	38 726	32 000	10 900	20 890	6 000	2 200	9 620	3 500	344 930
1937	34 000	32 795	30 000	8 370	16 600	4 300	2 000	8 000	3 600	212 950
1938	30 000	35 580	25 200	10 300	19 150	5 400	2 150	8 600	5 700	225 770
1939	33 000	36 700	25 000	8 800	18 300	5 360	1 800	4 920	5 000	209 950
1940	31 000	32 750	22 000	8 200	13 100	3 210	1 500	3 850	4 000	178 184
1941	28 500	29 000	3 700	2 300	12 700	7 700	1 710	3 800	1 500	166 420

注：1934—1941年，闽东时作“闽北”。

1933年《京粤线福建段沿海内地工商业物产交通要述》节选

郑康麟　摘录整理

一、农产种类与生产情形

宁德出产以茶为最大宗，每年全县进款达一百万元，多产于西部一带。种类分红茶、绿茶两种，红茶较多。全县业茶者有六十余家，栽种者有数万家。去年红绿茶均不甚起色，收入已减百分之三十。至于茶之栽法系每七年斩一次，第三次全部铲除，再种新种，遇有茶叶不振之时铲除殆尽者亦有之。

二、产茶之区与销区

闽省夙称产茶之区，产地以西北二路为著名，南路次之。……北路系指福州以北（由北岭达于福宁府属各地），……绿茶则北路为多……实在闽茶大宗为红，绿两种，岩茶白茶次之，红茶、白茶多运销于国外，以英、荷、德、俄四国为最多。绿茶多运于天津、牛庄、青岛及俄国各地……

三、培植

凡寻常山岭略加耕耘，均足植茶；惟栽种绿茶及白毫，以富有粘土，地质膏腴者为宜……大概秋冬开垦，春时多雨即可播种。嗣后每届春秋锄草一次，及至茶丛畅旺，则锄草时并须加以修剪，凡有枯枝残叶，均剔去之。至冬更锄碎土块，与茶根以舒展之机，倘或土质太瘠应用桐子渣为肥料，酌量补益之，植后第三四年即可采摘。亦有可用压栽之法：于每年首春未采之先，即将茶本旋绕，压入土中，践踏实在，留茶叶于上面，至冬间即发新根，每一老叶生一新枝，用利刀割下，便可移植，所留下之老根亦能重发新枝，次年亦可采摘，此法最适于栽种大白茶。

四、采摘

茶叶每年可采四次：第一次自清明起至谷雨节后二三日止，谓之首春，制出茶叶成品最佳；第二次在夏节前后，谓之二春，成品最下，茶户多自行留用；第三次大暑节前后，谓之三春，其时茶叶元气已复，成品亦尚可观；第四次在白鹿节前后，谓之秋露，成品可与头春媲美，或且过之，次每年采茶之次序也。但首春之茶其可继续采摘者，为期甚短，稍一延搁立即粗老，故除武夷茶必须晴天采摘外，其余不分日夜晴雨，必须赶紧采摘，而茶叶之等第亦于以区分。大抵早晨采者水分太过，谓之早春，其位居次；上午采者叶上薄露未干，润而不湿泡浆浓厚，色味兼优，谓之午青，其位居上；傍晚采者饱受烈日，不免枯燥，谓之夜青，其位居下；雨天采者水势淋漓，位居最下，谓之雨青，此每日采茶秩序也。摘采茶叶，多用女工，由管山人监督之，每一摘只以三四叶为度，若太多则制茶时苦水难消，香味反减，计一株每年可采茶叶二斤。

五、制法

绿茶则先由山场制成“毛茶”（即粗制），后运往福州茶栈，再行分拣烘焙，或熏花等等制法方可包封装运出口。兹分述之：红茶制法系将茶青放在簸箕上，盖以厚物（如棉被之类），不使透风，俟其色变红，即去盖移放筛上，晒之使干，雨天可用火焙，是为红茶之制法。……绿茶制法分二步：第一步在山粗制者，法将茶青略晒至于柔软入锅炒之，取去水分，后放箕上以手搓成团条，再用火焙干是也；第二步茶庄收买该茶后，尚须加以制造，一为分拣，雇妇女小孩为之，凡茶枝茶片均行弃掷，茶片系误摘之第五六叶及第四叶附于梗上者，别为一堆，谓之“茶头”，意即最初之茶也。若专集第一叶（即最嫩之叶）十一起谓之头堆，第二三叶谓之二三堆，依茶庄之意思而定拣选之精否也。一为烘焙，茶庄均有专室，地面设灰炉，排列成行，茶叶置于熏笼上，由焙工往返巡视，适可而止，然非有经验者不能胜任也。一为薰花，绿茶特异之点，即在薰花，法将已拣已焙之茶，视其品格之高下，以定薰花之量数。例如：上等则薰花须至三次，其次者则只一次。至每担（百斤）之叶应配以几斤之花，亦均有一定，薰花之时，先将焙过之茶叶堆于地上，践平后随施以花，至均匀为度，再覆以茶叶，如是一重为茶，一重为花，以各至三重为止，然后调抄之，使其匀和，急降花叶统贮大箱内盖之，使不露气，至翌早取出，随放筛上，剔去残花，纯剩茶叶，此时花香已吸入茶叶之内，如是吃花三次，然后再将最好之花已晒干者，放于茶叶内，即可封装矣。绿茶所吸之花，最上者为苜莉花，次为珠兰，此为福州附近特产，每年产出不下百万元。

六、销路

福建茶叶贸易颇为发达，大半可分为采办及运销二种。采办者系一方由产户购来，售于运销者是也。运销者系一方由采办者购来转售于出口者是也。属于前者有二帮，属于后者有三帮，其一为茅茶帮，专为采办绿茶，多在宁德、罗源、福安、及福鼎白琳各地，每年营业约有九万担，每担平均价值四十元，计之当达三百万元。至该帮各家营业多者数十万元，少者亦十万余至数万元。至其贸易状况系该号先将现款贷于山客，名曰“在山”，即预定茶叶之谓，采摘后须运投该号也。此种茶叶多属未精制者，故曰茅茶（亦曰毛茶），皆绿茶也。山客于首春采茶后，即贮入布袋，运投该帮各号，尚须按价算过，现款交易，其在山之款仍贷山客以备采办二春三春之茶。如是每次山客运茶到时，须先交一部分款项，但茅茶栈对于茶价之涨落不涉其事，盖山客将茶投于茅茶栈，而托其售出价值均照时价，涨落均归山客自理，不过茶既售出，则毛茶栈须补付现款于山客。总之，山客运茶到茅茶栈无论何时售出，茅茶栈须先贷以款，至已售出之时，无论售往何处，茅茶栈均须按价算还，茅茶栈则每担应得仲金三分二厘半而已。亦有福州茅茶栈直接采办时，则茶价之涨落即于山客无涉，而盈亏均属茶客之事。如此须茅茶具有大资本者方可尝试，否则资本不继，易于失败也。……属于运销者则有天津帮、京东帮和洋行帮……

（一）天津帮 ……均以专售绿茶于天津、牛庄、烟台三大埠为主，故统称曰天津帮。该帮每年营业约三百万元，运售绿茶只五六万担左右（每担平均六十元）。各号营业大者二十余万元，少者二三万元。

（二）京东帮 京东帮有三四十家，计分二派：曰京徽帮，曰直东帮，均系北京及安徽人，专以运售绿茶于平津各埠为主。其营业方法有三：一系直向各茶山自行采办毛茶，运到福州本行内，加以精制；一系近向福州茅茶栈购买茅茶，在本行内加以制造；一系专为吸花之故，特运安徽各地所产绿茶到闽，花吸后再行运出。其自向茶山采办者为数无多，其向福州茅茶栈购买者年约三四万担。大概福州茅茶帮各号每年之销售于天津帮者，有十之六，直东京徽帮者有十之四。

（三）洋行帮 洋行帮亦曰洋茶栈，皆由福州各洋行装运箱茶出口外洋者也。其茶类以红茶为最多，红茶中又分为工夫小种二者。其次为白毫，再次为青茶，开始营业期间多在四五月，至十月以后皆行收歇。各洋行每年装运出口之茶约有五万担左右，贸易额达四百万元。

综上所述，则福州茶叶之情况可以概见：大抵茅茶帮再售绿茶（装袋）于天津帮，及京东帮，而箱茶帮则专售红青白茶（装箱）于洋行帮。此外尚有广东及南洋商家，自向上游办岩茶运售广东安南南洋各地者亦数十万元。

以上所述皆为北路茶叶之状况……

1935年《福建建设报告——调查福建北路茶叶报告》节选

陈永怀　摘录整理

绿毛茶制花香茶成本（在宁德本地制造）

（1）毛茶山价——毛茶重一百三十四斤，制净茶一百斤，（按新衡计算）毛茶每斤平均一角五分，每担约合二十元零一角。

（2）茶庄开支费——以制茶七百箱论（每箱重新衡制一百斤即一担），用职员六人薪金伙食约用八百六十六元，每箱约合一元三角二分。

（3）制茶工资费——以制茶七百箱论，总工头看茶师各一人，薪伙约六百元，焙工二人，筛分工一人，薪伙约四百二十元，又筛工二百四十工，（伙食在内）共七十六元八角，提茶女工约一万工，共洋一千六百元，每箱约合三元八角五分。

（4）装璜费（宁德花香茶用箱装）——外包麻袋，木箱铅桶及绳索牛皮纸装工等，每箱约合洋一元七角三分。

（5）房租器具及木炭费——木炭一百二十担，共洋一百八十元，及房租器具约三百四十元，每箱约合七角。

（6）什支费——一切油火文具什支，每箱约合洋二角一分。

（7）窨茴莉花费——茴莉每斤约四角，每箱窨花平均三十斤，每箱约合洋一十二元（此项茴莉花系宁德平地自行栽种成本颇廉，较为合宜，若以福州茴莉之价格而论，则不止此数）。

（8）转运费——每箱约合洋一元一角七分五厘。

（9）贷金利息——毛茶山价七百担，约一万五千元，一切用耗约五千，故贷金利息以二万元计，每箱约合五元六角五分。

（10）附加捐税——每箱约合洋三角。

（11）海关税——每箱四元。

（12）营业税——每箱二元三角。

以上各种费用，合洋约三十三元二角三分，加以山价成本二十元零一角，每箱共合五十三元三角三分。

兹将总表列下（每箱装一百斤净茶）：

	元·分
毛茶山价	二〇·一〇
茶庄开支费	一·三二
制茶工资费	三·八五
装璜费	一·七三
房租器具及木炭费	〇·七〇
什支费	〇·七〇
窨茴莉花费	一二·〇〇
转运费	一·一七
贷金利息	五·六五
附加捐税	〇·三〇
海关税	四·〇〇
营业税	二·三〇
合计	五三·三三

以上所列之花香茶成本表，系以宁德收集绿毛茶自行制造而言，若由内地茶庄收集转省售与花香茶行制造，则须增加内地茶庄之开销，每箱约需二元五角，及福州芳茶行之佣金什耗每箱约三元二角，二项合计每箱增加五元七角，且福州茴莉花价格，每担平均在一百元左右，则成本更当增重。

宁德栽培茴莉花耗用计算及产量表（茴莉花以一千株为标准）

年份 / 千株工数 / 项别	第一年		第二年		第三年		第四年		附注
莉种	一千株重约一百六十七斤	二十八元四角		无		无		无	每六百株莉种合福州水秤一百斤
运费税傤	每千	六元五角		无		无		无	
开地扒土	四工	一元六角		无		无		无	
栽工	六工	二元三角		无		无		无	

（续）

千株工数 / 年份 / 项别	第一年		第二年		第三年		第四年		附注
地租	七分五厘，即一斗五升	五元二角		五元二角		五元二角		五角二元	园租须看宁德谷价贵贱而增减
肥料	无		每次五斤，二次十斤	一元一角	每次七斤五两，三次二十三斤	二元七角三分	每次十斤，四次四十斤	四元五角	
锄工	每次四工计五次	六元八角	七次三十工	一十元〇二角	七次三十工	一十元〇二角	七次三十工	一十元〇二角	
采花工	无			二元五角		三元五角		五元	
稻秆	四十八斤	一元四角四分	六百	一元八角	七百	二元一角	八百	二元四角	
铅线	二十三斤	三元四角	二十四斤	四元八角	二十四斤	四元八角	二十四斤	四元八角	待三年后视损坏情势再补添
柴档	一百条	一元	二百条	二元	二百条	二元	二百条	二元	
竹仔	三十斤	一角五分	六十斤	三角	六十斤	三角	六十斤	三角	
收盖工	九工	二元八角	一十八工	五元六角	一十八工	五元六角	一十八工	五元六角	
共	五十八元五角九分		三十四元五角		三十六元二角三分		四十元		捕虫打叶工在工
产花	十斤		五十斤		七十斤		一百斤		产额多少视天气而增减

兹将本年（二十四年）开销什耗列后（民国二十一年至二十四年先后续栽苜莉除失株外约计七万株）：

锄草工	九百工	计工价大洋	二百九十二元八角	
灌工	一百五十四工	仝　上	六十元	
豆坵实验肥料用	廿块	计大洋	四十六元	
肥料	二十包每包一百六十八斤	仝	三百四十四元	

（续）

除虫工	三百八十四工	仝	一百〇二元	
采花工	一千〇九十工	仝	三百五十四元	
地租	五十亩	仝	二百一十元	此条视宁德谷价多少而定
付稻秆	七百担	仝	二百一十元	
付打柴档牵洋线收盖秆	五百六十八工	仝	一百九十八元	
付洋线	一千三百斤	仝	二百七十元	
付打叶工	六百九十七工	仝	一百七十三元	
计去工料洋二千二百六十元				

本年计收茴莉花七十担，但产量多少，全关天气，如雨量过多，则产花暴减，天气适宜，曾产花增多。

1936年《福建建设报告——福建茶叶之研究》节选

方文杰 摘录整理

福建之茶叶生产及产地

一、产茶区域之分布

甲，以县份为单位之分布情状

以县份为单位，茶之主要产区，大别分为闽东闽北及闽南三部。详细分别则闽东茶区为福安，宁德，罗源，霞浦，福鼎，寿宁，古田，及屏南等八县；……然就全体比较而言，尤以福安，宁德，寿宁及安溪等县之产量及茶树之分布最多；……

乙，以销路及产茶种类为单位之分布情状

以销路方向为单位，本省茶区可以西东北南四路概括之。闽江上游南平以上各县为西路；以下为东路，由福州北岭达于福宁属之福鼎，宁德，霞浦，福安，寿宁，罗源，古田，及屏南各县为北路；其中各县各路比较观察，红茶则西路佳于北路，绿茶则北路多于西路，……若就生产量而言，当以北路绿茶为最，……故为本省重要之茶区也。

丙，以行政区域为单位之分布情状

以行政区域为单位，则本省第一区北部有罗源，宁德，福安，及福鼎等县，以产茶为大宗。……其中以各行政区比较观察，当推一三两区为最，……

二、各县之产地及产额

宁德县主要产地可分三路：

A. 东路（三・四・五各区属之）——八都，九都，霍童，赤溪，咸村，周墩（八都出口）等均有产茶。

B. 西路（六区属之）——洋中，东山下，石堂，植盘及虎贝（宁德县出口）等均有产茶。

C. 南路（二区属之）——飞鸾，二都，金寺峰，蔡洋及林口（二都出口）等均有产茶。

以上各区虽有产茶，惟其中产额最丰而质优者为第六区之天山，植盘石堂及二区之金寺峰，蔡洋等处。

福建省二十年来经由海关茶叶输出量值统计表

	三都		…	共计	
	担数	关两		担数	关两
民国元年	107 238	1 804 481	…	229 160	5 037 154
民国二年	110 936	2 211 258	…	265 616	7 355 715
民国三年	112 739	2 049 036	…	245 838	5 471 425
民国四年	142 586	3 278 963	…	275 798	7 117 347
民国五年	114 571	2 213 033	…	294 781	7 012 919
民国六年	108 832	1 977 956	…	211 847	4 637 606
民国七年	89 870	1 386 938	…	189 477	3 863 498
民国八年	111 592	1 811 079	…	211 787	4 302 292
民国九年	95 011	1 756 540	…	184 412	3 859 838
民国十年	88 533	1 517 377	…	201 130	4 458 699
民国十一年	104 619	1 380 944	…	224 409	4 613 190
民国十二年	140 821	2 149 197	…	265 822	5 389 208
民国十三年	137 735	2 379 216	…	245 915	6 399 008
民国十四年	118 962	2 157 817	…	231 959	6 140 428
民国十五年	119 807	3 043 837	…	237 008	6 951 972
民国十六年	122 322	2 640 800	…	227 228	6 490 844
民国十七年	116 692	2 514 254	…	346 879	11 512 415
民国十八年	112 919	2 528 731	…	353 462	12 891 122
民国十九年	102 485	2 213 294	…	300 286	11 388 257
民国二十年	111 099	3 799 015	…	226 005	13 679 628

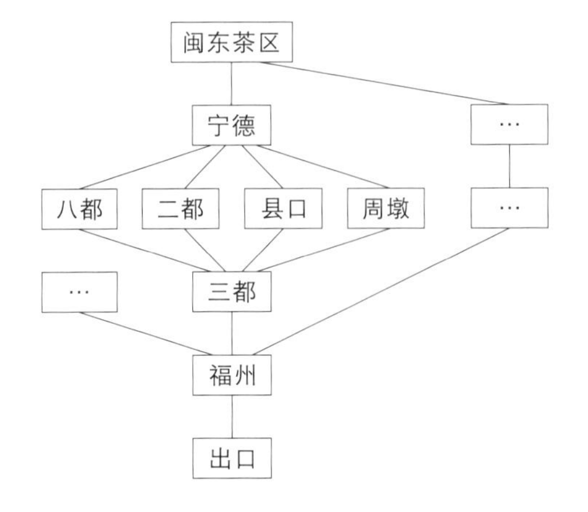

福建省茶叶输出路线略图

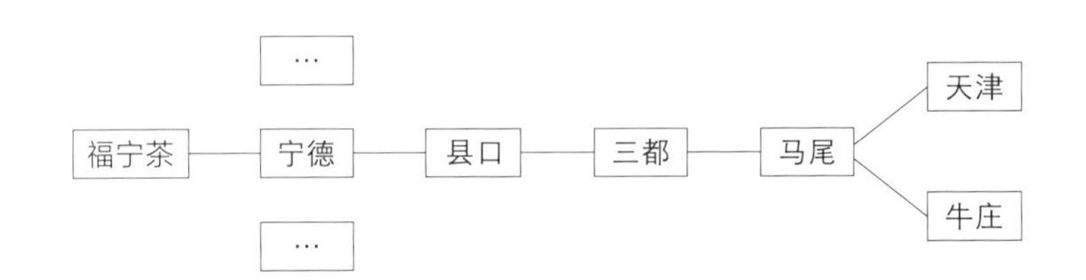

福宁茶一小部分不经福州直接由各县出口运往上海牛庄等处路线图

民国时期宁德县部分乡村茶园栽培及毛茶制造费用调查表

郑贻雄　收集整理

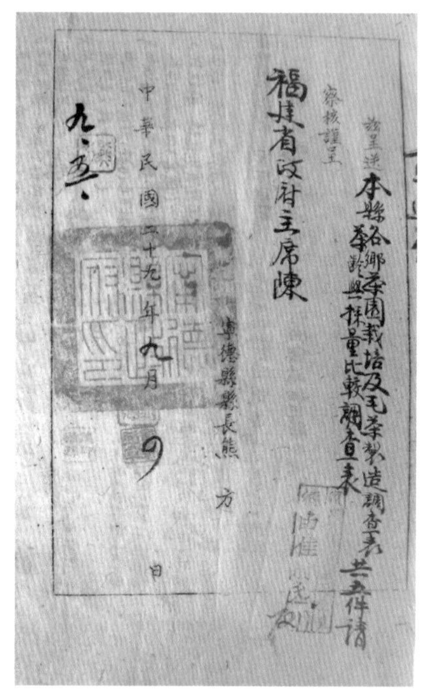

謹呈送

本縣各鄉茶園栽培及毛茶製造調查表共五件請

察核謹呈

福建省政府主席陳

寧德縣縣長熊　方

中華民國二十九年九月　日

1940年宁德县政府给福建省政府主席陈仪的《茶叶生产调查报告》

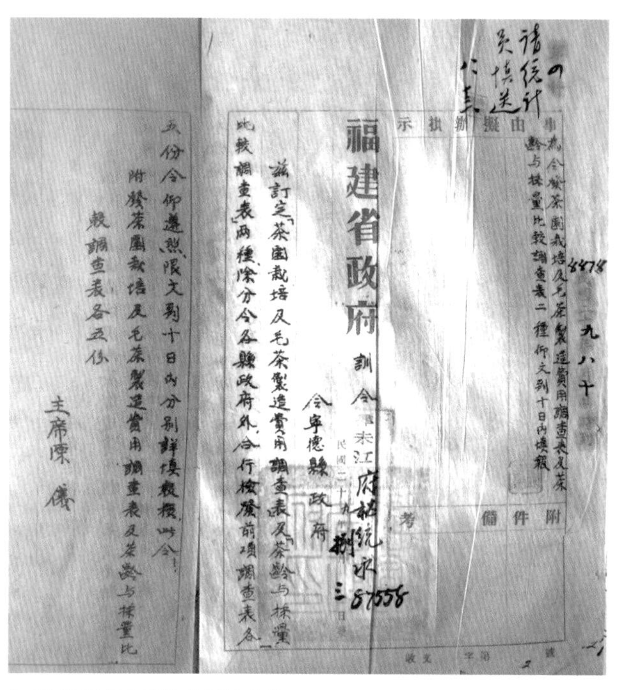

事由：為令發茶園栽培及毛茶製造費用調查表及茶齡與採量比較調查表二種仰文到十日內填報

福建省政府訓令

令寧德縣政府

茲訂定「茶園栽培及毛茶製造費用調查表」及「茶齡與採量比較調查表」兩種，除分令各縣政府外，合行檢發前項調查表各五份，令仰遵照，限文到十日內分別詳填報核，此令！

附發茶園栽培及毛茶製造費用調查表及茶齡與採量比較調查表各五份

主席陳儀

1940年福建省政府给宁德县政府关于开展茶叶生产调查的训令

说明：民国二十九年（1940年）八月，福建省政府通令全省开展“茶园栽培及毛茶制造费用调查”活动，要求每县任选5个乡镇调查并填报《乡茶园栽培及毛茶制造费用调查表》和《茶龄与采量比较调查表》。宁德县政府选择对凤翅洋乡（今洋中镇凤田村）、金溪乡（今金涵）、三望乡（今金涵乡三望村）、濂坑乡（今金涵乡濂坑村）、古溪乡（今城南镇古溪村）5个乡进行调查后，于同年九月上报调查表。其中内容反映当时宁德县的山区、半山区和平原（沿海）地区茶园生产的一些情况，对了解宁德县历史上的茶叶生产情况有一定的参考价值，故予抄录整理。

资料来源：蕉城区档案馆资料2-1-208。

宁德县凤翅洋乡茶园栽培及毛茶制造费用调查表

调查时间：二十九年八月二十九日　主管长官：县长熊方　调查者：统计科　科员：董秉弼

1、本地一亩山地或园可种几株或几丛茶（170）一丛茶平均有几株（7）

2、假设种一亩茶其开垦苗床及茶园要几工（40）每工工资普通要多少（8角）伙食有否计算在内（8角）

3、每亩茶园要茶籽几斗（5升）每斗几斤（3）每斤几元（自采）若是用移苗法，那么每亩要苗木几株（560）每百株多少钱（二元八角）若是用压条法，茶栽要不要钱买，大约每亩要多少钱（无）

4、每亩茶园播种要几工（2）栽植要几工（3）每工工资普通要多少（8角）伙食有否计算在内（8角）

5、每亩茶园一年要中耕几次（2）每次几工（3）除草几次（2）每次几工（3）还有其他整理工作（除虫）要几工（4）每工工资要多少（1元）伙食有否计算在内（有）

6、本地茶园普通用什么肥料（人粪）要多少钱（每担4角）每年要施肥几次（2）每次几工（2）

7、本地茶园普通一亩要地价多少（40元）有否纳税（无）普通要纳多少钱（无）

8、种茶用的农具有几种（山锄、扁锄等）总共要多少钱（9元）平均可用几年（一年）

9、开垦一亩茶园要预备多少本钱（45元）假设这本钱是借来的，本地普通借钱的月息要几分（2.5分）

10、一亩可采茶青几斤（200）每株茶树普通可采茶青几斤（三两）首春几斤（130斤）二春几斤（80）三春几斤（20斤）秋茶（—）将茶青卖出，各春价钱是否不同，首春每斤可卖多少钱（八分）二春（五分）三春（三分）秋茶（—）

11、采摘茶丛的工资是怎么计算，包工每春普通多少钱（多对分）论日普通每日多少钱（—）论斤每斤普通多少钱（二分）

12、本地特产的是什么茶（绿）毛茶怎么制法（微火焙后以手擦再焙放于风际干后即成）每工工资普通多少钱（自制）制一担毛茶要几工（十日）如果炒，烘焙那么毛茶要用炭火多少（柴四担）值多少钱（四元）

13、本地茶担一担几斤（100）每斤官秤（市用制）几两（24）制一担毛茶要几斤茶青（四担）

14、制毛茶的器具有几种（竹篷、策、锅等）总共要多少钱（13元）平均可用几年（3年）

15、普通茶户有几亩茶园（一亩）每年普通制多少担毛茶（50斤）

16、毛茶是否由茶贩来贩卖或自行挑往出卖（茶贩来收会用什么秤）（茶贩收买或自行出卖均有）每斤折市秤几两（18两）有否折扣（无）如何折法（无）自行挑售要挑往那里卖（各家茶栈）所用的挑工或船价普通每担要多少钱（挑工至县3元）

17、今年的毛茶山价高不高，首春每斤多少钱（5角）二春（3角）三春（2角）秋茶（—）这所谓斤是茶秤或市秤（当地秤）

18、去年的毛茶山价怎么样，首春每斤多少钱（4角）二春（2角）三春（1角）秋茶（—）

说明：本表每选查县5份，任择五乡，分别详细查填。
第12条以下，如系制造2种以上毛茶（如毛红毛绿）应分别查填。

宁德县茶龄与采量比较调查表（凤翅洋乡）

调查时间：29年8月　日　　主管长官：县长熊方　　茶树名称或制茶种类：　　调查者：董秉弼

树龄	采摘年代	采量（斤）				制成茶量（斤）				合计（斤）	
		首春	二春	三春	秋茶	首春	二春	三春	秋茶	采量	制成茶量
第9年	第1年	160	90	—	无	40	23	—	无	250	63
	第2年	180	100	—	无	45	25	—	无	280	70
	第3年	180	100	40	无	45	25	10	无	320	80
	第4年	200	120	50	无	50	30	12	无	370	92
	第5年	160	90	30	无	40	22	8	无	280	70
	第6年	120	60	20	无	30	15	5	无	200	50

附注：采摘面积一亩计算。

说明：树龄指茶树生长年龄，采摘年代指开始采摘起之年数，例如某茶树种植后四年方可采摘，则树龄第四年即为采摘年代第一年。

本表应自开始采摘之第一年起至完全不能采摘为止，其中经过几次采制应附注加注明。

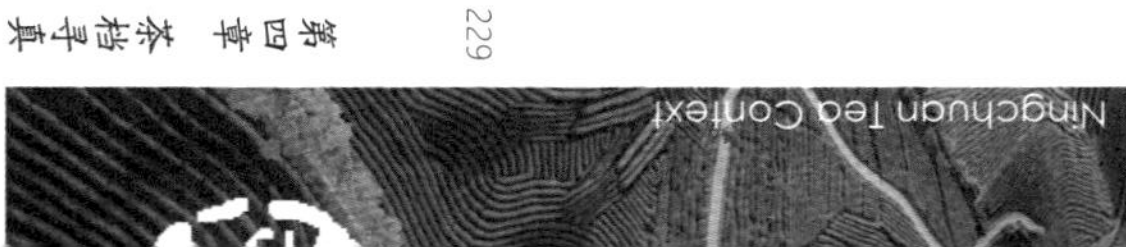

宁德县金溪乡茶园栽培及毛茶制造费用调查表

调查时间：二十九年九月三十一日　主管长官：县长熊方　调查者：统计科

1、本地一亩山地或园可种几株或几丛茶（150）一丛茶平均有几株（6）

2、假设种一亩茶其开垦苗床及茶园要几工（16）每工工资普通要多少（1元4角）伙食有否计算在内（是）

3、每亩茶园要茶籽几斗（半斗）每斗几斤（二斤）每斤几元（六角）若是用移苗法，那么每亩要苗木几株（无）每百株多少钱（无）若是用压条法，茶栽要不要钱买，大约每亩要多少钱（无）

4、每亩茶园播种要几工（三工）栽植要几工（五工）每工工资普通要多少（1元3角）伙食有否计算在内（是）

5、每亩茶园一年要中耕几次（一次）每次几工（七工）除草几次（二次）每次几工（五工）还有其他整理工作（无）要几工（无）每工工资要多少（无）伙食有否计算在内（无）

6、本地茶园普通用什么肥料（猪粪）要多少钱（五角）每年要施肥几次（一次）每次几工（五工）

7、本地茶园普通一亩要地价多少（30元）有否纳税（无）普通要纳多少钱（无）

8、种茶用的农具有几种（锄头、山锄等）总共有多少钱（七元）平均可用几年（一年）

9、开垦一亩茶园要预备多少本钱（三十五元）假设这本钱是借来的，本地普通借钱的月息要几分（2分）

10、一亩可采茶青几斤（230）每株茶树普通可采茶青几斤（2两）首春几斤（每亩120斤）二春几斤（70斤）三春几斤（15斤）秋茶（无）将茶青卖出，各春价钱是否不同，首春每斤可卖多少钱（八分）二春（五分）三春（二分）秋茶（无）

11、采摘茶丛的工资是怎么计算，包工每春普通多少钱（无）论日普通每日多少钱（二角）论斤每斤多少钱（二分钱）

12、本地特产的是什么茶（绿茶）毛茶怎么制法（火焙、风干）每工工资普通多少钱（八角）制一担毛茶要几工（十天），如果炒、烘焙那么毛茶要用炭火多少（三百斤）值多少钱（四元）

13、本地茶担一担几斤（100斤）每斤官秤（市用制）几两（18两）制一担毛茶要几斤茶青（四担茶青）

14、制毛茶的器具有几种（鍋、茶筛、篮、凳等）总共要多少钱（十元）平均可用几年（二年）

15、普通茶户有几亩茶园（一亩）每年普通制多少担毛茶（四十斤）

16、毛茶是否由茶贩来贩卖或自行挑往出卖，茶贩来收买用什么秤（18两秤）每斤折市秤几两（18.2两）有否折扣（无）如何折法（无）自行挑售要挑往那里卖（宁德县）所用的挑工或船价普通每担要多少钱（一元）

17、今年的毛茶山价高不高，首春每斤多少钱（5角）二春（3角）三春（2角5分）秋茶（无）这所谓斤是茶秤或市秤（茶秤）

18、去年的毛茶山价怎么样，首春每斤多少钱（五角）二春（四角）三春（二角）秋茶（无）

说明：本表每选查县5份任择五乡，分别详细查填。
第12条以下，如系制造2种以上毛茶（如毛红毛绿）应分别查填。

宁德县茶龄与采量比较调查表（金溪乡）

调查时间：29年8月31日　　主管长官：县长熊方　　茶树名称或制茶种类：　　调查者：董秉弼

树龄	采摘年代	采量（斤）				制成茶量（斤）				合计（斤）	
		首春	二春	三春	秋茶	首春	二春	三春	秋茶	采量	制成茶量
第9年	第1年	130	40	—	无	32	10	—	无	170	42
	2	140	50	—	无	35	13	—	无	190	48
	3	160	70	30	无	40	180	8	无	260	66
	4	180	160	40	无	45	40	10	无	380	95
	5	150	50	20	无	36	12	5	无	220	53
	6	120	30	—	无	30	8		无	150	38
	7	80	20	—	无	20	5		无	100	25

附注：采摘面积一亩计算。

说明：树龄指茶树生长年龄，采摘年代指开始采摘起之年数，例如某茶树种植后四年方可采摘，则树龄第四年即为采摘年代第一年。
本表应自开始采摘之第一年起至完全不能采摘为止，其中经过几次采割应附注加注明。

宁德县三望乡茶园栽培及毛茶制造费用调查表

调查时间：二十九年九月二日　主管长官：县长熊方　调查者：董秉弼

1、本地一亩山地或园可种几株或几丛茶（160）一丛茶平均有几株（6）

2、假设种一亩茶其开垦苗床及茶园要几工（36）每工工资普通要多少（1元1角）伙食有否计算在内（有）

3、每亩茶园要茶籽几斗（多移苗）每斗几斤（—）每斤几元（—）若是用移苗法，那么每亩要苗木几株（500）每百株多少钱（自己的）若是用压条法，茶栽要不要钱买，大约每亩要多少钱（—）

4、每亩茶园播种要几工（—）栽植要几工（4日）每工工资普通要多少（1元1角）伙食有否计算在内（有）

5、每亩茶园一年要中耕几次（2）每次几工（3日）除草几次（2）每次几工（4日）还有其他整理工作（除虫）要几工（3）每工工资要多少（1元1角）伙食有否计算在内（有）

6、本地茶园普通用什么肥料（人粪）要多少钱（每担3角共需1元）每年要施肥几次（2）每次几工（2）

7、本地茶园普通一亩要地价多少（40元）有否纳税（无）普通要纳多少钱（—）

8、种茶用的农具有几种（与农具同）总共要多少钱（8元）平均可用几年（2年）

9、开垦一亩茶园要预备多少本钱（45元）假设这本钱是借来的，本地普通借钱的月息要几分（2.5分）

10、一亩可采茶青几斤（200）每株茶树普通可采茶青几斤（3两）首春几斤（130斤）二春几斤（80斤）三春几斤（20斤）秋茶（—）将茶青卖出，各春价钱是否不同，首春每斤可卖多少钱（八分）二春（五分）三春（二分）秋茶（—）

11、采摘茶丛的工资是怎么计算，包工每春普通多少钱（—）论日普通每日多少钱（—）论斤每斤普通多少钱（多对分）

12、本地特产的是什么茶（绿茶）毛茶怎么制法（用火焙以手擦之再焙风干即成）每工工资普通多少钱（自制）制一担毛茶要几工（九日）如果炒、烘焙那么毛茶要用炭火多少（柴四担）值多少钱（四元）

13、本地茶担一担几斤（100斤）每斤官秤（市用制）几两（20两）制一担毛茶要几斤茶青（四担）

14、制毛茶的器具有几种（鑐、竹篷、箓、袋等）总共要多少钱（13元）平均可用几年（3年）

15、普通茶户有几亩茶园（一亩）每年普通制多少担毛茶（四十斤）

16、毛茶是否由茶贩来贩卖或自行挑往出卖，茶贩来收买用什么秤（千六陶秤）每斤折市秤两（17两）有否折扣（—）如何折法（—）自行挑售要挑往那里卖（茶栈）所用的挑工或船价普通每担要多少钱（一元五角至县城）

17、今年的毛茶山价高不高，首春每斤多少钱（5角）二春（3角）三春（2角）秋茶（—）这所谓斤是茶秤或市秤（茶秤）

18、去年的毛茶山价怎么样，首春每斤多少钱（4角）二春（2角）三春（2角）秋茶（—）

说明：本表每选查县5份任择五乡，分别详细查填。
第12条以下，如系制造2种以上毛茶（如毛红毛绿）应分别查填。

宁德县茶龄与采量比较调查表（三望乡）

调查时间：29年8月　日　　主管长官：县长熊方　　茶树名称或制茶种类：　　调查者：董秉弼

树龄	采摘年代	采量（斤）				制成茶量（斤）				合计（斤）	
		首春	二春	三春	秋茶	首春	二春	三春	秋茶	采量	制成茶量
第9年	第1年	120	30	—	无	30	8	—	无	150	38
	2	130	40	20	无	32	10	5	无	190	47
	3	150	60	40	无	38	15	10	无	250	63
	4	160	120	60	无	40	30	15	无	340	85
	5	130	40	20	无	32	10	5	无	190	47
	6	120	30	—	无	30	8	—	无	150	38
	7	70	20	—	无	18	5	—	无	90	23

附注：采摘面积一亩计算。

说明：树龄指茶树生长年龄，采摘年代指开始采摘起之年数，例如某茶树种植后四年方可采摘，则树龄第四年即为采摘年代第一年。

本表应自开始采摘之第一年起至完全不能采摘为止，其中经过几次采割应附注加注明。

1. 种茶之法或用茶籽播种成苗或压条法。2. 自栽植首年起至五年期间方能采摘。3. 首年一株采青茶一斤二年二斤三年三斤至三年止其四年以下均照三年数。

宁德县濂坑乡茶园栽培及毛茶制造费用调查表

调查时间：二十九年八月 日 主管长官：县长熊方 调查者：董秉弼

1、本地一亩山地或园可种几株或几丛茶（160）一丛茶平均有几株（5）

2、假设种一亩茶其开垦苗床及茶园要几工（42）每工工资普通要多少（壹元贰角）伙食有否计算在内（伙食在内）

3、每亩茶园要茶籽几斗（陆升）每斗几斤（叁斤）每斤几元（伍佰）若是用移苗法，那么每亩要苗木几株（叁佰株）每百株多少钱（—）若是用压条法，茶栽要不要钱买，大约每亩要多少钱（—）

4、每亩茶园播种要几工（二工）栽植要几工（伍工）每工工资普通要多少（壹元贰角）伙食有否计算在内（伙食在内）

5、每亩茶园一年要中耕几次（2）每次几工（32）除草几次（2）每次几工（伍工）还有其他整理工作（无）要几工（—）每工工资要多少（—）伙食有否计算在内（—）

6、本地茶园普通用什么肥料（无）要多少钱（—）每年要施肥几次（—）每次几工（—）茶园多系种薯之地，施肥时得分之，并无专植茶地。

7、本地茶园普通一亩要地价多少（40元）有否纳税（无）普通要纳多少钱（—）

8、种茶用的农具有几种（山锄、斧、锄头、草刀、柴刀）总共有多少钱（拾元）平均可用几年（壹年）

9、开垦一亩茶园要预备多少本钱（四十五元）假设这本钱是借来的，本地普通借钱的月息要几分（二分）

10、一亩可采茶青几斤（贰百斤）每株茶树普通可采茶青几斤（叁两）首春几斤（140）二春几斤（80斤）三春几斤（30斤）秋茶（—）将茶青卖出，各春价钱是否不同，首春每斤可卖多少钱（壹角）二春（六分）三春（六分）秋茶（—）

11、采摘茶丛的工资是怎么计算，包工每春普通多少钱（多对分）论日普通每日多少钱（多自采）论斤每斤普通多少钱（伍分）

12、本地特产的是什么茶（绿茶）毛茶怎么制法（先用焙爆后用炒）每工工资普通多少钱（自制）制一担毛茶要几工（壹拾贰日）如果炒、烘焙那么毛茶要用炭火多少（柴三担）值多少钱（叁元）

13、本地茶担一担几斤（壹佰斤）每斤官秤（市用制）几两（拾陆两）制一担毛茶要几斤茶青（要四担）

14、制毛茶的器具有几种（软丙、茶筛、茶鍚、茶灶、茶蓝、硬丙、板秤等）总共要多少钱（23元）（均以壹件计算）平均可用几年（叁年）

15、普通茶户有几亩茶园（一亩）每年普通制多少担毛茶（40斤）

16、毛茶是否由茶贩来贩卖或自行挑往出卖，茶贩来收买用什么秤（市秤）每斤折市秤几两（无折）有否折扣（无）如何折法（无）自行挑售要挑往那里卖（茶栈）所用的挑工或船价普通每担要多少钱（挑县城一元三角）

17、今年的毛茶山价高不高，首春每斤多少钱（六角）二春（伍角）三春（五角）秋茶（四角）这所谓斤是茶秤或市秤（市秤）

18、去年的毛茶山价怎么样，首春每斤多少钱（五角）二春（三角）三春（三角）秋茶（—）

说明：本表每选查县5份任择五乡，分别详细查填。
第12条以下，如系制造2种以上毛茶（如毛红毛绿）应分别查填。

宁德县茶龄与采量比较调查表（濂坑乡）

调查时间：29年8月30日　　主管长官：县长熊方　　茶树名称或制茶种类：　　调查者：统计科董秉弼

树龄	采摘年代	采量（斤）				制成茶量（斤）				合计	
		首春	二春	三春	秋茶	首春	二春	三春	秋茶	采量	制成茶量
第8年	第1年	160	140	80	—	40	36	20	—	380	96
	2	160	140	80	—	40	36	20	—	380	96
	3	180	90	40	—	45	25	10	—	310	80
	4	200	100	50	—	50	26	12	—	350	88
	5	160	50	30	—	40	12	8	—	240	60
	6	140	30	—	—	36	8	—	—	170	44

附注：采摘面积一亩计算（茶树年龄4年始可采摘至生长9年多枯槁不能采摘）。

说明：树龄指茶树生长年龄，采摘年代指开始采摘起之年数，例如某茶树种植后四年方可采摘，则树龄第四年即为采摘年代第一年。本表应自开始采摘之第一年起至完全不能采摘为止，其中经过几次采割应附注加注明。

宁德县古溪乡茶园栽培及毛茶制造费用调查表

调查时间：29年8月30日　主管长官：县长熊方　调查者：董秉弼

1、本地一亩山地或园可种几株或几丛茶（150）一丛茶平均有几株（6）

2、假设种一亩茶其开垦苗床及茶园要几工（45）每工工资普通要多少（1.2元）伙食有否计算在内（有）

3、每亩茶园要茶籽几斗（半斗）每斗几斤（3）每斤几元（1）若是用移苗法，那么每亩要苗木几株（600）每百株多少钱（3）若是用压条法，茶栽要不要钱买，大约每亩要多少钱（—）

4、每亩茶园播种要几工（2）栽植要几工（4）每工工资普通要多少（1.2元）伙食有否计算在内（有）

5、每亩茶园一年要中耕几次（3）每次几工（4日）除草几次（3）每次几工（4）还有其他整理工作（除虫）要几工（8）每工工资要多少（1.2元）伙食有否计算在内（有）

6、本地茶园普通用什么肥料（人粪）要多少钱（4角）每年要施肥几次（2）每次几工（2）

7、本地茶园普通一亩要地价多少（35元）有否纳税（否）普通要纳多少钱（—）

8、种茶用的农具有几种（山锄、扁锄）总共有多少钱（8元）平均可用几年（1）

9、开垦一亩茶园要预备多少本钱（40元）假设这本钱是借来的，本地普通借钱的月息要几分（2分）

10、一亩可采茶青几斤（320）每株茶树普通可采茶青几斤（三两）首春几斤（180）二春几斤（90斤）三春几斤（40斤）秋茶（有）将茶青卖出，各春价钱是否不同，首春每斤可卖多少钱（1角）二春（2分）三春（五分）秋茶（—）

11、采摘茶丛的工资是怎么计算，包工每春普通多少钱（多对分）论日普通每日多少钱（5角）论斤每斤普通多少钱（5分）

12、本地特产的是什么茶（绿茶）毛茶怎么制法（用火焙以手擦之再焙风干即成）每工工资普通多少钱（1.2元）制一担毛茶要几工（八日）如果炒，烘焙那么毛茶要用炭火多少（柴四担）值多少钱（5元）

13、本地茶担一担几斤（100斤）每斤官秤（市用制）几两（18两）制一担毛茶要几斤茶青（四担）

14、制毛茶的器具有几种（竹篷、锡、策等）总共要多少钱（14元）平均可用几年（3年）

15、普通茶户有几亩茶园（2亩）每年普通制多少担毛茶（70斤）

16、毛茶是否由茶贩来贩卖或自行挑往出卖，茶贩来收买用什么秤（茶贩收买及自行出售）每斤折市秤两（18两）有否折扣（无）如何折法（无）自行挑售要挑往那里卖（各家茶栈）所用的挑工或船价普通每担要多少钱（挑工至县8角）

17、今年的毛茶山价高不高，首春每斤多少钱（5角）二春（3角）三春（2角）秋茶（—）这所谓斤是茶秤或市秤（当地秤）

18、去年的毛茶山价怎么样，首春每斤多少钱（4角）二春（2角）三春（—）秋茶（—）

说明：本表每选查县5份任择五乡，分别详细查填。
第12条以下，如系制造2种以上毛茶（如毛红毛绿）应分别查填。

宁德县茶龄与采量比较调查表（古溪乡）

调查时间：29年9月4日　主管长官：县长熊方　茶树名称或制茶种类：　调查者：统计科董秉弼

树龄	采摘年代	采量（斤）				制成茶量（斤）				合计	
		首春	二春	三春	秋茶	首春	二春	三春	秋茶	采量	制成茶量
第9年	第1年	140	—	—	—	35	—	—	—	140	35
	2	140	—	—	—	35	—	—	—	140	35
	3	160	60	—	—	40	15	—	—	220	55
	4	180	160	—	—	45	40	—	—	340	85
	5	140	40	—	—	35	10	—	—	180	45
	6	120	—	—	—	30	—	—	—	120	30

附注：（一）采摘面积一亩计算。（二）茶树四年始能采摘至九年为止不能生长。（三）该乡地瘠产量较差。

说明：树龄指茶树生长年龄，采摘年代指开始采摘起之年数，例如某茶树种植后四年方可采摘，则树龄第四年即为采摘年代第一年。

本表应自开始采摘之第一年起至完全不能采摘为止，其中经过几次采割应附注加注明。

宁德茶叶概况*

李文庆 文 颜素开 缪灵晶 提供

（一）地理环境

宁德县位于福建省东北部，东西广约一百里，南北长约一百八十里，东北界福安，西界古田，西北界屏南，南界罗源，北界周宁，东南靠海，其交通情形如下：

甲、陆路：

1、由城北经六都，六都达八都，计五十里，由八都北行至霍童计四十里，霍童至咸村三十里，此路可通周墩，计九十里；由九都东北行至赤溪卅里，此路可达福安县穆阳计五十里。

2、由城北经洋中虎贝达石堂计一百廿里，此路可通屏南约八十里。

3、由城南经二都达飞鸾四十里，可通罗源，计卅五里。

4、由城西经白鹤岭抵罗源，计七十里。

乙、水路：

东北部由外表（距霍童15里）及芦坪头（距九都15里），有溪流可行民船，集合九都达八都出海，东南部海岸线甚长，三都澳港深，可航大轮。

本县特产以茶为大宗亦为闽省绿茶之重要产地，次为糖、茶油、桐油、柏油、烟草、蚱干、蛃干，每年略有输出。

（二）茶业历史

本县植茶历史悠久，以前周墩属本县时，北路多产红茶，南路多产绿茶，年计四万担左右，嗣周墩改为特种区，则县内全产绿茶，年约三万余担，其中东北区多清水绿，西北区多炒绿，以其叶嫩长而紧缩，色泽绿润，故适于薰制花茶。惟属海滨地带所产较逊，其中以天山为最（距洋中廿里，年产五六十担，产茶时间迟一节气），九仙次之，高山再次之，递至飞鸾之茶，则较逊。当地以前除一团春茶号有栽植茉莉花百余亩，自行收购毛茶制胚薰花径行运销津沪外，余均为毛茶输出商家只收购毛

* 原载于《闽茶》第1卷第1期，民国三十五年（1946年）十二月。《闽茶》由东南厂场联合会福建区分会和福建省农林股份有限公司茶叶部编印。

茶，运往福州出售，每年于春分前，恒有闽京帮茶商十余家，纷往县城乡间，设庄采购嫩绿，至谷雨前后为止，即收庄返榕。民国廿八、廿九年政府为提倡茶叶外销起见，曾劝导茶商改制红茶，唯数量甚少，仅千余担。后以外销断绝，遂又恢复全部制造绿茶，又中茶公司亦于二十八、二十九年在九都、霍童、县城共设五六厂制造准山及花香胚数千担，该县以前毛茶山价每百斤老秤（合市秤一一五斤）幼茶只值十余元，至廿元，中者八九元，粗者四五元。而福安、霞浦各处所产之茶亦有零星三五担运宁现售，故当时宁之输出商计有二三十家，每家全季采办数量，多者达几千担，少者数百担，均由宁运至三都报关装轮转榕，投于毛茶栈代销，与闽京帮制茶厂，而毛茶栈性质系代客招徕，抽收行佣为业，惟价之高低，多听其主决，故所受剥削殊甚。是以闽东输出商之命脉全操于毛茶栈之掌中，盖亦茶客多不知自谋解脱致成惯例也。去年底以胜利初临茶价好转，一部分商人纷往乡间收购旧绿茶转售，获利颇厚。

宁邑制造花茶仅一团春茶号一家，创自民国三年，为提倡特产，制造花香茶，冀免利权外溢，就地栽种茉莉，收购毛茶，自行熏制（初年制茶数百斤，后达千余担，种花数千株，后达廿余万株），迄今历三十余载，前曾两度发种与农民栽种，以期普及，而挽农村经济，无如农民保守成性，终难获果，该号亦于民十五、十七年，先后呈请北京政府内政部商标局并南京政府商标局注册有案，所造茶叶颇负盛名，惜因战事影响，花株铲除殆尽，致本年需用购买花种重行栽种耳。

（三）茶区分布

茶为本县农民主要副业，其区域分布至为辽广，几遍地皆有，全盛时期，面积约六万亩，近年以茶市停滞，茶园荒芜，茶树被砍，面积当较少，兹将重要产地列下：

1、东北部由八都出水者：咸村、占家洋、川中、高山、云门、坊亭、芽村、梧桐坑、下坑、马坑、坑斗里、茶园、洋尾、紫竹坑、穆洋、宝岭楼、张家山、官岭、西坑、赤溪、班竹、院前、留阳、宣洋、外洋头、黄田、邑板、贵村、邑村、步上洋、半山岭、银铜坑、闽坑、屿山里、林板、霍童、九都、八都、洋岸坂、西溪、际头岔、东园、九斗坵、八都，以咸村、赤溪、霍童、九都、八都为集中地。

2、西北部挑经县城出水或迳批罗源转运福州省：石堂、黄厝、浮山、院后、溪坂、上洋、下洋、上湖、胡家村、黄家村、莒溪、前路、黄相、心亭、天山、留田、虎贝、富贝、东山、上坎、洋中、林坂、陈坂、石厝、新桥、岭头、涵道、菰洋、钟洋、半岭、桃花溪、凤翅洋，以石堂、虎贝、洋中、富贝、县城为集中地。

3、沿海乡村卖与县城茶商，由县出口，或迳由海滨直接出口者：七都、六都、二都、飞鸾、八斗坵、斗帽等。

（四）茶树栽培

1、开垦：本县遍地无不产茶，山地多垦成梯式茶园，每亩约需十五至廿工，平地茶园，垦辟较为省工，亦有种于田畦者，亦有与其他作物间作者，唯一般对于排水多不讲究，致土肥被雨水冲蚀，而使茶树生育不良。

2、种植：在寒露霜降间，即阳历十月间当茶种外壳暗绿色时，即行选取外皮光滑、颗粒大者，采摘之，而为种子，摘后即行播种。有因农忙或气候寒冷，而不能即播者，则存于木箱，或竹箩中，留待翌春正、二月播种。其播植方法，有直接播法与移植法二种。（1）直播法：每隔一尺五寸许掘穴，穴深三四寸，将种子十余颗，平播其上，然后覆土灌水。（2）移植法：先择优良土壤深耕细耘，整成畦形苗床，畦间距尺许、行距四五寸、深三四寸之穴，将种子播下，上覆细土，翌年茶苗生长，行移植一次，待第三年苗长约尺许，用小锄松土，将嫩苗连同附着根部之土，由苗床移植于已垦成之茶园穴中。此时行距约四五尺，穴距约三四尺，穴深五寸，每丛栽种三四株至八九株，然后覆土灌水。其他尚有分株压条法，唯行者甚少。

3、管理：本县茶树管理至为粗放，普遍均无施肥、修剪等习惯，只有在间作物施肥时，茶树稍沾其润。除草、中耕观山价而定，普遍于六七月或冬天举行一次，若山价低，则任其荒芜，不事耕耘。

4、病虫害：本县茶农对于茶树病虫害之知识甚为缺乏，故少加以防治。经调查结果其病虫种类如下：

A、虫害：

甲、毛虫：常见者为幼虫，头赤褐，腹黑褐，身长8~10分，全体密生黄褐色刺毛，于五月间为害最烈，先时细幼虫群集于叶底吃，至叶粗时，渐渐离散，举头由叶绿吃起。

乙、茶虫（蛀虫）：幼虫体作丹桂状，略呈淡红色，长寸许，幼虫侵入茶树枝干，枝条被害后，中空成管状，叶亦变黄色，每至枯死。

丙、茶尺蠖：幼虫似树枝，体长成寸，五月间为害最烈。

丁、红蜘蛛：幼虫与成虫吸收叶液，被害之叶，渐萎脱落。

戊、蚂蚁：体较常蚁大，体黑色，蚁巢结于茶树上，阻碍茶树发育。

B、病害：

甲、苔藓：灰白色、青嫩色之苔藓，寄生茶树，妨碍空气与日光之流通，使茶树生育不良。

乙、叶枯病：叶先呈黄绿色斑点，渐次变为深褐色，蔓延全叶，终至枯萎。

（五）茶叶采摘

茶叶因采摘时期不同可分为头春、二春、三春、秋露。头春由春分至立夏，其中以春分茶叶只采一旗一枪，品质最优，多用以制上等花茶；二春由芒种至夏至，品质稍逊，产量最少；三春由小暑至立秋，品质较二春佳，而逊于头春。产量头春约占全部产量十分之五，二春约十分之三，三春约十分之二。至采茶人工，凡种茶少者多由家人自采。而产量较多者，于头茶赶市时，则雇工人帮采，每人每日采量自六至十四、五斤。普通除头茶采摘较为精细外，余极粗放，为欲节省时间，故不计茶树上粗枝老叶，均一把抓下，影响成茶品质殊甚。

（六）制造

本县多制绿茶，其法如次：

初制：

1、炒青：将采下之茶青，略晒几分钟后，每次分三四斤入锅炒之。炒法以手或锅刷，连接反复搅动，至叶呈青熟软化，有香气时取出。

2、采捻：将炒青适度之茶叶，放竹□内，用手或脚转辗搓采，使成圆条，待成团后用手解散，再行搓采，如此继续至茶叶紧卷，茶汁透润，发出香味时即可。

3、干燥：将揉捻适度之茶叶，晒于日下，至稍干时即行出售；亦有稍加焙烘者，至味极芳香、色呈翠绿时取出，此名清水绿，至炒绿则于茶叶操好后入锅炒干即成。

精制：

本县绿茶多装于布装或竹篓衬以竹叶运福州出售。只一团春茶号一家有制坯窨花，又廿八、廿九年中茶公司福春茶厂在九都、霍童有行制造准山及花香胚，其方法悉与福州同。

（七）运输

本县茶叶运输及方法路线如下：

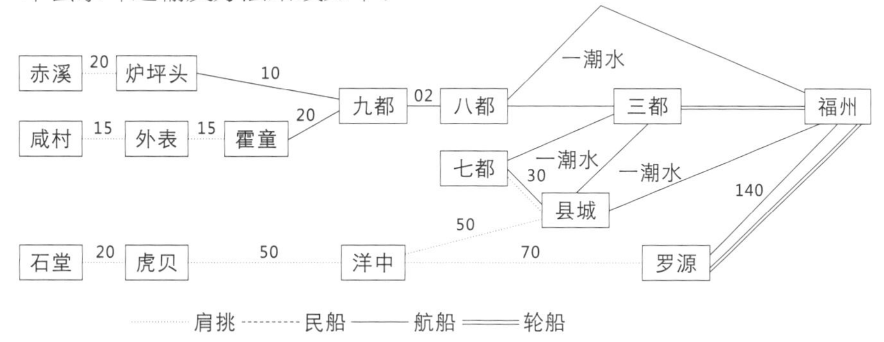

（八）销售

1、销售系统。

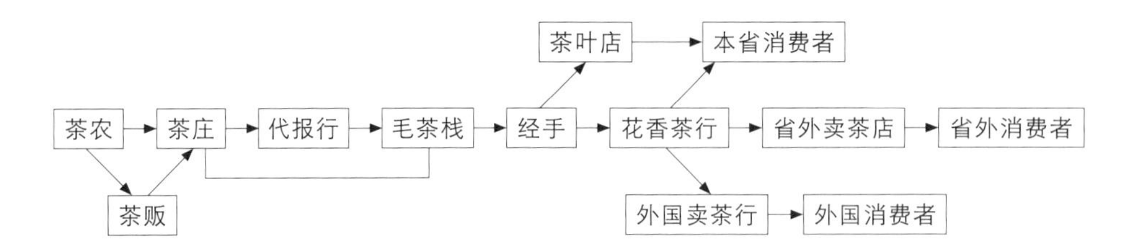

2、交易手续。

甲、茶农：亦称山户，本县农民多以种茶为副业，虽无大规模专营茶业之山户，然多数农民之生活则全持茶产之收入以维持之，故茶景之兴衰关系本县农民甚巨，惟植茶之地多七零八落，山户产茶少者数十斤，多者不过数百斤，采青时，除特别情形须雇短工外，余均自为之，所制之茶售于茶庄或茶贩，受种种剥削，使茶农得不偿失，故多任茶叶粗老，不加采摘，即所采之茶青，除头春外，余亦极其粗放，每混以粗枝茶籽，增加重量，以求补偿损失，而至茶质日劣，数年来外销终断绝，茶叶无人过问，茶农生活益感困难，多将茶树砍伐，以种杂粮，致本年产量异常稀少。

乙、茶贩：茶农与茶庄之中间商人（亦有不经过茶贩者）多属临时性质，无专营与固定资木，略谙门径，即出任之，此辈类皆狡猾，对于收买毛茶，弊端百出，上山收买者有之，拦路强买者有之，收买时用现款或赊欠，或先向茶庄领款收购不定，待收购数十斤或成担后即转售于茶庄。

丙、茶庄：本县茶庄除一团春外，余均为毛茶输出商，除向茶农及茶贩收购毛茶外，亦有派人上山收买，收买后如毛茶过湿过粗，即将其过焙，略加筛分拣剔，俟收集相当数量后，即用篾篓或布袋内套竹叶，包装，运往福州，交毛茶栈出售。此外于头春时尚有闽京帮茶客前往各乡设庄收购上等嫩绿至谷雨后即收庄返榕。

（九）本年茶叶生产概况

本县茶叶因数年来内外销路断绝，至茶农对茶园不加整理，任其荒芜，甚至将茶树砍伐，余出空地，种植杂粮，而茶庄亦均告停闭，整个茶叶呈破产现象。迨去年胜利告临，茶市稍转，茶商纷向乡间收购旧茶，运榕脱售，获利颇厚（一至十倍），致当地旧茶价格，每担由五百元涨至一万四五千元，本年茶农茶商以此后销路必甚畅旺，乃重整旗鼓，耕锄茶园，修理茶具，准备采制。而在榕各帮茶商，亦以本年产量稀少，采购不易，于二月间，即赶至本县，下乡设庄筹备抢购。计县城十余家，八都霍童洋中等处十余家，唯因资本薄弱，茶价每担在十万元以上，故本地茶庄，多合伙经营（每家采购数十担至数百担，其间山贩亦有三五担零星直接运榕脱售者），结果春分嫩绿在地每担价格十六七万元，运榕出售者价达廿万元左右，一时农村金融顿形活跃，农工商人，咸额手称庆，及清明茶价已降至每担十一二万元，而因闻平津帮，继续到榕购制，至茶价复升涨至十四五万元，无如好景不常，数日后，以国共问题未获和平解决，东北苏北战事频仍，自是价格大跌，甚至无人过问，计头春末茶价只五余万元，二春嫩茶担价七八万元，二春尾担只三四万元，三春头担价六七万元，三春尾价只四五万元，总计本年首春产量县城（指集中数额）900担，田乡及天山600担，石堂虎贝500担，八都400担，霍童700担，其他900担，共4 000担，二春约产3 000担，三春约产千余担，较往昔相差甚巨。此后茶叶发展情形尚须视国共开题如何解决而定耳。

（本年首春价奇昂，茶农为利益所昧，间有掺杂粗枝、茶籽假茶等类情形发生，致输出商于收集之后，仍须加工拣净，影响品质及成本甚巨，殊属憾事，希望政府及茶业公会，切实督导，严厉取缔，以期改善并精益求精。至茶农茶商因资金薄弱无法讲究裁制，亦盼政府增加贷款数额以资救济，则将来闽省花茶声价必更日渐提高也。）

（十）改进意见

1、加强合作社组织与技术指导：本县虽有茶业生产合作社廿余社，然多操于少数土劣手中，故政府纵有予以救济扶助，亦难达于茶农身上，至制茶技术之改良，运销剥削之减除，更遑论及。故欲改善本县茶业必先加强合作社组织，扶植优秀茶农或热心人事为合作社当事人，竭力为社员谋幸福，待树立相当合作基础后再谋自行运销。一面政府予以经济之扶助外，再加以技术之指导，如茶园管理茶叶采摘、初制等，并购置手摇操捻机，贷与合作社应用，渐推至普遍自行购备使用。

2、增加贷款数额：本县茶农茶商以资金缺乏故对茶叶产制多甚粗放。往昔，政府虽有贷款，然以数额不多无济于事，欲谋本县茶叶改进，盼政府及时多予贷款。

3、登记茶贩统一用秤：茶贩为茶农与茶商之中间人，业此者类多狡猾之辈，低价向茶农强买毛茶，转售茶号，其中弊端百出，为茶叶买卖上莫大的阻碍。故政府应予以登记管理，禁止强买，以免茶农诸受剥削。至本县购茶表面虽好用市秤然价格则以按旧秤计算，各区折率不同，每百斤有合市秤115斤至130斤，似此弊端百出，影响茶农生计至巨，应由政府严加取缔。

宁德县茶业输出业同业公会会员申请登记表（1947年）

郑贻雄　提供

商号	号东或经理人	籍贯年龄	资本额	执业年数	业务	所在地
福生春	张仁山	宁德 53	六千万元	10年	茶业输出业	大华路29号
一团春	林达夫	45	五亿元	10年	茶厂	碧山路39号
冯合兴	冯毓英	56	五千万元	15年	茶业输出业	环城路39号
林恒记	林琴甫	48	六千万元	8年	茶业输出业	碧山路39号
义泰兴	陈志珍	51	六千万元	10年	茶业输出业	前林路51号
春发泰	姚祥祯	45	五千万元	10年	茶业输出业	西山路橡吕巷7号
怡春茂	张铁崖	48	五千万元	8年	茶业输出业	鹤峰巷 号
义春林	姚贻铨	49	五千万元	10年	茶业输出业	后昌巷5号
勤 记	郑秀山	68	四千万元	10年	茶业输出业	章厝弄
春兴隆	关作声	25	八千万元	5年	茶业输出业	安平路1号
谌美记	谌宏松	26	三千万元	5年	茶业输出业	七都西岐保
德丰裕	林振夏	28	六千万元	5年	茶业输出业	碧山路1号
合圆春	林世裘	40	五千万元	10年	茶业输出业	碧山路1号
茂 记	刘其佑	54	五千万元	10年	茶业输出业	环城路32号
益春芳	蔡泽琳	28	五千万元	5年	茶业输出业	中山路27号
胜兴隆	蔡树金	38	三千万元	5年	茶业输出业	前林路 号

（续）

商号	号东或经理人	籍贯年龄	资本额	执业年数	业务	所在地
同益春	陈　斌	37	六千万元	10年	茶业输出业	环城路 号
益春生	马玉村	54	四千万元	10年	茶业输出业	中正路 号
永泰成	冯连畴	48	五千万元	10年	茶业输出业	环城路36号
协春隆	陈式民	43	壹亿元	10年	茶业输出业	环城路61号
彭官记	彭修团	42	六千万元	10年	茶业输出业	溪仔墘1号
珊　记	郑炳珊	38	六千万元	10年	茶业输出业	培英街2号
姚福记	姚福同	40	六千万元	6年	茶业输出业	遵化路18号
同成春	关宗叨	46	五千万元	10年	茶业输出业	中山路1号
福　春	陈有臬	38	六千万元	10年	茶业输出业	南大路29号
彭铭记	彭瑞铭	36	六千万元	10年	茶业输出业	东井路7号
陈智记	陈兆祥	29	六千万元	5年	茶业输出业	院前路7号
陈美记	陈有熙	46	八千万元	10年	茶业输出业	碧山路5号
良　记	林慈良	40	五千万元	10年	茶业输出业	文昌巷6号
恒　春	萧大钦	47	六千万元	5年	茶业输出业	碧山路17号
萧经利	萧廷喜	58	六千万元	10年	茶业输出业	海滨路27号
永兴隆	蔡亦培	55	六千万元	10年	茶业输出业	华边弄10号
万　春	罗俊禧	48	壹亿元	8年	茶业输出业	遵化路59号
协　成	周玉颜	30	四千万元	4年	茶业输出业	洋中镇
恒珍记	陈伏教	48	五千万元	6年	茶业输出业	东山下
成泰顺	陈品琮	63	五千万元	10年	茶业输出业	崇文弄16号

宁德县（蕉城区）茶树优异种质资源调查*

郑康麟 吴洪新 宋岸伟 陈言概 王明海

宁德县产茶历史悠久，源远流长，天山茶区（含支提山）唐代已产“蜡面”贡茶，明、清制“芽茶”等贡品，现代产中国名茶——天山绿茶，是福建省绿茶主产区。境内茶树优异种质资源十分丰富，现分布较多的地方有性群体茶树和野生茶树，大多生长于峡谷幽深、山脊陡峭的山林中，为目前闽东野生茶树数量多、分布广的野生茶树种群生长区，其中最大的一棵遗桩基部直径0.53米，树高5.3米，树幅5.2米。

地理位置与自然条件

宁德县地处闽东的鹫峰山脉，为低山丘陵区域，依山面海，位于东经119°07'48"~119°50'30"，北纬26°31'18"~26°58'42"之间。区内地势自西向东倾斜，呈阶梯状下降。山脉纵横，溪涧交错，千米高峰达82座，最高的无名峰海拔1 500米。宁德县地理上属中亚热带，受海洋性季风气候影响，具有冬长夏短，日照充足，雨量充沛，四季分明，温暖湿润，冬无严寒，夏无酷暑等气候特点，年平均气温为19.3~13.8℃，极端最高气温39.4℃，极端低温-5℃，无霜期312天，年平均日照时数1 700~1 800小时，年平均降水量1 350~2 100毫米。自然土壤以红壤和黄壤为主，土层深厚，有机质含量较高，偏酸性；原始植被主要有常绿针叶林、灌木林、常绿阔叶林、混交林、竹林。这些土、水、光、热和自然植被等良好生态条件，非常适宜野生茶树和地方茶树群体的生长。

野生和地方有性群体茶树分布及特征

宁德县野生茶树分布于全区各乡镇，当地村民自古以来就有每年清明节上山采摘野生茶叶的习惯，说此茶味苦，有清凉解毒的功效，俗称“苦茶”。这些野生茶树主要散生于海拔400~1 000米的深山密林中，亦有部分生长于土壤肥沃的山谷，与针叶林、阔叶林共生，多株野生大茶树早年被砍伐，仅留下遗桩，又长出分枝，直径达0.14米。地方有性群体茶树主要生长在海拔350~900米之间，多分布在房前屋后及旧

* 本文原发表于《中国茶叶》2009年12期，局部文字有删改。

式篱笆茶园中。全县野生茶树和地方有性群体种类丰富、形态各异、生物学特性各不相同，有乔木型的，也有半乔木型的；叶形有长椭圆形的，也有椭圆形的；芽叶有黄绿色的，也有紫红的；叶质有硬脆的，也有柔软的；叶面有隆起的，也有平展的；叶尖有锐尖的，也有稍钝的；萌芽期有特早生的，也有迟芽种的；芽叶有苦味高香型原始种的姑娘坪苦茶，也有具特殊香气的大车坪2号苦茶；有单丛栲叶茶，也有奇丛曲枝叶茶。

20世纪50年代初，省茶科所郭元超研究员等在霍童镇小坑一带调查考察野生茶树，地方有性群体“天山菜茶、吴山清明茶”入选《茶树品种志》（福建省农业科学院茶叶研究所编著）。80年代中期，宁德县开展了茶叶区划，对全县茶树品种资源进行了全面普查，经茶叶科技工作者的不断努力，陆续发现野生茶的天然分布。近年来，我们十分重视珍稀野生茶树的保护和利用，多次组织茶技人员对县内的野生茶树和地方有性群体茶树的分布情况进一步调查，迄今为止，已发现野生茶树18处，地方有性群体茶树8处，对于新发现的野生茶树种质资源实施保护措施，并开展了优异茶树良种的单株选育工作。

1. 野生茶树形态特征

（1）霍童大茶树：位于霍童镇小坑，单株生长，海拔1 000米，树高6.4米，叶长16.7厘米，叶宽6.4厘米，主干直径19厘米，最低分枝离地1.7米。

（2）山西湾野茶1号：位于霍童山西湾，树高1.60米，树幅1.1米，叶片长9~12厘米，叶片宽3.5~4厘米，主干直径3厘米，分枝高度10厘米，节间长3.5~4厘米，叶长椭圆形，叶色深绿，叶脉8对，锯齿29~31对。清明左右开采。

（3）虎贝姑娘坪苦茶：海拔700米，树高×树幅为6.0米×3.6米，叶长12~13厘米，叶宽4.6~6厘米，最低分枝离地3米，叶脉8~9对，叶齿44~48对，叶薄、光泽、浓绿。

（4）虎贝姑娘坪门头厂苦茶：海拔700米，树高×树幅为5.5米×2.9米，叶长10.6~13.6厘米，叶宽3.9~5.0厘米，最低分枝离地1.2米，叶脉7对，叶齿26~32对，叶厚、质脆、有光泽。

（5）虎贝姑娘坪乌坑苦茶：海拔700米，树高×树幅为3.1米×2.3米，叶长12~13.6厘米，叶宽4~5 厘米，叶脉9~10对，叶齿22~36对，紫芽、浓绿。

（6）姑娘坪石门峡野生大茶树：海拔530米，单株散生，乔木型，分枝较密，树高5.3米，树幅5.2米，基部直径0.53米，基部长6个分枝，分枝直径达13厘米。叶片椭圆，长平均13厘米、宽4.7厘米；叶尖渐尖，尖部渐向下垂，叶面隆起，光滑，绿色油光，叶齿深明，25~28对，叶脉9~10对，春梢黄绿色，春梢长度18~22.6厘米，芽叶黄绿色。叶腋间花蕾1~3个。花冠大小3×3厘米，花萼5片，花瓣6瓣；花丝平均222枚，花粉正黄；花柱高1厘米，柱头2~3分叉，正常直立，雄蕊高于雌蕊0.3厘米，子

石门峡野生大茶树基部围径

石门峡野生茶叶片

石门峡野茶花

姑娘坪坪岗头野生茶树

姑娘坪坪岗头野生大茶树芽叶

姑娘坪坪岗头野生大茶树叶片

房有毛，子房3室。茶味苦，具有浓烈的水蜜桃香，当地人称苦茶。2009年4月23日，春茶芽稍已形成驻芽开面5~7叶。该茶树发现于2008年8月，为目前蕉城区境内最大一株野生茶树。2011年经中国测试技术研究院检测：其内含物水浸出物51.8%，茶多酚21.8%，氨基酸4.9%，咖啡碱3.5%，表没食子儿茶素没食子酸酯（EGCG）11.00%。

（7）姑娘坪坪岗头野生茶树：海拔534米，枝体直立，分枝少，单株散生，乔木型，树高10米，树幅4.5米，基部茎围0.7米，基部有两个分枝。叶片长椭圆，长平均14.08厘米、宽4.74厘米；叶尖渐尖长，叶尖尖部平直，叶面隆起，光滑，深绿色，油光，叶齿钝明，18~32对，叶脉10~14对，春梢绿色，春梢长度3厘米，芽叶绿色。花蕾少，茶果2~3室，茶果球形或肾形，种子黑褐色，有光泽，富有弹性。2007年8月发现。2009年4月23日，芽稍肥壮，芽毫一般，一芽一二叶初展。经检测其内含物：水浸出物48.2%，茶多酚22.1%，氨基酸5.2%，咖啡碱4.6%，表没食子儿茶素没食子酸酯（EGCG）9.86%。

（8）八都大车坪1号苦茶：海拔500米，树高×树幅为3.7米×3.2米，叶长12~16.5厘米，叶宽4.3~5.0厘米，最低分枝离地1.3米，叶脉11对，叶齿16~22对，叶尖锐长，叶柄有光泽。

（9）八都大车坪2号苦茶：海拔500米，树高×树幅为2.5米×1.3米，叶长12.5~14厘米，叶宽4.8~5.4厘米，叶脉8对，叶齿28对，叶椭圆，叶尖聚尖，叶肉隆起，浓绿。新梢叶柄有红晕、芽叶萎凋后有特殊芳香气味。

（10）八都中栏际苦茶1号：海拔500米，树高1.9米，叶长15.6厘米，叶宽4.8厘

姑娘坪坪岗头野生茶树

石门峡野生大茶树花蕾

姑娘坪石门峡野生茶树

米，最低分枝离地1.1米，叶脉8~10对，叶齿27对，叶长椭圆，叶尖突尖特长略下垂，叶面隆起有光泽，叶肉稍厚，叶色淡绿色。

（11）八都中栏际苦茶2号：海拔500米，树高3.38米，叶长14.7厘米，叶宽5.4厘米，最低分枝离地1.49米，叶脉8对，叶齿不明显，叶长椭圆，叶尖突尖特长略下垂，叶面隆起有光泽，叶肉稍厚，叶色绿色。

（12）八都中栏际苦茶3号：海拔500米，树高2.7米，叶长14厘米，叶宽5厘米，最低分枝离地1.87米，叶脉8对，叶齿29对，叶长椭圆，叶尖突尖特长略下垂，叶面略有隆起有光泽，叶肉稍厚，叶色黄绿色。

2. 地方有性群体茶树形态特征

（1）天山菜茶：分布于洋中章后、留田、际头等地，海拔700~900米，为有性系群体品种。属灌木型，中迟芽种。树冠高幅通常1~2米，树姿多为半开张，部分稍直立或披展，分枝低矮，主干不明，枝条斜生或稍直，属灌木型。叶多水平着生，形椭圆或长椭圆，叶长一般为9.0厘米，宽4.0厘米，属中叶乔木，叶尖渐尖或略实，叶面一般平展，肋骨状尚明，或略面卷，叶肉厚脆，叶色绿或浓绿油亮，部分暗绿。芽梢尚肥壮，多为绿色，部分黄绿或紫红色，芽毫一般。茶树品种有早芽种的天山雷鸣茶、天山清明茶，迟芽种的天山不知春，还有天山大叶茶、天山小叶茶瓜籽茶、单丛铁坪椭叶茶、坎下楼栲叶茶、奇丛坎下楼“曲枝叶”。

（2）青潭银针茶：分布于洋中青潭，海拔400米，半乔木型，6年生幼树高达3米左右，分支部位离地高约59.5厘米左右，主干明显，枝条粗达3.9厘米，新梢长8.6厘米左右；节间长1.95厘米，叶片呈水平状着生，叶长椭圆形，尖端渐尖，叶片平展，叶面略有隆起，叶肉略厚，叶色墨绿具光泽，侧脉明显，平均7对，叶缘平整，锯齿明显整齐，平均33对。

（3）留田银针茶：分布于洋中留田，海拔610米，半乔木型直立状，主干枝明显，直径为2厘米，分枝部位一般离地面11.3厘米，分枝较少，新梢长6.86厘米左右，节间长约2.6厘米，叶片近水平状着生叶先端渐尖，叶面隆起，叶肉厚质脆，叶色深绿突有光泽，侧脉明显，平均6.6对，叶缘略有背卷，锯齿深明，平均35对。

（4） 吴山清明茶：分布于八都吴山等地，海拔520米，属小乔木型，一般树高1.5~2厘米，树势半开展，主干明显，直径粗者达12.5厘米，分枝较高，节间长3.4厘米，叶片略下垂状着生，叶形长椭圆，叶长13.7厘米，叶宽5.2厘米，叶尖端渐尖下垂，叶厚尚平展，叶面隆起，色绿或黄绿侧脉明显，叶脉10~12对，锯齿深明 28~45对。嫩芽稍黄绿，尚肥壮，茸毛尚多。春茶萌芽，开采期早，通常于三月中旬鱼叶开展，清明前后达一芽三叶，可开采。茶树品种还有吴山早清明、吴山半清明、吴山谷雨茶。

（5）尼姑庵春分茶：分布于三都城澳尼姑庵等地，海拔350米，属半乔木型，树高60~100厘米，树幅40厘米 ，叶椭圆形，叶长7厘米，叶宽3.2厘米，叶肉肥厚，锯齿深，萌芽期2月下旬至3月上旬。春风开采，耐旱。

（6）库山早清明：分布于洪口库山大石古，海拔600米，灌木半披张状，叶呈椭圆形，叶长8厘米，叶宽4厘米，叶色黄绿色，叶脉5~6对，锯齿17对。

（7） 华镜春分茶：分布于九都华镜、赖岭等地，海拔400米，属半乔木型，树高70~110厘米，叶长椭圆形，叶肉肥厚，萌芽期2月下旬至3月上旬，春分开采。

（8）洋岸坂早春分茶：分布于九都洋岸坂等地，海拔150米，属半乔木型，树高60~100厘米，树幅100 厘米，叶长椭圆形，叶肉较肥厚，萌芽期2月中旬至2月下旬，春分前开采。

（9）莒州大叶清明茶：分布于洪口莒州村，属半乔木型，树高200厘米，叶椭圆形，叶肉较肥厚，叶齿明显，芽大有白毫，萌芽期比天山菜茶早10~15天，花多不结果，毛茶品质好，毫显。

宁德县
茶叶大事简记

陈玉海　林峰　吴洪新　陈永怀　提供

唐代之前

周代，霍林仙人开山持修霍童山，采炼灵芝丹石。其后历代真人高道如韩众、左慈、王纬玄、茅盈、葛玄、褚伯玉、司马承祯、邓伯元等，相继在这里修行、采药、炼丹。

东晋太元年间（376—396年），僧人僧群修行支提山（霍童山西部），嗣后，南朝以降，以霍童山为中心，龟山、漈山等地佛教丛林、寺院竞立。山间丰富的苦茶树为僧众提供了科醮、生活起居之用。

南朝梁（502—557年），道教理论家陶弘景曾居霍童山修炼，后隐宁德天山山麓（今洋中镇中和坪）的“元禧观”。他在《杂录》中记载：服苦茶轻身换骨，昔丹丘子、黄山君服之。

南朝梁武帝大通二年（528年），霍童山规模宏大的鹤林宫建成（宫有上下两座，石柱184根），霍童山间丰富的苦茶资源供道士们进行斋醮和日常生活之需。

唐代

开元十九年（731年），《新唐书》记载：“唐朝贡茶地区有：江南道……福州长乐郡……”（时宁德属之）

《新唐书·地理志》记载：“福州贡蜡面茶，盖建茶未盛之前也，今古田，长溪近建宁界亦能采造……”〔时宁德为福州“宁川”地，辖下的“关隶”（今政和县）与建阳山水相连，是蜡面茶区的一部分〕

天宝中（742—756年），释元表，三韩人，“负《华严经》八十卷，寻访霍童，礼天冠菩萨，至支提石室而宅焉。……（元）表赍经栖泊，涧饮木食，……”后人考证，“木食”者，也包括了茶。后元表法师回到朝鲜半岛，将霍童支提山的茶及制茶方法带到新罗迦智山宝林寺，至今“传为天冠茶”。元表法师遂成中国闽东茶到韩国的传播者。

至德三年（758年）前后，陆羽著世界上第一部茶书《茶经·八之出》载：

"……有十三省四十二州产茶，福州属之……"（时宁德亦为福州辖区）

唐文宗开成年间（836—840年），设置感德场，五代唐长兴四年、闽龙启元年（933年），升场为县，即宁德县。

宋代

开宝九年（976年），"天下兵马大元帅"吴越国王钱俶敕建的国家大寺院支提山"大华严寺"（后通称 "支提寺"）落成。该寺与龟山禅寺、香林寺、宝华尼寺、金鄣寺、漈山寺等寺院奉行唐百丈怀海创设的"禅门规式"，设茶头、茶堂，行茶鼓，普茶及迎送用茶汤成恒例。

宋代，"朝廷额定宁德职官六员：知县一员，县丞一员，主簿一员，县尉一员，巡检一员〔宋初，设寨三屿。元丰初（1078年）徙三都蛇崎山，因水界福宁、福安，故名三县寨；巡检'衔带长溪、宁德巡检，巡捉私茶盐矾（号称两县巡检）〕，监商税务一员〔徽宗政和八年（1118年）后由县官兼监〕。区区六员秩官，就有一员专司巡检巡抓私茶盐矾'"。

宁德县设城都务、临河务，号里、外茶盐税务，专置监务官，并从徽宗政和八年（1118年）定县务。临河务设水漈里长境渡口（今八都铜镜村），巡查、征茶盐税。宋福州知府梁克家于淳熙九年所撰的《三山志》载："宁德县设城都务、临河务，号里、外茶盐税务，专置监务官，并从徽宗政和八年（1108年）定县务。临河务设水漈里长境渡口（今八都铜镜村），巡查、征茶盐税，县故有拦脚巡税"。

宋初规定官给园（茶）户本钱，茶叶交易专卖；仁宗天圣时（1023—1032年），停止官给本钱，任商人与园户自相交易，由商人向官输"息钱"。徽宗崇宁元年（1102年）行"茶引法"，商人交纳茶价和税款领"引"，凭"引"卖茶，运销数量、地点都有限制。

仁宗嘉祐六年（1061年）十一月，因福州府发生蛊毒案，为防治蛊毒，宁德县衙接范兵部师道牒，立治蛊毒方雕板于县衙门前："……中蛊毒，不拘年代远近，先煮鸡子一枚，将银钗一只，将熟鸡子内口含……吐后，用茶一盏止……"

淳熙九年（1182年），《三山志·土俗类二·岁时　元日》："祈年，自五鼓后，户无贵贱贫富，皆严洁厅宇，设上、中、下三位，陈列酒食茶汤，焚金银楮钱，冀承灵贶，以保遐龄。"

乾道元年（1165年），阮元龄（宁德县人）在《愬旱魃文》中有"啖茶不足以拟其苦"的记载。

淳熙十二年（1185年），广西经略使、横州知州周牧（邑洋中村人）咏《资圣寺》（邑五都）："烹茶亟取盈瓶雪，一味清霜齿颊含。"

庆元五年（1199年），邑人、进士、永州东安知县高颐《定泉井》诗："惠山之泉甘如饴，但随茗碗争新奇”，将此泉喻比无锡惠山“天下第二泉”。定泉井，位于宁德城西灵溪寺右。叶羽《茶艺辞典·名泉部》（2002）称：“定泉，宋代名泉，位于福建省宁德县西白鹤山。泉深二尺，旱涝不增减。”

卫王祥兴二年（1279年），由于茶叶是西乡的主要税源，官府在洋中村增设巡检一名，加强市场管理和报税收税。

宁德县飞鸾大窑出土的黑釉兔毫盏（茶盅）、青瓷碗经福建省和北京的有关专家鉴定为北宋文物，证实当时宁德已有饮茶习惯，并批量生产、销售茶具。

元代

大德年间（1300—1320年前后），南宋爱国词人辛弃疾甥儿陈自新（宁德名士）撰七律《勒马回峰》，有“茶园淡淡山头月”句。

至元四年（1338年），宁德邑人左定孙在游览“宁川八景”时，写了一首五言绝句：“鳌桥云漠漠，鹤岭树重重。酒屿登临罢，茶园归兴浓。”说明当时宁德茶园已成为人们游览之地和诗人的吟咏对象。

明代

洪武元年（1368年），设县城、埔村二税课局，征商税门摊等课（含茶课），并始建局署。县城税课局在县治东五百步许，埔村税课局在七都，税科大使分别是潘珍、王真。是年，在十五都东洋设麻岭巡检司，巡捉私茶、盐，嘉靖年间徙六都云淡门。嘉靖十年（1531年）裁省县城、埔村二税课局，由县衙带办。

洪武二十四年（1391年）九月，明太祖朱元璋下诏罢造龙凤团茶，官焙衰亡，团茶向散茶演变。

洪武二十七年（1394年），进士林保童（宁德一都人，曾任浙江湖州长兴知县）在描写家乡“宁川八景”的《茶园晓霁》一篇中写道：“雀舌露晞金点翠”“龙团火活玉生香”“品归陆谱（指陆羽《茶经》）英华美，歌入庐咽兴味长”，等等，足证那时宁德茶区已普遍建立有茶园，产制多品类茶。

成化元年（1465年），御史陈宇（宁德人）于《大应庄》的茶诗中有：“风引清烟新茗熟，径堆香雪落花增”句。

弘治十一年（1498年），举人龚道于“三元道院”进香供佛中留有：“看竹未遑重拾草，焚香初罢更烹茶”句。

乾隆四十六年版《宁德县志》载：六都“中峰寺”建于明万历十九年（1591年），“其峰高接云霄，产茶甚美”。

嘉靖年间（1522—1566年），额定宁德县茶课钞六锭一贯二百文。常贡：芽茶八十四斤一十二两，价银一十三两二钱二分一厘；叶茶六十六斤一十三两，价银一两六钱三厘五毫。（明嘉靖十七年《宁德县志》卷一《田赋·课程·本朝》，《贡办·常贡·本朝》）

嘉靖十四年（1535年）十月丁未，邑人陈褎为知宁德县事叶稠去任撰《去思碑》，竖石并筑亭于县城南道旁茶园之巅，以表去思。

万历元年（1573年）及其后三次，李太后（神宗帝生母）、神宗赐赠支提寺藏经、毗卢遮那佛等佛像、五爪金龙袈裟及含玉碗（御茶碗）二块的大内器物。

万历十九年（1591年），《宁德县志·物产》载："茶——西路各乡多有……民居旷地遍植茶树"；"常贡品'芽茶'、'茶叶'"。

万历三十七年（1609年）三月十日至十三日，广西右布政司、方志学家谢肇淛（长乐人）登支提山览胜并经天山茶区品饮佳茗。在《长溪琐语》（1609年）中写道："环长溪百里诸山，皆产茗，山丁僧俗，半衣食焉。支提、太姥无论。"他还在《五杂俎·物部》中写道："闽方山、太姥、支提俱产佳茗"，进一步阐明支提"产佳茗"。

万历《宁德县志》载："于今西乡……其地山陂洎附近民居旷地遍植茶树，高冈之上多培修竹。计茶所收，有春夏二季，年获利不让桑麻。"可见当时茶叶已成为当地村庄主要的经济作物，且其收入"年获利不让桑麻"。又"茶——西路各乡多有，支提尤佳。"

崇祯三年（1630年），陈克勤（后任南京镇江府金坛县知县）撰茶叶专著《茗林》一卷，分别收藏于福州徐𤊹的《徐氏家藏书目》及清安黄虞稷《千顷堂书目》中。

清代

顺治十一年（1654年），周亮工《闽小纪》载："近鼓山支提新茗出，一时尽学新安，制为方圆锡具，遂觉神采奕奕。"茶叶盛藏器具从"粗瓷胆瓶"发展到"锡具"，并为宁德县地方嫁女必有嫁妆之一。

康熙四年（1665年）六月十六日，为保护"支提禅林所产茶芽"，福建右路福宁镇标右营游击高满敖奉太子太保、福建省总督李率泰令牌，在支提寺张榜禁谕："……近闻文武各官及棍徒影射营头名色，短价勒买，或贩卖觅利或派取以馈，遗所产之茶不足以供，溪壑络绎，骚害混扰清规，殊可痛恨，除出示严禁外，合行申饬"；康熙五年（1666年）五月，福建巡抚许世昌，为禁止文武各官、兵役、地棍勒买支提山茶，私索茶税事禁谕张榜；康熙八年（1669年）三月二十日，钦差福建督理粮饷道带管清军驿传盐法道布政使司参议李，为严禁"本省地方游棍串冒兵役，假藉当行垄断，借端助税勒抽，及沿途守隘兵役借端私索支提禅林茶税"张榜告示；康熙十年（1671年）正月二十日，总镇福建延建等处地方驻扎福宁州右都督吴万福，为支提山茶树因虫害无收，严禁地棍兵役擅进山寺买茶索勒事禁谕张榜。

康熙八年（1669年），宁德县文士徐启元所撰《秋怀三十咏》中有“煮茗长披陆羽经”句。

康熙年间（约1669年前后），支提山紫静室开设茶亭，供游人休憩品饮。

康熙二十三年（1684年），平定台湾后，开通海禁，通商贸易，设立宁德税务总口，下辖闽东北沿海9个口岸，分征税银。

康熙六十年（1721年），邑民詹孔传于白鹤岭旁建有“骖鸾亭”茶亭。

乾隆二十七年（1762年），福宁府知府李拔《福宁府志·物产》载：“茶，郡治俱有。佳者福鼎白琳、福安松罗，以宁德支提为最。”

康熙三十一年（1692年），支提寺僧无晦将该房系在九都扶摇村一块受种三斗五升的田，转卖给同山宁房二干第六世的海津洵梁，得支提细茶18斤，契书上载明值“时价银三两”，即细茶每百斤值16.6两；以地亩价论，康熙三十八年（1773年），支提寺僧房系间转用替寺田11亩6分，得价银25两，折合每亩值2两1钱5分；换言之，于当时每15斤左右支提细茶即可换买到1亩田，从中可见当年支提山细茶价值之高。

乾隆四十年（1775年），叶开树（宁德人）撰《采茶曲》诗。

乾隆四十六年（1781年），卢建其、张君宾《宁德县志·山川》载：“玉女峰，在县郭正南……前有茶园，后有石笋……”

道光二十六年（1846年），宁德霍童缪济川经营的“舟记兰花”牌箱装精茶由英国商人承销，闻名中外。

咸丰五年（1855年）后，福州产花茶，渐波及宁德，茶商种窨茶香花。

同治六年（1867年），山东茶商谢先生在洋中乡鞠多岭头（天山章后村入口）建房开设“全祥”茶庄，坐庄收购“天山绿茶”，运津、鲁、华北及南洋一带。同年，洋中章后村举人刘开封，将天山茶馈赠主考官带回山东分送乡人品饮，众人称佳。

同治八年（1869年），卞宝第《闽峤輶轩录》载：“宁德县……物产茶、瓷、纸。”

咸丰九年至同治元年（1859—1862年），霍童缪长焕与英商联合建立福建省宁邑会馆于福州，供宁邑（茶）商人栈茶、货与行旅居止。

同治十三年（1874年），八都猴盾村的雷志波将自家房屋前半部开敞为“雷震昌”茶庄，经营茶叶，经由三都澳出口。该村还有“雷泰盛”“雷成学”等茶庄。一直经营到抗日战争后三家并为一家，称“合茗珍”茶庄。

光绪八年（1882年），东冲口常关税务分关（时属宁德所辖）改为总口，宁德另设分关，归由闽海军经营。至光绪二十七年（1901年），常、洋关合并，称为常税总口，由三都海关税务司兼管。

光绪十二年（1886年），郭柏苍《闽产录异》记：“福鼎白琳、福安松罗，以宁德支提为最”，足证，明清间，支提茶不仅成为天山名茶的上品之一，而且名列闽东三大茶区榜首。

光绪二十三年（1897年）三月三日，宁德县三都澳被清政府批准为商埠。日商设有“朋兴”“同兴”“西辉”三大商行经营茶叶。

光绪二十五年（1899年）五月七日，三都澳“福海关”开关，有英、美等10多个国家在此设立商埠，以宁德为主的闽东茶叶由此出口，占港口出口总值的95%~98%，成为中国东南“海上茶叶之路”。同年，福州至三都间开始行驶汽船。

光绪二十五年（1899年），屏南、古田和宁德的虎贝、洋中、石后等地出产的茶叶部分运抵宁德铁砂溪（今濂坑村），经海路输往海内外。当时铁砂溪码头成为商贾云集之地。宁德县洋中人开办的“如意”茶行最有名。同年三都澳口岸出口茶量为4 486.75吨（89 735担），占福建省出口总量的18.69%，占全国的5.5%。

光绪二十六年（1900年）十一月，日本大阪商船会社开辟三都澳至福州航线。是年，置三都海防同知署；三都澳码头验货厂及茶仓落成。

光绪二十六年（1900年），洋中村周洪烈等于濂坑铁砂溪埠头开设“如意”茶行，专营“天山绿茶”中转出口。

光绪三十四年（1908年），三都公众事业委员会策划试种茉莉花。

光绪三十四年（1908年），“一团春”茶行老板林廷伸督导子弟在“可园”、宁德大桥头溪畔种植茉莉花、玉兰花等窨制花茶的香花，同时，开始加工窨制茉莉花茶。

宣统元年（1909年），宁德三都公益社从福州引进茉莉花苗5 000株在三都澳试种，从福州聘一位园艺专家来指导。宣统三年（1911年），三都澳附近试种茉莉花已获成功。

宣统二年（1910年），“一团春”茶行试制“玉兰片花茶”成功。

清末，闽东茶叶集散地之一的洋中村，开办有多家红茶精制厂。有一年，周玉敬加工的红茶装箱先运福州难销，转运天津亦滞销霉变倒入河中。又一年，周天权经营红茶遇上畅销而获大利。

中华民国

民国元年（1912年），三都澳“福海关”输出茶叶5 362.5吨（107 241担），其中绿茶有2 629.75吨，红茶2 504.5吨，其他茶428.25吨，占全国出口总量的7.23%。同年5月17日，宁德茶税局移驻八都，并在铁砂溪添设新卡，以便利东、西乡茶商报税。

民国初年，宁德城关街中头设立天山“岩茶鼎”茶号，购销天山岩茶。

民国三年（1914年），民国政府颁发《商会法》，尔后，本县工商界按行业成立“同业公会”。最大的为“茶业公会”，清同治年间任云南按察使的蔡步钟之嫡孙蔡祖德（又名仁峰）任会长。为了协调茶叶外销事务，本县还曾组建了“宁德县茶叶输出业公会”，1949年间的常务理事为陈友熙。

民国四年（1915年）11月，福建巡按使饬宁德知事贺民范，查办八都一带制造假茶案。

民国四年（1915年），宁德“一团春”茶行生产玉兰片花茶参加巴拿马国际万国商品博览会展出，获银质奖，奖牌高挂天津总行大厅。

民国四年（1915年），三都澳“福海关”出口茶叶首次创7 129吨（142 580担），红茶出口猛增至3 617.75吨（72 355担），比1914年增长89.4%，绿茶出口3 339.9吨（66 798担）。

民国五年（1916年）4月，宁德县茶商万顺春、关锡福所贩茶被抢，巡按使署令三都海军陆战队第五旅派兵驻守宁德保护茶商。

民国六年（1917年），宁德移植银尖茶树成功，省府指令宁德茶业研究会广为劝植。

民国八年（1919年），《大中华福建省地理志·地方志》载：“宁德炒、焙制绿茶运售欧美。”

民国九年（1920年）7月6日，宁德茶业研究会呈送优良茶叶参加福建国货展览会。城内“蔡仁记”绿茶获奖。

民国元年至十一年（1912—1922年），洋中街周伏增、周洪竞堂兄弟及周玉坎等成立股份制“同泰店”，经营茶庄到福州。此后（1931—1941年），又先后有合记、聚成颐、同仁、恒新、合兴、新珍等数十家茶庄开张。有的派人坐庄福州南门兜或下杭街，经营天山茶；有的运福州“宁德会馆”或台江“生顺”“良友”等茶行。福州天津邦挂“天上丁”牌号，经销天山茶（凤眉等）。

民国十年（1921年），“福海关”出口茶叶因受时局影响，跌落至4 426.65吨（88 533担）。

民国十一年（1922年）4月7日，宁德县三都县佐唐荫爵撰著的《种茶制茶浅说》被省长公署印发，并颁令全省仿行。

民国十二年（1923年），“福海关”出口茶达历史最高水平，为7 141.45吨（142 829担）。

民国二十五年（1936年），宁德县茶园面积达48 800亩，绿茶产量1 600吨，占全省绿茶总产6 575吨的24.33%，为近代历史最高水平。“福海关”出口茶为5 774.5吨（115 490担），其中绿茶3 709吨（74 180担）、红茶2 065.5吨（41 310担）。

民国二十八年（1939年），因抗日战争，海路不通，宁德茶叶陆道外运，亦因销路闭塞而滞积下来。同年，“福海关”出口茶量也仅2 147.7吨（42 954担）。

民国中后期，冯毓英（又名冯杰，洋中莒溪人，为20世纪七八十年代旅美华侨总商会会长冯近凡之父）于蕉城开办“协记”茶庄，多从洋中采购天山绿茶运销台湾及出口美国等地。

1938年6月7日，民国政府财政部颁布了第一次战时实行统制的《管理全国茶叶办法大纲》，由贸易委员会主办茶叶对外出口贸易，茶叶市场移至香港。

民国三十一年（1942年）1月10日，三都查缉防关所成立，隶财政部驻边缉私分处。4月1日，三都澳福海关改为闽海关三都澳分关。

1949年，经过长期战乱，全县尚有茶园3.5万亩，产茶444.8吨。

参考文献 >>

[1] 晋《太上灵宝五符序》。
[2]（宋）梁克家.2003.三山志[M].陈叔侗，校注.北京：方志出版社.
[3] 嘉靖十七年《宁德县志》。
[4] 乾隆二十七年《福宁府志》。
[5] 乾隆四十六年《宁德县志》。
[6] 宁德市地方志编纂委员会.1995.宁德市志[M].北京：中华书局.
[7] 福建省情资料库，http：//fjsq.gov.cn.
[8] 宁德市茶业协会.2004.宁德茶业志[M].福州：福建人民出版社.
[9] 宁德支提寺历代文契抄白。
[10] 周玉璠，周国文.2009.宁川佳茗：天山绿茶[M].北京：中国农业出版社.

第五章　茶余佳话

Ningchuan Tea Context

宁川茶脉

畲家
茶韵

翁泰其

畲族人民爱茶，茶是他们生活的一部分，是他们生活的调味品，也是他们风俗习惯的某种体现。他们自己种茶，采茶，制茶，还形成了自己独特的饮茶风俗。

待客茶

民国时期的陶茶壶

畲族凡是酒宴，皆先饮茶，然后喝酒。逢年过节也离不开茶。大年初一，全家人团聚饮糖茶，然后开饭。

在一个院子里，若住几家人，就要按户泡几盘糖茶，分别送到各户相互祝贺。正月头一次“出行”归来，要喝“出行茶”，正月初五“开假”，大扫除完毕也要喝糖茶。有意让小孩们说：“甜割来！甜割来！”借用“甜”的谐音“田”，预祝田园大熟、五谷丰登。

畲家茶的饮用有自己的一套规矩。在农村素来有“客来敬茶”的礼节，也是畲家人日常生活中交往的礼仪形式。畲族人在留客就餐时，先要供上一杯茶，然后再开饭。其泡茶还挺有讲究，不泡“单身茶”，即茶的杯数要多于客人，太满则欠雅，太浅情未到。有意请客喝茶，必须用沸腾的水将茶叶泡开，让茶叶沉落杯底，溢出香味，否则茶叶浮在杯面，就有对客人不礼貌之嫌。

畲族人接待客人，一杯热茶是头一道待客的见面礼，而头杯茶要先敬远方来的客人与长辈。畲族主妇不仅热情好客，而且还都有一个“人客落寮便泡茶”的习惯，有时遇到远方来客或是未曾谋面的外人，有事到畲家，她都会笑脸相迎，打招呼，彬彬有礼地双手捧上热茶敬献给客人。更为细心者，还拿出卤菜、花生、豆子供客人下茶。

在平常朋友交际中，畲族还有把头春茶或秋露茶采下制成佳茗，作为珍贵礼品送给亲友的习惯。

婚姻茶

畲族人曾把茶与稻、麦、豆、麻等五种东西列为“五谷”，人们把茶叶看得比粮食还重要。因此，未婚少女出门做客，就有不能轻易地喝人家茶水的规矩。少女如果喝了人家的茶，就有中意给这一家子人做媳妇的意思。

茶之所以被婚嫁男女所青睐，是因为古人认为“茶树为常青树，是至性不移之物”。明代大藏书家郎瑛在《七修类稿》卷四十六中说：“种茶下籽，不可移植，移植则不复生也。故女子受聘，谓之吃茶。又聘以茶为礼者，见其从一之义。”故直到今天，畲家女子订婚，还称之“下茶”或“领人茶信了”。

在畲族婚姻礼节中比较有特色的数新娘茶和宝塔茶。

新娘茶就是畲族姑娘出嫁上轿前，要用茶叶拌米谷放在托盘中，边唱哭嫁歌，边向厅前撒茶、米，意思是出嫁前为娘家播下茶种、谷种，将来能添丁发财。待姑娘花轿出门时，还要用一碗茶和米撒向轿顶，以祝福一路平安。

当花轿到夫家时，再由新郎的姑母端上放着两杯茶水的托盘，往轿里晃一晃，新娘才可下轿，这时伴娘妈和送嫁嫂将其娘家随带的装有红枣、花生、桂圆和豆子的“茶泡”抛撒向人群，让观看新娘的人们分享。

“男女十八、廿二（岁），好像春茶正开市。”在古代，再困难的畲族人家，畲族人在女儿出嫁的嫁妆中都少不了茶具，新婚之夜，新娘就捧着从娘家带来的红色油漆樟木八角茶盘，雪白的瓷茶盅，银制的茶匙，在手提锡制茶壶的送嫁嫂陪同下，向前来道喜的人们走来了。送嫁嫂代表新娘唱道：“喜迎亲，一盅香茶一颗心，一盅香茶一首歌，盅盅香茶敬亲人。”

众人和道：

“喜事多，今夜迎亲唱赞歌，赞好奖给酥‘茶泡’，赞孬的人无茶喝。”

畲村德高望重的长老，带头接过新娘盘中的“头盅茶”，随手搅一下盅中的银匙，沉淀在盅底的冰糖溶化了，往嘴里呷了一口赞道：“脚踏楼门八字开，六亲庆贺进房来，一来添丁二添喜，添丁添喜发大财。”

接着送嫁嫂又给每位喝冰糖茶的人献上一份“茶泡”。那甜蜜的香茶，爆熟了的“茶泡”，香脆可口。每人喝光茶水后，将与新娘见面的小红包投入盅底。

在畲族婚宴上，新娘的头一盅茶要先献给舅公，俗称九节茶。舅公喝完这一盅茶后，压盅的红包要有九节薯榔那么长，即是现金要逢九，如九元、十九元、二十九元，是舅公给新娘的头一次见面礼。新娘将各人的见面红包收入储存起来，留待日后生仔时，打银镯或银项链给孩子戴，以保健康长寿，俗称“百家银”。

畲族"宝塔茶"是福建畲族人在长期的生产生活中形成的一种独具特色的婚嫁习俗。畲族青年男女于结婚的前两天，男方必须挑选一位精明能干、能歌善舞的男子，当"亲家伯"或称"迎亲伯"，全权代表男方，挑上猪肉、禽蛋等聘礼，前往女家接亲。女家见"亲家伯"来，立即开大门鸣炮迎接，"亲家嫂"则搬一张板凳放在厅堂的左首让他入座。"亲家伯"要懂得谦让，把板凳挪到右边就座。接着，"亲家嫂"向他敬烟，但这时"亲家伯"要拿出自己的烟，先敬"亲家嫂"及其在场的人们。否则，就会被视为无礼，便点着鞭炮扔到他脚边，轰他，烧他的衣裤，取笑他。

民国时期的铁茶壶

男方送来的礼品要一一摆在桌上展示。"亲家嫂"会取猪肉、禽蛋等过秤，"亲家伯"一语双关地问道："亲家嫂，有称（有亲）无？""亲家嫂"连声答道："有称（有亲）！有称（有亲）！"接着，"亲家嫂"用樟木红漆八角茶盘捧出5碗热茶，这5碗热茶像叠罗汉式叠成3层，一碗垫底，中间3碗，围成梅花状，顶上再压一碗，呈宝塔形，恭恭敬敬地献给"亲家伯"品饮。"亲家伯"品饮时用牙齿咬住宝塔顶上的那碗茶，以双手挟住中间那3碗茶，连同底层的那碗茶，分别递给4位轿夫，他自己则一口饮干咬着的那碗热茶。这简直是高难度的杂技表演！要是把茶水溅了或倒了，不但大伙无茶喝，还会遭到"亲家嫂"的奚落。

"亲家嫂"向"亲家伯"敬"宝塔茶"时，通常还有一段对歌习俗。例如，当"亲家嫂"端出"宝塔茶"时，就会唱道："茶是好茶，我说大哥呀，茶是小姑子亲手采的，就等这一天来临好敬客。一碗一碗垒起，一天一天盼啊，日子都已垒成塔。人是佳人，小姑子要出阁，就请大哥你喝下这一碗碗茶。" 此时，"亲家伯"也以歌回应："茶是好茶，我说大嫂呀，这茶是我家小弟亲手帮着做的，正配大嫂的好手艺。这一碗碗呀，情浓于茶。人是俊郎，小弟今天迎娶佳人，我说大嫂呀，一碗一碗拆下喝了，好日子还得从头来。"

有时"亲家嫂"向"亲家伯"敬"宝塔茶"时，唱的是："迎新花轿进娘家，大男细女笑哈哈；树梢橄榄果未黄，先敬一盘'宝塔茶'。"唱罢即给"亲家伯"敬茶，但"亲家伯"不能马上用手接第一碗茶，而要先和唱一段："端凳郎坐真客气，又来泡茶更细腻；清水泡茶甜如蜜，宝塔浓茶长情意。"唱毕才按上述的办法去接"宝塔茶"，并加以分发，且喝完。

畲族"宝塔茶"是畲族人民在长期的生产生活中形成的一种独具特色的婚嫁习

清代六角茶罐

俗。这一婚嫁礼仪习俗将茶礼提炼、升华到一种独特的境界，成为畲族最有特色、最富情趣的民族习俗活动之一。

祭祀畲茶

在宁德市蕉城区八都镇的猴盾村，有正月初一向祖宗“讲茶”的民俗礼尚。“讲茶”时由族长、家长或长辈给每位祖牌放置一盅杯，而后膜拜，按仪式捧茶、举茶、献茶，其一举一动都得依格而行。

每到畲族人民祭祖的日子，也就是每年的正月十五，畲民会准备茶、酒、三牲等祭品放至宗祠的祭案上。在去宗祠祭祖前，畲民会用泡好的茶水洗手洗脚，俗称洗秽（畲语）。洗完后还要远远的倒到村口，供路人踩踏，称之为踩秽（畲语），据说可以消除一年的病魔、伤痛和晦气。洗秽完毕后，才能到宗祠去祭祖。

祭祖开始，先放神铳三响，百子炮连声，锣鼓喧天。并由族长给祖先敬酒、敬茶，带领族中老小磕头叩拜，叩拜时还会用畲语唱《高皇歌》。这种祭祀祖先的方式是畲族百姓几千年来传承至今的习俗。

畲茶茶艺

1999年，闽东宁德地区畲族歌舞团编演的文艺节目《畲族凤凰茶》获得了“榕城首届茶礼杯”一等奖。

“凤凰茶”茶艺表演，正是取材于畲乡的一个生活习俗——饮蛋茶。即以艾叶卧底，上搁一个完整的生蛋，用滚烫的山泉水浇熟，沏出“艾蛋茶”。每逢村中男人办大事、干重活，或身有小恙时必饮此茶——艾叶可祛痧解毒避邪气，蛋可进补，故奉蛋茶又成为迎宾待客的上等礼节。

在茶艺表演中用来浇沏的红蛋叫“凤凰蛋”。畲族人民崇尚凤凰可追溯到该民族的产生之时。凤凰崇拜的遗风一直保留在他们的日常生活中，而凤凰也正是中华民族所崇尚的真、善、美的象征，蛋则象征着生命的不断延续。整套茶具用纯银来精心打造——畲民把银看作高贵的象征。

表演共分八个步骤：

凤凰嬉水：这里指浅绿色的艾叶在水中涤洗，因艾叶形似凤凰而取名。

凤盏溜珠：这里指红蛋在似月芽状的白银器皿中涤洗，喻意新的生命接受大自然的洗礼。

丹凤栖梧：指珠形物呈圆状在这里指蛋黄，艾叶又似梧桐叶，喻意凤凰在梧桐树上栖息。

凤穴求芽：茶壶盖口喻穴，茶叶喻为芽，这里指茶叶放置于茶壶中，暗喻凤求凰，有交媾之意。

凤舞银河：指茶壶的“流”泻出状像天上的银河，凤凰在银河上翩翩起舞状。

白龙缠凤：这里指壶的“流”直对“银通”下泻时水流的缠绕状而取名，暗喻二物缠绵之意。

凤凰沐浴：滚烫的大水壶在茶杯上，下泻浇灌，似淋浴状，这里暗喻凤凰在“凤凰池”中接受大自然的沐浴。

金凤呈祥：“凤凰茶”泡制完成后所呈现的景象，象一只金色的凤凰在梧桐树梢上，白云缠绕金色的太阳，相互映衬，暗喻凤凰来到人间把幸福、吉祥无私的奉献给所有热爱生活的人们。

畲茶山歌

畲族人民喜茶，在他们的日常生活、劳动、会客、婚嫁、祭祀及一些休闲场合，都能看到一钵煮茶或者一杯杯热茶，同时，您可能还会听到委婉悦耳、高亢激昂的山歌。根据《畲族叙事歌集萃》一书中记载，许多山歌中都有对茶的传唱。在讲述青年男女爱情故事的《畲岚山》和《石莲花》中均唱到：“青山明月等娘来，敬了香茶歌喉开。小娘热情招待郎，姐妹烧茶成大帮。晏脯食了坐厅堂，一碗香茶捧分郎。小郎把茶接过手，姐妹商量便开腔。糯米做酒喷喷香，阿娘泡茶茶更香。食了香茶歌音清，歌源一出满山林。”当然，畲族姑娘在茶山上采茶时，还会唱一些《摘茶歌》《采茶歌》之类的，而朗朗上口的《敬茶歌》则是每个畲民都得会的基本功。

细碗冲茶送给郎

（畲歌调）（八都猴厝）

女：大碗泡茶细碗装，细碗冲茶送给郎，细碗倒茶给郎吃，人情结在碗中央。
男：吃一碗来添些凑，问娘那茶什么烧？问你娘茶什么制？茶米泡茶许香头。
女：人情结在碗中央，我郎接茶未在行，也知这茶真好吃，人情尽好水会香。

畲族茶山情歌

哥妹采茶上山间，妹叫郎哥要采精；好叶才能制好茶，铜铃打鼓另有音。
郎那有意妹有情，高产茶园细谈心；谁知打开话匣子，句句都是谈茶经。
村前流水明如镜，哥妹采茶它照影；照了三百六十张，张张笑脸对笑脸。
满山春雨纷纷下，哥妹园中采新茶；郎怕妹身湿坏了，妹说无水怎发芽。
阿妹采茶快如飞，阿哥后面紧紧追；两人相望没说啥，脸颊笑成桃花蕊。
哥妹双双采春茶，肩对肩来行对行；当面不敢把哥望，低头偷偷瞧情郎。
阿哥阿妹采茶青，茶歌阵阵飞过岗；歌声溶进茶丛里，心花随着茶叶长。
门前桥下一小河，郎妹采茶桥上过；河水清清映人影，好比七夕会银河。
郎妹相爱心要真，采茶好比采花心；要采你就采得准，莫在半途打转身。
妹唱茶歌心含情，只要郎哥仔细听；郎君若有真情意，茶歌也能做媒人。

畲家情歌

女：小妹厝内在泡茶，门外一位少年家，既敢门前来经过，不敢入厝来饮茶？
男：阿哥原是饮茶客，意爱小妹饮你茶。起先小妹未开口，不敢走入小妹家。
女：白毛茶叶个个爱，出名茶芽人人摘。送你一包容易带，若爱品茶常常来。
男：阿妹送茶笑眯眯，阿哥接茶心欢喜。好茶又加好情义，茶叶清香甜在心。

畲族茶文化中的种种习俗，寓意深远，此处不过略窥一斑。畲族人的茶文化是一种内涵十分丰富，涉及面相当广泛的畲族传统文化之一，其内容涵盖畲族人民在长期的生产活动和生活实践过程中所创造的与茶有关的物质财富和精神财富的总结，这其中不仅仅包涵畲族人对茶的种植、茶的加工贸易，还包括各种茶风和与茶相关的各种社会文化现象，其形成与发展经历了漫长的历史过程，并渗透到畲族精神生活与物质生活的方方面面。

龟山
茶事传说

林峰

追溯赤溪龟山的茶文化历史，不能不先说龟山寺。

龟山南屏峰

关于宁德的著名佛寺，民间有“一龟二凤三支提四漈山五安仁”之传说（即赤溪龟山寺、周宁川中凤山寺、霍童支提山华藏寺、八都漈山香积寺、石后安仁寺），龟山寺位居宁川五大禅林之首。据宋《三山志》载，唐开成二年（837年），蔡、柳两位禅师到龟山开山创寺，此后历经艰辛直到繁荣。鼎盛时，寺庙占地面积大约有300多亩，20多万平方米，成为闽东最大寺院之一。

蔡、柳禅师圆寂后肉身不死的传说，在当地广为流传。但许多人并不知道，他们的师傅是西安章教寺高僧百岩大师怀晖。百岩怀晖是唐代最重要的禅宗继承和发扬者之一。《宋高僧传》对他的传记这样评注：出尘志远，师从马祖，广布禅宗。百岩怀晖不仅是禅宗大师，而且还是制茶高手，这源于佛教禅宗与茶极深的渊源。唐陆羽《茶经》中就曾记载过南朝僧人茶事，僧人法瑶成为有史可考的第一茶僧。唐禅宗盛行时，茶除了礼佛供养用，也是僧人日常须臾不可离之物，茶的药理性完全符合禅师调节身心之用，成为帮助他们养心的最佳饮品。所以，宋代禅师圆悟提出的“禅茶一味”，这一振聋发聩的法语道出：禅即是我们的心，而茶是外在的相。

龟山古有三十六村之称，村村种茶。其独树东南一隅，山峰连绵，与道教第一洞天霍童山毗邻。从海拔1 079米的最高峰顶南屏峰朝北俯瞰，霍童溪由西向东蜿蜒，尽收眼底。龟山茶叶产区，因山间原始、自然、纯净的原生态环境而孕育了茶的卓越品质。关于龟山茶质，赤溪当地还有一段传说。相传，清乾隆进士吴诗仁因受奸臣排挤，挂印还乡，一天，行经赤溪，看到这里山清水秀，如诗如画，顿时胸中的怒气，一泻而散，万分感慨之余，不禁赞道：“清风追白日……”但因天热口渴，灵感迟钝，下句思绪全无影无踪。这时他看见附近一户农家，有一位鹤发童颜的老人家正在院里纳凉。于是，他就让家丁去要点水喝。老者从家中拿出一个小瓷罐，从罐中取出一小撮茶泡上，吴诗仁喝完后，感觉通体清爽，满口生津，就惊讶地问老者，“这是何茶？如此奇妙！”老者一边指着远处的高山，一边说：“这是龟山野茶，能生津、明目、去疲劳，当地人都称为‘龟来寿’。”吴诗仁望着远处云雾缭绕的高山，嘴里若有所思地念叨“龟来寿、龟来寿”，突然，他想到“龟来寿”不正是“归来寿”吗？想想自己官场沉浮一生，难道有比自由自在的人生状态更高的目标吗？能比延年益寿来得更重要的修行吗？豁然顿悟的他不禁脱口而出：“清风追白日，天水绕壶凉。一溪披绿晴，仙茗气如兰。”

自此，吴诗仁携家人在龟山脚下安家，静心教育后代，吴诗仁为人乐善好施，经常救济穷苦人家，得到了人们的爱戴，一直活到108岁而终。

号称南宋“百科全书”的著名理学家、思想家、教育家朱熹，也曾赴龟山精舍讲学而驻足赋诗。南宋绍兴十三年（1143年）元月，十四岁的朱熹跟随父亲朱松由建阳专程到长溪瞻仰唐“开闽进士”薛令之的“灵谷草堂”。在返乡之际，朱松父子登龟山寺。龟山寺的晨钟暮鼓，深深吸引了朱松，也给年幼的朱熹留下了深刻的印象。离山之际，朱松应寺僧之请，为龟山寺山门题匾留念。两个月后，朱松因病在建阳病逝。五十六年后的庆元五年（1199年），七十高龄的朱熹为躲避“伪学”之禁，应长溪学生林湜、杨楫的邀请，由古田杉洋来到宁德。此时朱熹想到幼年曾留下足迹的龟山寺，顿生重游之心。相传，朱熹在龟山精舍讲学时间长达月余。可惜他讲学的内容没能流传下来，只留下一首五言古风《白云亭》载入了乾隆版《宁德县志》：亭挹小南屏，遥联御经阁。四时发清兴，还尔林泉乐。虽然只有短短的二十个字，却为龟山人文历史增添了浓重的一笔。

朱熹一生好茶，广结茶缘，又早年崇佛，常与五夫开普寺住持圆悟大师一起品茶论禅，体验“茶禅一味”，建立了深厚感情，成为忘年之交。朱熹后来又以茶悟道，以茶悟儒。他在任漳州知府时，撰写《劝农文》，极力推广茶叶的种植栽培。当年朱熹在龟山寺开设讲坛的消息引得长溪的林湜、杨楫、高松、孙调，福安的张泳、黄干等一批富有正义感，求知若渴的学子闻讯接踵而至，可以想象当年朱熹与他的学子们品茶修学的场景。

宋、元时期，赤溪绿茶声名鹊起，至民国，涌现出“双泰成”“采和珍”“巫和记”等知名茶庄，有“赤溪茶叶香八闽”之说。龟山也成了整个赤溪产茶的腹地。

葛玄炼丹与霍童茶业

林津梁

霍童山位于鹫峰山脉中段东麓，主峰1 139.4米，延袤几十里，共九十九峰，层峦复嶂，山外有山。“周迴三千里名霍林洞天”， 道家称第一洞天，位居五岳之上，自古就是历代道家修炼、采药、炼丹的好地方。自唐之后，佛教传入霍童山。支提寺，始建于宋开宝四年（971年），称天冠菩萨道场。霍童山又称霍童支提山，与五台山、普陀山、峨眉山、九华山齐名，同为我国五大佛教禅地之一。

霍童山原名霍山，按《广舆记》载：周时仙人霍桐真人入山修炼居霍林洞，得名霍桐山。至唐天宝年间，当时信奉道教的唐明皇在大封天下名山大川时，诏令改为霍童山，敕封霍童山为“霍童洞天”，至北宋列为全国道教名山三十六洞天之首，而称“第一洞天”。

霍童山林木葱郁，鸟语泉鸣，云雾环绕，气候温和，降水充足，属温带气候，适合各种野生植物、中草药和茶树等的生长。这是古代道士方家前来修炼的重要前提。

霍童山有一东峰，俗称“葛仙岩”。相传是东汉道家葛玄饮茶炼丹的地方，至今犹存卧云庵、炼丹灶、捣药臼等遗迹。霍童古镇在霍童山下，被群山环绕，有大、小童峰，有葛仙岩，有双鲤朝天，有双狮抢球，有笔架山，有香炉峰等。霍童溪清澈如镜，两岸风光秀丽，霍童溪从上游松溪、政和、屏南、周宁各县的溪河数流奔腾而下，至外表、柏步交汇于霍童溪，流经霍童镇，犹比杭州西湖水之美，所以葛玄游遍天下名山时，特选霍童山葛仙岩为炼丹场所。

古人对霍童山水的称赞有诗为证，诗曰：

飞鸾越岭是闽东，第一名山数霍童。
天下名山数霍童，桃花十里挟松风。
六六洞天第一山，由来名胜绝尘环。
桃源十里记津口，霍童高突众山走，
三三溪水绕其根，六六洞天此居首。
霍童之山多怪奇，大童小童峰突驰，
峰头一折走仙岩，鬼斧凿穷开禅基。
霍童洞天何处觅，此地终是神仙居，
霍童一去不复返，炼丹岩上云空飞。

霍童外表村无公害茶叶基地

我来乘风一纵送，恍恍惚惚仙气浮，
平生心事寄仙岩，安得至人谈玄修。

葛玄何许人也？葛玄（164—244），字孝先，为三国时孙吴道士，《抱朴子》著者，葛洪从祖父，人称葛仙翁，在道教中与张道陵、许逊、萨守坚共为四大天师，被尊为葛天师，又是道教灵宝派祖师。汉族，原琅琊（今属山东）人，后迁丹阳句容（今属江苏）。葛玄自幼好学、博览五经，喜老庄学说，西晋时他遇到方士左慈，得受《太清》《九鼎》《金液》等丹经和《三元真一妙法》等，后传授弟子郑隐，郑又传葛洪。葛玄遨游天下诸名山时，受左慈指点，"后慈以意告葛仙翁，言当入霍山合九转丹。"（《道藏精华》第五卷之四，葛洪《神仙传卷》第82页）于是葛玄入霍童山东峰采药炼丹。

道家是中国土生土长的传统宗教，它与儒释两家共同组成中国传统文化的三大支柱，道教的人生观是天人合一，自然而来，自然而去，死后化归六气，重融自然。道教强调循道修炼生命，争取长生成仙。

在道家看来，茶是帮助修炼内丹的最好药物，道家清静淡泊自然无为的思想与茶清和淡静的自然属性极其吻合，茶能开清降浊、轻身换骨。道家的行气、吐纳、意守丹田、修炼内丹、服食之物非茶莫属。古代神农尝百草，日遇七十二毒，得荼（古代"荼"通"茶"）而解，茶能除瘴气、解热毒、止渴提神、消食利便、荡涤脏腑秽

污。如《神农本草经集注·杂录》中说“苦茶轻身换骨，昔丹丘子、黄山君（汉代道士）服之”，服了茶后才得道成仙。道家以茶养生，以茶养性，以茶提神，以茶待客，汉代道士对饮茶的广泛传播起了一定的积极作用。

葛玄在收集、研究各种中草药养生、治病的同时，还进行了大量的炼丹实验。如道藏精华《历世真仙道通鉴》卷之二十三载有葛仙公传，其传曰：“仙公姓葛名玄，字孝先……仙公本大罗真人下降……聪明智慧……年十五、六名振江左……衣道家……遂遇真人左元放（即左慈）授以九丹金液仙经，炼炁保形之术、治病劾鬼秘法……径往阜福地于东峰之侧建庵曰卧云，筑坛立灶居其中……修炼九转金丹……越三载，大丹成熟。”

葛玄饮用霍童山上茶树佳茗，轻身换骨，怡情悦性，清心雅志修炼内丹。葛玄炼丹功成后，借茶力而羽化成仙，“……赤乌元年太岁戊午十一月一日甲子日中天帝伟远奉勒命告行于霍童山，霍山仙公金丹已熟……乃择吉日登坛告谢天地，大酬三日，跪服金丹”，得道升天成仙，仙公于“子吴赤乌七年八月十五日午时飞升”。

葛玄炼丹，从发现茶叶功效，利用服食茶叶修炼内丹，享受茶性清心雅志，到修炼成仙，成就了一段美好佳话，这也给当地茶业的发展，增添了深厚的历史文化内涵。

从葛玄饮茶炼丹至今，霍童古镇茶业千年延续，洞天福地，仙山佳茗，从古至今，美名传扬。

白马山
茶韵话古今

燕珍

人间坤母

竹影盈盈，曲径通幽。相传数百年前，白马山上有一座神秘的古庙，座落在群山环抱间。拾阶而上来到庙前，庙里坐着一位粗衣素服的农家老媪，举头望去，庙前匾额上题写着“人间坤母”。乍看此妇非佛非道，非神非圣，何来如此殊誉？难免引发人们的好奇和疑问。

据史书记载，清乾隆初年，蕉城“五都下”有一位村大名叫张叔琳，娶妻张氏。其妻四十岁时生大病，从此留下厌食症。在病魔缠身痛苦的挣扎中，她想回娘家告个死别。于是她拖着沉重的步子，蹒跚而去。途中她遇上一老者，老者自言自语道：“蝼蚁尚且偷生，何况人乎？既不畏死，可上白马山求得仙草（野茶），以治‘绝症’。”说罢此言，一阵风不见了踪影。她恍然警觉，莫非遇上了神人指点？因此她不畏山路崎岖，艰难地登上白马山，结草为庐，粗衣简食，每天坚持用山泉水沏出白马山野茶为饮。历经十多年，此妇不仅身体健康，而且精神矍铄，村人视同活神仙。传言一出，时任宁德知县的周天福闻讯特前来探望。认定传闻不假，即题了“人间坤母”四个大字，并制成匾额赠送。当地村民传说，张氏得救乃忠烈王黄岳指点迷津，村民敬她“辟谷成仙”，为她塑身建庙，以供后人奉祀。

说起旧时代山乡的劳苦大众，生活艰难，劳动过度，多发“过劳”“黄种”病，即医学称之肝类病症，故有厌食现象。以现代科学观点分析，此妇病后坚持以天然山泉水沏的白马山野山茶为饮，常年饮之有消炎去病毒、保护肝脏和防衰老之功效，才获得健康长生，因此被神化为“辟谷仙”。后人赞曰：“高山重见昔年叟，江夏齐传辟谷仙”。

黄岳仙茗

千米白马山，森林茂密，绿叶成荫，降水充沛，土层深厚，生态优良。优越的自然环境钟灵毓秀，孕育了优质的茶叶。早在隋唐时期就有茶叶种植的历史。

史书记载，白马山东澳村，出了一位名叫黄岳的文人。唐末天下大乱，朱温篡位称帝，邀黄入仕，黄岳反对分裂，秉执气节，毅然回乡隐居，以耕读为生。黄岳对白马山自然环境情有独钟，带领家人开垦茶园，种菜，育茶，制茶，品茶，斗茶，精研茶道，过着世外桃源、清淡优雅的山野生活。有一年，当地发生瘟疫，百姓遭遇前所未有的病灾，爱民如子的黄岳采摘遍及白马山上的野茶树鲜叶，用白马龙井之水，煎出浓郁的茶水，早晚走村串户供百姓饮用。数十日后，瘟疫悄然渐失，茶水治好了无数病人，免除了一场可能即刻蔓延的灾难。后人传诵白马山野茶是“仙品”，常年受千米山雾与海雾缭绕交融，品质雪清，茶气浓厚，具有独特的杀菌、消炎、解毒、抗感染之药效，被称之为“黄岳仙茗”。

黄岳爱茶，而且熟谙茶道，也就是现代所说的茶文化。茶者，讲究的是质、泽、色、味、水、具。茶之珍品要从选种、培植、茶刈、采摘、精制做起（过去制茶用木炭火烤焙，用手工搓揉，更见功夫），然而这只是对茶的初识。真正的学问在于品茶悟道。悟出其中的尊、养、空、无、逸之道。一曰尊，即茶盖、茶盅、茶托为天、地、人三合，敬茶为尊；二曰养，茶

清养生；三曰空，清平养德、目空功利；四曰无，洁身无染，予人无我；五曰逸，自斟自酌，陶醉欲仙。

黄岳，身处乱世，视权力为粪土，不贪功利，不随污逐流，清高自好。此乃黄岳深得茶品之道，视茶品如人品。可谓茶道精深，可以通神。

古茶迷影

白马山上有一龙潭，名曰：借宝龙潭。潭边飞瀑千尺，声如响雷，终年不息，气势磅礴。在阳光下彩虹如练，甚为壮观。

传说瀑布旁的百丈岩上有棵仙草，时隐时现。因此民间一直流传着“龙潭一仙草，乃时世上宝。偶尔露峥嵘，只惜找不到”的民谣，至今不绝于人口。其实这是一棵经年不衰的白马古茶。据说为山上修炼得道的仙人亲手栽种。为了证实这一传说，19世纪中叶，有一英国商人专程到此寻觅古茶，拍下了一张照片。可是第二年春天，人们到此想采摘仙茶时，它又不见了踪影。这更为这棵仙茶罩上一层神秘的面纱，引发人们许多美妙的遐思。

这个故事留给人们的启迪是：白马山不仅景色优雅，而且是培育名珍茶树的好地方。白马山绿茶历史悠久，声名远播。仙影茶踪的神奇故事，1992年被录入福建人民出版社编纂的《三都澳风光传奇》一书，彪炳于史册。

龙泉佳茗

白马山上的借宝龙潭不远处，有座庙观，观里得道山人嗜茶，不时邀黄岳上山。据说有一天，道人采得借宝龙潭百丈岩上的仙茶，请黄岳共品佳茗。黄端起茶盅小口一品，顿觉清香冲顶，甘霖彻骨，美不胜收。连声赞叹：果然仙品也！两人促膝谈心多时，临别时道人送了一包“仙茶”给黄岳带回。黄岳高兴而返。第二天清晨，黄急不可得地想沏一杯晨饮，好好品尝一下仙茶。然而让黄大吃一惊的是沏出来的茶，味同嚼蜡，与山上喝的茶水有天壤之别。何也？黄岳踱步思忖，忽见庭前一桔。他想到了“橘生淮南则为橘，生于淮北则为枳”的故事。猛然觉悟，茶味不同，水之易也！黄岳想到即行，取了水桶上山到庙观旁的龙潭取甘泉，再沏再饮，效果甚佳。这件事让黄岳在品茶中思考良多。他不仅仅悟出的是茶道，更深刻的是，悟出了人生之道。黄岳较真的精神与力求完美的追求，注定了他宁可玉碎，不可瓦全，以身殉国，只求名节的人生抉择。

茶盏史话

1955年，在白马山麓的碗窑村古窑遗址，发掘出北宋黑釉兔毫盏。因质绀黑，纹如兔毫而得名，是北宋时期“斗茶”的最佳茶具。

对兔毫盏的考究，引出了一段斗茶史话：“斗茶”始于唐宋，是有钱有闲、有文化人的一种雅玩。斗茶的规则是用名茶，碾碎置盏中，水微沸初漾，调少许让水茶融汇。待水开冲茶后，宋人用自己创造的“茶筅”，边冲水边打击茶水，漫涌泡沫。以沫饽洁白，水纹晚露而散者胜。用这种斗茶法冲制的茶水，茶乳交融，水质浓稠，饮后茶水在盏壁上胶着不干，又称“咬盏”。

宋时斗茶之风靡于朝野。甚至上到皇帝，也在宫殿里为群臣演示茶道。宋朝丞相蔡京（莆田人），在《延福宫曲宴记》中记载了历史的这一幕，文曰：“上命近侍取茶具，亲手注汤击拂。少顷，白乳浮盏面，如疏星淡月。”可见当时斗茶之讲究至此。

宋代，福建省烧制的瓷器以闽北建阳、邵、泰等地为主。茶具都以斗茶所用居多。所以，在宁德碗窑村古窑址发掘出的兔毫盏，说明当时宁德已经有了“斗茶”用具之需。自然斗茶应备的名茶——白马山云雾茶，成为当时必不可少的佳茗。

白马传奇

白马山层峦叠翠，奇峰肃然。迎着朝霞，云蒸雾涌。白马峰如同天马行空，气势恢弘。登极远眺，三都澳的湖光山色尽收眼底。清风习习，茶果飘香。仙山茶韵，世人称颂。

话说白马山地，远古时期曾是一片汪洋大海。随着地壳运动，东海之滨有了“沉东京（岛名），浮福建”之说。沧海桑田，造化神功，才有了现在福建沿海这片山水奇观。这一大变迁，成了当时的东海九龙远古的“搬迁户”。但是他们在离开故居时，依然眷恋着这片美丽的家乡。传说有一天，天庭太上老君带领九龙横空遨游东海之滨——三都澳，游兴正酣，天钟轰鸣，召唤九龙回宫，贪玩的小白龙迷恋于三都澳山水美景，流连忘返，却误了回宫的时辰，在回眸南山的刹那间，南天门关闭，情急之下，小白龙只好坐地化成一匹白马，雄踞于山头，翘首东向，在人间塑造了这座白马仙山。自此，每逢春冬雨日，仙山的山海云雾交汇起舞，飞瀑流泉，如万马奔腾。在雾幔中隐约时现小白龙真身，龙光射牛斗，喷簿仙露，润湿山野，沐浴着一方宝地，以其灵气造就了独特的神奇仙山茗茶，为后人留下一段美妙的传说。

宁川育秀，物华天宝。白马山日照充足、土壤肥沃、云雾缭绕、空气温润，为培育珍茗佳品提供了得天独厚的自然环境。待暇日，人们不妨携亲带友到白马山，登峰览胜，品味茶香。正是：烘茗沏水话茶道，说地谈天论古今。也不失为人生一大乐事！

沁园春·白马名茶

吴培昆

谈茗说秋，千里梦回，白马寒坳。
见群峦如剑，层林似锦；仙风习习，云浪滔滔。
翠黛娥眉，凤冠霞帔，天赐神奇谁比高？
钟灵地，为科研毓秀，尽塑新潮。
浓妆艳抹朝朝。休误作楚王宫细腰。
立太阳灯美，螯蛾皆毙，有机肥富，病害全消。
绿色城池，健康文化，精品君临天下娇。
添诗翼，令宁阳八骏，一展云霄。

咏仙山八骏

刘腾雨

仙山净土水清纯，科技栽茶物自珍。
七碗乌龙芽带露，一杯八骏舌生津。
地邻东海多灵气，品出深山隔浊尘。
品获金牌优质奖，三千螺黛富茶民。

先儒陈普的茶情渊源

黄垂贵

理学家、教育家、一代大儒陈普是宁德石堂人，也就是如今虎贝乡文峰、梅鹤一带人氏。陈普幼年时励志发奋苦读，览四书五经。长大后，陈普潜心探研朱熹理学，成为一代大家。石堂山一带盛产茶叶，耕读一生的陈普，也与茶结下了不解之缘。

仁峰书院

陈普成人后，投苏州大儒韩翼甫在浙东崇德书院就学。在这里，他接受了良好的理学教育，成为“潜庵学派”重要的传人之一。潜庵学派是南宋辅广所创立的学派，辅广曾经四试不第，始师事“东莱学派”吕祖谦，既而问学于“晦翁学派”朱熹。因此说，陈普也是朱熹的弟子。宋亡后，陈普以宋遗民自居，誓言“志不仕元”，元朝廷三次诏书聘陈普为福建省教授，均被陈普拒绝。他隐居家乡石堂山，在“仁峰书院”中教学多年，以教书育人为己任。

宋代，全国书院盛时发展到四百余所，成为儒家学者进行学术研究和教书育人的中心。著名的书院有紫阳、石鼓、岳麓、白鹿洞、应天、嵩阳等，这些书院大都盛行茶道，成为宋代茶文化中心。位居宁德石堂的仁峰书院也不例外。陈普在家乡穷究学问的同时，日日与茶相伴。他的一首《山中》诗真切表达出那个时候他的处境和心愿。

> 便是人间一洞天，堕樵煮茗书腾烟。
> 深春笋蕨千锺禄，落日渔樵三岛仙。
> 一脉甘泉生白石，数竿修竹对青毡。
> 天关九府高无路，莫助椒芹献小鲜。

传说，陈普在宁德石堂开办“仁峰书院”期间，倡导品茶修身、茗饮和谐、以茶励志、以茶理智。早上必有“三礼茶”：一壶茶水敬天地，放置天井处；二壶茶水

虎贝石堂沉字桥

敬祖师神明，放置神位香案处；三壶茶水先生饮备，以提神醒目、宁心除烦。除此之外，日常会友也常以煮茗论道，戒绝饮酒。陈普曾写《不饮酒歌》《禁酒》诗，分别指出饮酒无益，并以实例说明酒后误事的种种弊端。

茗饮能使人沉静，使人能冷静地面对现实，这是与儒家倡导的中庸精神相吻合的。茶的文化能协调、沟通人际关系，达到互敬、互爱、互助的目的，提倡一种尊卑有序、上下和谐的秩序，符合儒家先贤们的精神追求。一代宗师朱熹十分喜好茶，深谙茶道的内涵。他曾在武夷山隐屏峰下构建“武夷精舍”，办学讲学，倡道东南，一时学者云集，盛极一时。武夷精舍周围置有“幽庵”“茶坂”茶圃两处，种植茶树百余株。朱子每于讲学之余，常与同道中人、门生学子入山漫游，或设茶宴于竹林泉边、亭榭溪畔。以茶待客，以茶会友，品茗吟咏，并常以茶自娱，行吟于茶丛。他还常常荷锄除草、提篮采摘其间，深得耕读之乐趣，并赋诗曰：“携蔬北岭西，采撷供茗饮，一啜夜窗寒，跏趺谢衾枕。”在武夷山水帘洞三贤祠前有楹联一副：“山居偏隅竹为邻，客来莫嫌茶当酒。”表现朱熹隐居武夷时亲近自然，以茶待客的生活情趣。

陈普与一代儒学宗师朱熹一脉相承，而在民间传说中，还与朱子另有一段奇特因缘。传说，朱子生前游历闽东时，曾经经过陈普的家乡石堂山，在一座廊桥前泉眼中饮水。朱子觉得泉水有墨香味，于是感叹：“后数十年，此中大儒诞生。”便在廊桥的横梁上写上“紫阳诗谶石堂名彰千古”。写罢，朱熹便离开。墨迹渗入木头，当时人们就叫这座廊桥称为“沉字桥”。朱子故后四十年，陈普出生，后陈普果成儒学大家，为这一美好传说增添了新的内容。

霍童下街，闻香识“舟记兰花”

壁岩

明清时期，霍童镇最繁荣的当数街尾（今下街一带），大抵原因是，这里汇聚了本镇经商大户，而经营茶者，又占了大多。举例来说，街尾一黄姓老厝门楼所用的青石来自宁波，经水路运至霍童，主人还特意在青石上雕刻出铜钱纹理，以显示出聚财寓意。这些青石选自宁波，原因就在于其主人远在宁波经营茶叶而成富商。

周末的午后，我们到霍童下街61号的天山茶舍。茶舍借助老厝的四合庭院，古色古香，试图重现老街经商之道的历史。经营者颇费心机：中庭摆放着古树茶壶，屏风一幅“天山绿茶从古栽，舟记兰花冠天下”的对联，左右各辟为茶室。

那么，好，来，上茶、上好茶。一泡“舟记兰花”。恰是聊聊霍童茶故事的慢时光。

客随主便，抿一唇。茶舍主人打开话语说道：“县志里有一句话是这么说的，清道光年间霍童注册‘舟记兰花’牌箱装精致茶……”这“舟记兰花”的茶故事，便悄然开始。

掐头去尾，同治年间，家住霍童街尾一带的缪济川，因人缘好颇得老板喜欢，后经营有道，独自开办“蘭成茶行”。很显然，霍童成为他后来经商茶的创业基地。缪济川之后在城关海滨路，购地建设一座土木结构商铺，商号命名为“蘭成茶铺”，供霍童茶商等商人之用。这“蘭成茶铺”后来获得了“善人居”之美誉。关于这事，黄鹤先生对此做了史料收集：同治三年（1864年）八月三十日，街道发生火灾，火烧街面达数百户，土木结构的“蘭成茶铺”丝毫不沾火，而其一墙之隔的黄姓一家困于火团中。紧张营救之中，缪济川在自己房子的墙体上凿开锅大的墙洞，使得黄姓一家20多人得以逃生。他再用大锅塞住墙洞，火焰愈烈，四邻皆烬，唯其铺

天山茶舍

独存。知县汤箴卫（云南蒙自举人，同治三年任）到达现场勘察，赞扬缪济川急难救人之举，故题“善人居”匾额以旌之。

缪济川的善举，添增了他诚信美誉，众多茶商纷纷与他合作，也让他的生意愈来愈欣荣。

再抿一唇，茶舍主人一转结语：“可以说，霍童每一座老厝，都离不开茶的故事。”历史上霍童经营茶者，无不得益于霍童溪这地理优势，特别是在三都澳开放之后，由霍童溪自西向东去的商品，源源不断地经过三都澳，流向省会福州，流向外地。所以，细细品味这“舟”字，切得是十分准确。

这话，从何谈起？比如，霍童溪上游屏南、莒洲之地，木材和茶叶均得益于这条溪；再比如，本镇茶初制之后，装好木箱，由挑夫运至榕树头渡口，经“厘头馆”纳税后上船，再经铜镜、水漈，过金垂渡口，达云淡门入海。这些茶，大多汇聚到省会福州。

但据老人口述，几多次，宁德茶叶进入福州后，当地人占据天时地利，采用压价手段，让宁德茶商吃尽苦头，况且加上几天住宿等开支，种种原因，让缪济川下定决心，必须解决这问题，在福州设立会馆。

于是，他提议组合郑实圃、陈中和、宋大成、萧万澡、萧方仞、周声著、魏衡卿七大殷商，加上自己，成立茶商理事会。他被推选为理事长，于同治元年（1862年）筹备在福州铺前顶建“宁德会馆”。当时由于当地人不肯出让土地，他想出很多办法，分几步实施：先搭一个戏台地，请当地群众看戏；再建魁星阁，寓意为保护孩子读书有出息；而后再建一座下婆宫，保护当地小孩与妇女。这些措施，受到当地人喜欢，最后建成“宁德会馆”。

无疑，宁德会馆成为宁德茶叶进入省会贸易的平台。据黄鹤介绍，宁德会馆生意不断发展和壮大，鼎盛时期有上百人，各种土特产包括糖、烟、酒、油料等，种类繁多。而后，宁德会馆也起到了省会福州日用品流通的作用。福州煤油、洋火、肥皂、布匹以及京果等源源不断进入宁德、霍童、周墩、屏南、政和等地。宁德会馆成为货物集散中心、文化交流中心，促进商务人员出省到浙江、上海、山东、北京等地开展贸易交流。

这“舟记兰花”精致茶为何取如此典雅之名？座上便有人问。主人只是呵呵地笑，这县志只有这句——清道光年间霍童注册“舟记兰花”牌箱装精致茶。我一边品茶，一边在想。我只能从字面上猜测，“舟”，与船有关；“兰花”，则是窨制茶香久效果的最上乘做法，并且，“兰”者，取自“蘭成”。或许是巧合，或许是冥冥之中在提醒我们，别忘了这一段霍童老厝里的茶历史故事。

姑娘坪
野生古茶树的传说

伊漪

姑娘坪，一个美丽又充满柔情的名字，装饰着这个灵山秀水的小山村。她坐落在宁德市蕉城区虎贝乡梅鹤村长艮岗山麓海拔700米之处，这儿有晶莹剔透的霍童溪水潺潺流过，有市内最高的1 500米“无名峰”及数十座巍峨的千米山峰环抱，原始森林中还有成片成片的野生苦茶树林，茶叶泡开苦涩中蕴藏缕缕清香，山民们称之为苦茶。远方的客人来到姑娘坪，好客的主人一定会献上一杯碧绿的苦茶，再给你讲述一个古老而动人的传说……

这儿原来并不叫姑娘坪，只是一个平凡而偏僻的无名小山村，村民们祖祖辈辈在这块土地上辛劳耕作，过着与世无争的日子。可是，南宋末年，金兵大举进逼，高宗一再南逃，无意收复中原，朝廷内部政治斗争异常激烈，南宋王朝处在风雨飘摇之中。建炎三年（1129年），建州（今福建建瓯）一带出现严重的灾荒，次年，农民终于在回源峒发动起义，起义军以雷霆万钧之势大败朝廷官军，声震八闽大地，也激荡着长艮岗一个青年的热血，“王侯将相，宁有种乎”的豪情壮志鼓舞着他。他决心走出小山村，告别这块生他养他的土地，投奔起义大军。临行前，他将祖辈传给他的一只翡翠镯子送给心爱的姑娘。姑娘明白他的心事，低头羞涩地对他说：“金人入侵，朝廷昏庸，起义大军是为百姓造福的，你放心走吧，我等你回来。”青年默默转身.在姑娘含情脉脉的泪光中一步一步向山外走去……

春夏之间，这里常常流行一种奇怪的热毒病，痛苦难熬，久治不愈。青年走后，他年老的父母不幸得了这种病。姑娘每天戴着那只翡翠镯子，精心伺候病重的老人，望穿秋水等待青年回来。

绍兴元年（1131年），高宗诏令农民军“放散”“归农”，农民军拒不解散，继续斗争。绍兴二年（1132年）正月，宋将领兵入闽镇压，围攻建州，攻城六日，城内民兵宁死不降，三万余人全部战死……

噩耗传来，青年的父母悲痛欲绝，病重不起，双双归天。姑娘含泪埋葬了老人，日日手握翡翠镯子，柔肠寸断。诉不完的别离情，流不尽的相思泪，不出半年也便香消玉殒了。姑娘的妹妹遵照她的遗愿，将姐姐与那只手镯合葬。姑娘下葬那日，天地动容，大雨滂沱，霍童溪水猛涨，数日不退。

第二年春天，枯黄了一季的野草又舒展了娇嫩的腰肢，山花也绽放迷人的笑靥。

不幸的是，这年热毒病再一次泛滥，姑娘的妹妹和许多山民都染上了这种病。有一天，妹妹来到姐姐的坟前，她吃惊地发现这里竟长出一株翠绿的茶树，芽叶尖长油润，折射出翡翠般怡人的光泽，茶树亭亭玉立，临风摇曳，散发着诱人的清香，仿佛一位袅娜多姿的少女。妹妹情不自禁地将嫩叶采下，泡成茶，茶水清澈碧绿，仿佛姑娘一汪哀怨的泪水，细细品尝，沁人心脾的馨香中伴着一股苦涩。怪的是，妹妹饮了这杯苦茶，热毒病奇迹般地好起来。从此妹妹把这苦茶叶分给得病的山民，用清洌的霍童溪水冲泡，无不茶到病除。若是山外人得了病，妹妹也带上茶叶，翻山越岭，千里迢迢为人治病。

岁岁年年，秋去春归，山上的野茶树长成片片茶林，山民们长年饮喝这种苦茶，越活越健朗，百岁老人比比皆是。于是姑娘坪野生苦茶的神奇功效伴着妹妹的美名与姐姐的爱情故事越传越远，久而久之，苦茶成了当地山民吉祥、祈福、保平安的一种寄托。有茶谚称：“日日三盅茶，官符药材不交家。”人们为了纪念姐姐纯洁忠贞的爱情和妹妹的善良好施，便把这小村庄命名为“姑娘坪”。人们为怀念那位不知名的反朝廷英雄，将环抱村庄那座最伟岸峻拔的高山称之为“无名峰”。让无名峰年年月月与姑娘坪相依相伴，守护永远。

如今姑娘坪千年野生苦茶树依然郁郁葱葱，她的天然药用和保健功效引起省内外茶叶专家的重视。自20世纪50年代以来，他们多次亲临原始森林考察。专家呼吁，保护这难得珍贵的野生苦茶资源，对深入研究茶树物种起源及植物遗传优化育种，发展开发宁德市名优茶叶品牌有很高的学术价值与经济效益。

温柔而坚韧的山风，日日夜夜唱着低回缠绵的情歌。霍童溪水汩汩滔滔，长流不息，它将把姑娘坪野生古茶的佳名，传遍海内外。

野茶古香

林立志

一

老家村前的小山岗，一个不高的土墩，或许外形像一爿仙桃覆于地，或许曾经整个土墩种满桃，乡民都叫它桃墩冈。这个令人对桃充满想象的土墩不长桃，乡民围绕着一脊脊土园种满了菜茶。土墩一年四季都是绿色的，所以桃墩冈永远像个巨大的绿桃。

菜茶现在已渐渐稀少，现代农业的发展把这近乎古老的茶种抛到了脑后。继福云六号之后，新茶种更如雨后春笋般破土而出，如黄观音、丹桂、金观音等品种，名字高贵，香气逼人，产量又高，不禁使菜茶自惭形秽，而淡出了人们的视线。

然而，在我的感觉中，家乡村前的那颗绿色"仙桃"却是那么的清新。

菜茶，该是祖祖辈辈在家乡种的茶了，那她的来源一定来自周边山中的古茶和野茶。记得小时候随母亲到桃墩冈采茶时，茶树比我要高出两个头多，但茶的枝干明显比山上的杂木小，枝条柔而富有弹性，力气虽小但拽着枝条拉下就可采到枝头的嫩叶。采茶时最怕一不小心碰到附在茶叶底下的茶虫，那些家伙全身呈棕色又带有些红，毛茸茸的，要是被它们粘上、爬过，奇痒无比。

二

我终究觉得"仙桃"上的茶树太小，看着不像树。我想要是茶树能长成村后面的三棵松树那样该多好。那三棵松树像三个巨人，撑着三把巨大无比的大伞，威风凛凛地站在山上，最大的一棵直径可达1.5米，要四五个大人才能合抱得过来。

我好奇地问爷爷："有没有像松树那么大的茶树？"

"茶树又不是松树，哪会长那么大？但这么大的茶树还是有的。"爷爷用手比了一下，大概小碗那么大。

"在哪呢？"我着急地问。

"远在天边，近在眼前。"这句话是我爷爷一时没有具体答案时，拿来蒙人的口头禅。

爷爷也爱忽悠人。但爷爷后来还是告诉了我，姑娘坪有。

我想去看看，但爷爷告诉我，姑娘坪很远很远，你去不了。

姑娘坪在宁德与屏南交界的大山中。

三

近几年，茶产业迅速崛起，推动了茶文化的探源和挖掘。蕉城的古茶、野茶资源也就渐渐清晰起来。

蕉城区位于北回归线以北的北纬26°31'18"~26°58'42"，有与云南相近的地质成因年代，地势西高东低，属中亚热带海洋性季风气候，年平均气温13.9~19.3℃，冬无严寒，夏无酷暑，气候温和，降水充沛，是较为典型的茶树物种的同源“演化区域”，是茶树种质繁衍的天然宝地。

人们还渐渐发现，蕉城还是古代野生茶的天然库区。20世纪50年代，郭元超等人在霍童镇小坑一带调查发现了野生茶。之后，陆续在虎贝、洋中、八都、七都、九都、洪口等乡镇发现了野生茶：

霍童大茶树（霍童小坑），树高6.4米，径围60厘米，叶呈椭圆或倒披针形，味苦；

大车坪1号苦茶（八都洋头），树高3.7米，径围33厘米，叶呈叶基契状、叶尖锐长、叶柄有红晕，味苦；

贵村大茶树（九都贵村），树高6.2米，径围70厘米，叶呈红色、主脉粗、芽肥大，味苦；

姑娘坪大茶树（虎贝梅鹤），树高10米，径围82厘米，叶薄且浓绿而有光泽，味苦；

门头厂苦茶（姑娘坪），树高5.5米，径围50厘米，叶厚且质脆而有光泽，味苦……

四

这发现野茶的姑娘坪，就是爷爷讲的姑娘坪。

在渴望与盼望的交织中，于清明时节，二哥和我邀约了几个朋友赴姑娘坪探望大茶树。

小客车沿着一条刚开出不久的山道出发。盘绕于高山峡谷间的山道上上下下，坡度几乎都是45°，有时不免担心车开下去打不过弯来。还好驾驶员技术过硬，一路上有惊无险。

约45分钟的车程，我们到了一密林处下了车，开始在山林小道中穿行。林很密，但树都不是很大。按理这么偏远的地方应该有大树，就像村后半山被砍掉的三棵松树一样大的树，但很遗憾，并没有。失望之余，难免埋怨起做林木生意的商人，“作柴”的时候干嘛那么赶尽杀绝，一个山头留几棵大树做种不也是积大功德么？

“宁伐一片树木，不砍一株老树。”一片树，可以是幼林也可以是成林，砍伐可以再种；一株老树，生长期漫长，甚至与村落同龄，还得经历各种自然或人为的考验，犹如一位饱经岁月浸染的智慧老者，其如此长久地屹立于天地之间，何其难哉？

“宁伐一片树木，不砍一株老树。”我期待，我盼望，能够永远存在于村规民约中，永志永记。

约走了两个半小时，终于到了姑娘坪，看到了姑娘坪的标志——一座破烂的老房子。房子前面的墙都已塌毁，里面阴森森的，角落里有个石臼。房子的前面有一棵巨大的枇杷树，径围约有2米，伸出的粗大虬枝把房子前方遮得严严实实的，使那破旧的房子越发显得阴沉。

我无法理解这样的一个地方竟然有那么温馨的名字。

又经过一番跋涉，终于见到大茶树了。

说实在的，看到大茶树时我是有点失望。我们饥肠辘辘地跑到大山深处，大茶树却没想象中的大，远远望去，六根小碗粗青黑色的枝干挤在一处冒出，密密匝匝地簇拥了一片空间，枝头已经长满了清嫩的绿芽，宛如六个连体姊妹，亭亭玉立地长在这荒无人烟的地方。想到这里，刹那间有了些委屈，但也感到有些可爱。

她们在这里痴痴相守的是一个怎样的秘密呢？

我不禁仰望对面陡峭的高山密林寻找答案。正在这时，二哥叫了起来：“看，这下面有个树头！”

大家不由地把眼睛集中到“美女们”的脚上。呵，黑乎乎的像茂林中的泥土一样黑的大树头。多大呢？大家很兴奋很激动，由于没带尺子，七手八脚地开始测量。

“直径40公分[①]。”

“我看有50公分。”

“那就45公分吧。”

“我看差不多。”

45公分的直径，那径围可达1.4米了，可以想象那是一个庞然大物了，可以成为后门山松树的小姐妹了，那她的年龄也应该在150~200年间了，也是树中的老人了呀。

可惜呀，她成为了一个树头！不然，她完全可以而且完全有资格成为云南千家寨上坝古茶树王一样的茶族世界的重量级的大佬人物了。

那原来的姑娘坪又是一个怎样的风光呢？不禁让我们遐想连连。

① 公分为非法定计量单位，1公分=1厘米。下同。——编者注

摘两片嫩叶，轻轻放入嘴巴咀嚼，只觉得有一丝苦味在舌尖蔓延，继而一股清香在齿颊间盘旋。咽下，却竟然是一股辛凉直入咽喉，涤荡胸腹，好一个清凉的世界。

好茶，真是好茶。我内心暗暗叹道。

这正是我梦寐以求的国宝级茶的味道。香，醒脾胃；苦，解诸恶毒；辛凉，发表清热。尤其是这种独特的辛凉味，穿透性远胜薄荷，这不正是眼下这追名逐利世界里的定心、清心、降火、去烦特有的味道么？

这味不正是旷世的绝味么？

五

后来，又听说姑娘坪还有一株古茶，比我们看到的“六姐妹”大得多。莫非，他就是那黑乎乎茶树头的丈夫？不知他是躲在悬崖边？或者涧的那头？抑或山的那头？在这山环水绕，林木层层叠叠恣性而长的无人区中，与他非亲非故的陌生人要找到他还真不是一件容易的事。

他的躲，是因为他羞怯么？还是他本不该让我们找到？

我们这些时不时就有砍树冲动的人到底该不该找到他呢？我心中甚是茫然。

蕉城古代茶诗

陈仕玲　辑

南宋

甘泉惠石铫郑才仲鬲以诗见赏次韵酬之

释慧空

老空剪茶器惟石，石有何好空乃惜。
先生嗜好偶然同，我久眼中无此客。
呼童活火煮山泉，旋破小团分五白。
不嫌菌蠢赋龙头，便觉弥明犹在席。

作者简介：释慧空（？—1174），号中庵，俗姓蔡。赣州（今江西省境内）人。年三十六投本郡观音寺落发，后依教忠晦庵弥光禅师。宋高宗绍兴十九年（1149年）移住宁德龟山寺。后迁大安（西禅寺）及崇福等寺。淳熙元年（1174年）圆寂。生平见《嘉泰普灯录》卷二十一、《五灯会元》卷二十。

明

茶园晓霁

林保童

根移北苑植山阳，春领仁风入缭墙。
雀舌露晞金点翠，龙团火活玉生香。
品归陆谱英华美，歌入庐咽兴味长。
雨后有人营别圃，艺兰种菊伴徜徉。

作者简介：林保童，字子成，号成斋。一都城关横路（今宁德城区）人。明洪武二十七年（1394年）进士，曾任湖广绥宁（今属湖南）知县。著有《成斋稿》。

茶园牧唱

陈癸

春满园林草满坡，大牛驱列小牛过。
路人不笑苍头丑，家主常怜赤脚多。

到处临风横紫笛，有时和月卧青蓑。
只今新制升平曲，不唱南山白石歌。

雅谈林先生茶溪清趣

陈宇

趣在前湾旧种茶，谁知移住洞仙家。
霜根向暖回春意，雪乳生香染霜华。
风引白云浮盏面，日薰碧雾绕檐牙。
高人杖履寻游处，两袖归来带落花。

作者简介：陈宇（1451—1532），字时清，号夷恒子，又号五真居士。六都西岐（今漳湾镇西岐村）人。以子陈褒贵赠文林郎、云南道监察御史。著有《五真集》十六卷。

茶园晓霁

陈褒

曙色开前苑，清香散晓逵。
弱芽春带雨，健叶暖张旗。
瑞草真魁矣，先朝有榷之。
世人争雀舌，至味不须奇。

作者简介：陈褒（1488—1551），字邦进，号骝山。六都西岐（今属漳湾）人。陈宇次子。明嘉靖二年（1523年）进士。授云南道监察御史，终广西按察佥事。正直敢言，颇著时名。平生著作甚富，有《骝山集》《礼记正蒙》《易书诗绪说》《观风余韵》《寓韶集》《慈水闲吟》《云间笑语》《奏议全集》等。

岩坞茶香

蔡世寓

当日龙团凤饼茶，何如岩谷煮春芽。
仙家舌舐真滋味，不必求槎泛水涯。

采茶次韵（三首）

蔡世寓

似箭如旗雨后茶，通灵七椀古名家。
年来欲洗腥肠胃，拟摘鸦山惮路斜。

谷口春明摘露茶，杖藜勃窣到山家。
石泉活煮香消渴，醉得先生折角斜。

不嗜浓浆却嗜茶，知君法制近当家。
他时会向南窗试，调雪吟松到日斜。

饮陈伯雨茶

蔡世寓

世事薰人苦寂寥，如君淡好自超超。
卢仝谱里传真诀，顾渚园中夺赤标。
春鸟声娇山屐满，博炉浪戢酒痕消。
客来剥啄频添水，道暍无妨乞一瓢。

作者简介：蔡世寓（1568—？），字朝居，号西园居士。蔡景榕子。一都城关（今宁德城区）人。以诗名。与崔世召、陈大经、陈克勤、张大光、王玉生、崔世棠等人组织“溪云社”，酬唱赓和，为一时盛事。有《西园集》传世。

日新上人惠太姥霍童二茗赋赠四首

谢肇淛

二十二峰高插天，石坛丹灶霍林烟。
春深夜半茗新发，僧在悬崖雷雨边。

锡杖斜挑云半肩，开笼五色起秋烟。
芝山寺里多尘土，须取龙腰第一泉。

白绢斜封各品题，嫩知太姥大支提。
沙弥剥啄客惊起，两阵香风扑马蹄。

瓦鼎生涛火候谙，旗枪倾出绿仍甘。
蒙山路断松萝远，风味如今属建南。

作者简介：谢肇淛（1567—1624），字在杭，号武林。吴航（今长乐市）人。明文学家，科学家。万历二十二年（1594年）进士。历任湖州推官、工部郎中，擢广西右布政使。博学多才，能诗文，为当时闽派作家代表。一生勤于著述，有《五杂俎》《北河纪略》《史觿》《文海披沙》等十余种。

清

闽茶曲

周亮工

延津廖地胜支提，山下萌芽山上奇。
学得新安方锡罐，松罗小款恰相宜。

作者简介：周亮工（1612—1672），字元亮，一字减斋，号栎园，学者称栎下先生。大梁（今河南开封）人。明末清初著名学者。崇祯十三年（1640年）进士，官山东潍县知县、浙江道御史。明亡，避居南京，后降清。历任福建按察使、户部右侍郎等职。才气高逸，记闻淹博，著作甚富。有《赖古堂诗文集》《书影》《字触》《闽小记》《印人传》等。

清明后二日

陈海嵩

一径花香蛱蝶飞，禁烟初过柳依依。
怜他村妇多辛苦，采罢新茶带月归。

作者简介：陈海嵩，清初才女。一都（今宁德城区）人。参政陈勖曾孙女，陈定国胞妹。性质端慧，读书能诗。适廪生彭维芳。卒年仅二十八岁。生平吟咏，仅存《幽窗》十九首，部分选入乾隆《宁德县志·艺文》。

茶园暮唱

李拔

瑞草郁葱葱，春园过牧童。
长歌牛背上，短笛夕阳中。

作者简介：李拔，字靖峤，一字清翘，号峨峰。犍为（今属四川）人。乾隆十六年（1751年）进士。二十四年（1759年），由楚北郡丞升福宁知府。工诗文，所至皆有题咏。任间政绩卓著，并纂修《福宁府志》四十五卷。今城区白鹤岭古官道尚存其手书"鹤翥鸾飞"摩崖石刻。

采茶曲

叶开树

松萝叠翠梢云峤，谷雨将零群鸟叫。
离离茅舍野人家，春田耕罢群采茶。
紫蓑青笠穿林薄，柔筐盛来香满屋。
石火新敲一缕烟，铜铛竞起千层绿。
飞甘洒润露华淼，南原北原采未了。
翠竹压庐残月明，松花落地无人扫。
我来暂憩杨柳岸，三五行歌声嘹乱。
欲问伊家采茶谣，隔篱细语风吹断。

作者简介：叶开树（？—1777），字春山，号立斋。乾隆四十年（1775年）由廪生捐贡生。例授泰宁训导。工于诗，有《采莲曲》《采茶曲》《登城东晚眺》等八首，选入乾隆《宁德县志·艺文》。

采茶歌

黄宿源

暖入茶已知，新芽吐旧枝。
清明何太早，谷雨恐太迟。
屈指中间十余日，采之采之正其时。
一茎又一茎，园有呢喃巧燕，并睍睆之流莺。
涤余襟兮，洗余耳。
梭抛剪掷，若为我而传情。

雨不雨，晴不晴，者番美景莫浪过，相逢会唱采茶歌。
尔也歌，我也歌，一声呼道归去罢，盈筐试举是谁多。

作者简介：黄宿源，二十都虎贝（今虎贝乡虎贝村）人。道光十七年（1837年）举人。大挑二等，历任永春、政和训导，升泉州府、邵武府学教授。

煎茶

黄克家

茶经阅罢挂帘钩，闲汲新泉上曲楼。
鹤闪炉头烟几缕，蝉抛锅底翼双浮。
风前弄扇云归碗，月下评诗雪满瓯。
到此俗肠应洗尽，且将火侯证潜修。

作者简介：黄克家（1809—1859），字嗣度，号汪波。二十都虎贝（今虎贝乡虎贝村）人。道光十九年（1839年）举人。

中华民国

视学闽东首站宁德感赋

郑贞文

飞鸾越岭是闽东，第一名山数霍童。
渔米茶香财不匮，枕轻独秀技偏工。
教儿义举严亲责，中馈调和主妇功。
寄语蕉城诸士女，乘时奋发竞为雄。

作者简介：郑贞文（1891—1969），字幼坡，号心南。福州长乐（今长乐市）人。清光绪三十年（1904年）留学日本。毕业后回国，任上海商务印书馆编译所任理化部编辑。民国二十一年（1932年），任福建教育厅厅长。

支提茶诗话

周玉璠

支提山是闽东一大风景胜地，也是中国天山名茶发祥地之一。历代僧侣、商贾、文人、墨客到支提山旅游者络绎不绝。他们凭借自然风光，以茶会友，以茶交谊，以茶言志，为后人留下了许多脍炙人口的诗篇，也为我们研究支提茶和天山名茶的发展历史提供了一个宝贵的佐证。今试加以贯穿说明，以冀共赏。

支提山建寺起即始种茶，而且产茶渐多，产区日广。明、清时期文人笔下已不乏反映茶叶产制和品饮方面的诗篇。明代林观《望仙岭》诗云：

崔嵬突兀接云霞，势镇闽藩十万家。
凝月岚光频曳练，扑人云气欲生花。
甘泉少试茶成乳，活火微烧灶伏砂。
疑有仙姑经绝顶，飞琼前导七香车。

望仙岭，位于支提山西部，地处虎贝白箬山麓，志书上记为“福源八景”之一。山势危峻，山泉甘冽。泉连溪水流入后园川，经虎贝、洋中、峬源，归海。诗中“甘泉少试茶成乳，活火微烧灶伏砂”，堪称是描绘烹煮茶叶的精妙佳句。巍巍的望仙岭，高插霄汉，云雾飘渺，气势雄伟。在饱赏了大自然美景之余，人们饶有兴味地汲来清沏甘冽的山泉，燃起灶中微微细火，把茶饼置入茶釜之中慢慢地烹煮。待釜内发出扑扑的沸水声，“乳茶”便已煮成。读诗至此，可以领略到明时支提山就产有乳茶、龙团茶等品类，而且十分讲究烹煮器具和技巧，留下了乳茶煮饮的真切写照。

支提寺志书载：“圣钟铿鸣，天灯煜龠”，谓“盖古今一名刹”。余圭《支提寺》诗云：

踏破芒鞋觅上方，尽将尘劫叩空王。
珠林树积千重翠，宝刹灯传百代光。
贝叶频翻僧共课，岩茶初摘客先尝。
朝朝登眺都忘倦，鸟语花开日正长。

余圭除对支提寺备加赞吟外，还翔实地记述了古时候支提寺兴行茶宴的情趣。僧侣们在苦读经书之后，煮泡出早春新摘的岩茶供客僧和游人品尝。史称“茶兴于唐而盛于宋”。在名山寺院中，茶叶始终是佛门弟子敬客之品，茶宴给佛门带来了家居的温馨。

茶，非但增加了支提寺的生机，而且增添了她的妩媚。许友《支提寺呈待兴上人》诗曰：

满屋禅光古佛家，洞天名胜足生涯。
形如瘦竹精神健，道在孤云愿力奢。
说法台前传柏子，晒衣岩畔长莲花。
多年咒虎安禅处，绕寺青山万树茶。

这是作者在游览支提山后留赠待兴上人之作。诗中维妙维肖地刻画了待兴上人的形象（形如瘦竹精神健），表达了对“佛家”的敬慕之情。作品既写人又叙事。正是经过古佛家们多年辛勤的垦植，过去曾经是老虎出没的荒山野岭，如今都种上了茶。茶树环绕着寺院，寺院陪衬了茶园。为名山增添了美好风光。

种茶—采茶—制茶，反映了茶叶物质生产的普遍规律。陈子钦《送崔五竺归支提纂修山志，兼简寄生上人》（后半片）诗云：

君返君山岂寥索，仍搜山草详参略。
秋茗香寒露白中，遍卧山寮蹑僧阁。
佛火光中注石泉，为计书成霜始落。
语君此志山中酬，将来绮语还应收。
老思清悟向何处，一声磬落前峰秋。
为余峰中语耆宿，先截峰头老筇竹。
待我寻君上此峰，扫起茶烟满山绿。
相依结庐双童肩，何事挑云下岩谷?

本诗在描绘崔五竺、寄生上人不辞劳苦，爬山涉水在支提山寻踪搜胜，深入细致调查考证，专心致志修纂寺志方面落墨浓重，激情荡漾。然而诗中仍然两处提到有关茶叶生产的事。其一：“秋茗香寒露白中，遍卧山寮蹑僧阁。”咏述了深秋时节，支提山一带采制的“白露茶”香气清高，别有风味。因为此季采造茶叶，气候已由“热”转“寒”，成品茶不易馊变，味醇质优，故谓“秋茗香寒”。“露白中”是指深秋“白露”节气，空气中的水气在茶树上容易凝成白色晶莹的露水，茶树白天接受阳光沐浴，夜间饱受水露的滋润，有利于茶叶有效成分的涵养，提高了品质。同时秋季采摘芽茶为“秋白”，多有白色的毫毛，故云秋茗为“露白中”。后半句则续述了支提山不仅有许多庵堂楼阁，还有那遍布于诸山、大道上的茶寮、小屋、凉亭，供游人歇息、观赏、品茗。从中可以窥见支提山兴盛时期的风貌。其二："待我寻君上此峰，扫起茶烟满山绿。""为计书成"（修纂好支提山志），崔五竺不辞辛劳跋涉于山巅峰顶，以至客来无处可寻。诗人只好步崔君之后尘，登上峰头。啊，拨开那笼罩于峰峦周围的浓雾一看，只见一丛丛翠绿欲滴的茶树，连着层层梯园接上云天。可见当年支提茶生产已具一定规模，为名山增添了风姿。

支提山茶多，但采茶却极为艰辛。林士愚《读支提志》诗云：

尺幅嶙峋无数山，宛然身在翠微间。
峰回十里松杉路，岩向千寻瀑布潺。
看竹人从青嶂去，采茶僧带白云还。
此中应有天台路，知是何年得叩关。

这里生动地描绘了支提山生长于千岩万壑之中的树木、竹林，采伐者需要攀登于陡峭的青嶂之中工作的情景。也指出了许多茶园垦植在荒山野坡之上，春天采茶季节，群山云雾缭绕，为了采摘新茶，僧侣们经常往返在云雾之间，说明了支提山不但茶多，而且有"高山云雾出好茶"的独特生态环境。

支提山处处有景，处处有诗。陈宇《大印庄》诗吟：

行庄隐入白云层，如此禅关岂易登。
风引清烟新茗熟，径堆香雪落花增。
谈空石上苔生榻，入定堂中月映灯。
顿觉尘缘痴尚在，题诗潦草记游曾。

大印庄，亦称大应庄，地处那罗岩西南部。五代周广顺元年（951年）建有"大印寺"，后废。为支提山西部一大胜迹。

宋代诗人周必大有名诗云："淡薄村村酒，甘香院院茶。"支提山作为僧侣、游客云集的胜地，汲水煮茗，品茶赋诗，自然成为人们一大快事。诚如本诗所记，游人登临隐没于白云深处的大印庄，白天饱览自然风光，在长满青苔的大石上静卧谈经。晚间，佛堂中月光灯光交相辉映，此时此刻，正是赏月赋诗的好时光。其颔联"风引清烟新茗熟，径堆香雪落花增"一句，活生生地勾画了明代支提山一带沏茶烹煮饮用的浓郁风情。试看，在那鲜花盛开的春天里，游人踩着落满白色香花的山路，来到了大应庄，烧火烹泉煮茶，在春风的轻轻吹拂下，不觉新茶煮熟了。品尝之后再登山揽胜，只见沿山小径增添了无数飘落的花瓣。

纵观历史，陶醉于支提山灵山秀水之中者，骚人墨客有之，达官显贵有之。自然，佛门弟子也不甘寂寞。而且历代诗僧辈出，留下了许多美妙的诗篇，为茶文化增添了光辉。本山诗僧释通质《游辟支岩》云：

看山尝不厌，犹向此中来。
石瞪惊苔滑，潭关傍水隈。
洞经罗汉隐，岩为辟支开。
茶罢欲归去，题诗拂壁苔。

辟支岩，距支提寺20 里，这里石壁连亘十余里，峰岩环绕，奇绝万状，蔚为壮观。史称唐黄涅槃开辟有“辟支兰若”庵，并居于此。明万历四十年（1612年），僧人真常在此重辟悬崖，水滴如浆，“天浆甘露”，亢旱不竭，岩下有一“罗汉洞”，洞小而圆，内长有小树，四季有鲜花开放。传说，古时辟支岩在天高气爽的秋天之夜，常听有钟声远扬。村民时见僧人坐下树梢，呼之即逝，给辟支岩披上了一层神秘的面纱。游人到此观赏了秀丽的风光，品饮了香馥、清爽的名茶，在行将离去之时，突然诗兴顿发，拂去长满青苔的石壁，题诗于上，以抒情怀。

以支提山为题材的吟茶诗还有许多。诸如释照古《过碧云庵》：

栖野任闲适，携筇访草堂。
春深云树碧，雨过薜萝香。
啜茗临孤石，飞花送夕阳。
幽吟不觉返，归兴月苍苍。

诗作描叙了一位年迈客僧在明媚的春天里，拄着手杖登上支提山，途经碧云庵（距支提寺10公里，清康熙十一年即1672年僧人照宪建）草堂，只见万树吐绿，百花争艳，心情格外舒畅。他登上一块孤石，细细地品饮着馥馨甘冽的佳茗，不禁触景生情，吟哦有诗。眼看着五彩缤纷的夕阳落下了西山，归途之时已是皓月当空的夜晚。

陈沆的《寄慧山石莲上人》则抒发了诗人深秋时节，游览“慧日庵”的情怀。诗云：

寄迹桃溪六六湾，良宵清梦霍童间。
高僧煮茗汲新涧，野客吟诗集慧山。
绿竹数丛墙外影，白鹇双翅月中还。
忽然虫响惊余醒，但觉深秋云水闲。

慧山，指支提寺东部二十余里的“慧日庵”外案，山势尖锐青霭，日出当照其顶，因而有“海门日出慧山红”之赞誉。该寺建于宋开宝七年（974年），元白法师结茅居此。传说，这里凌晨东方未曙，林间有光，赫如晨曦，故得其名。

诗人在桃溪、霍童等地游览时，来到了慧山。慧日庵一时游客云集，诗会空前，住僧汲取甘泉活水，烹煮新茶敬客。客人们在品茗之余，诗兴顿发，一下子写下了许多充满激情的诗篇。

采茶歌

钟永春 林津梁 收集整理

正月采茶正新年，王母娘娘办寿筵，蟠桃美酒猴王醉，八仙过海吕洞宾。
二月采茶桃花开，苏秦求官空回来，堂上双亲全不睬，妻儿不肯下楼来。
三月采茶百花开，无情无义蔡伯钗，有情有义貂蝉女，罗裙包土祝英台。
四月采茶茶叶长，甘罗十二为丞相，甘罗十二年幼小，太公八十遇文王。
五月采茶石榴红，杨素将军斩九龙，左手拿龙右手斩，血水点点满江红。
六月采茶六阳阳，李远别妻李三娘，别去扬州十六载，麦房生下九儿郎。
七月采茶七月半，目连救母下西番，十八地狱去寻母，救得母亲泪淋淋。
八月采茶桂花青，董永卖身葬母亲，董永本身孝顺子，天送玉女结成亲。
九月采茶九重阳，单刀匹马关云长，过了五关斩六将，战鼓三声斩蔡阳。
十月采茶是立冬，霸王自刎在乌江，霸王本是英雄汉，韩信伏兵十里长。
十一月采茶雪飞飞，王祥孝子脱寒衣，脱了寒衣身又冻，天送鲤鱼救母亲。
十二月采茶冷凄凄，孟崇哭竹在山林，孟崇哭竹竹生笋，谷雨来时天送金。

捡茶歌

林津梁 收集整理

正月捡茶正年年，茶行盖在街中边，也有做鞋做锡过，拿起头脚去赚钱。
贰月捡茶二年时，广东茶客还未来。茶在青山麻雀嘴，白蛇女子笑咪咪。
叁月捡茶三月三，天光捡茶捡茶青，又捡茶米贰两四，又捡铜钱二百三。
四月捡茶四连连，谷雨夏季又赚钱，脚穿鞋船笔拨草，手拿雨伞去赚钱。
五月捡茶五云云，月白衫仔配红裙，大粒扣头红兜领，口点胭脂一点红。
六月捡茶六月中，茶妹贪想恰嫁装，茶客问妹要啥装，要恰福州上海装。
七月捡茶七乌乌，打算吃菜做尼姑，那知尼姑此难做，连夜提燈寻丈夫。
八月捡茶白露茶，白露呀茶 真着加，双手逢在呀茶面，边边角角手拿它。
九月捡茶九长长，茶妹贪想茶客剪衣裳，茶客问妹剪啥布，要剪福州洋布改芙蓉。
十月捡茶十月条，茶客撑船转过江，茶妹问你舍得去，不知明年何茶冬。

附录一 宁德市蕉城区茶叶产品部分获奖情况

品名	时间、授奖单位及等级	获奖单位
天山绿茶	1982年获商业部首次全国名茶评选“全国名茶”称号	福建省宁德县茶业公司
天山绿茶·雀舌	1982年获福建省名茶小茶一等奖	福建省宁德县茶业公司
天山绿茶·清水绿	1983年获福建省名茶大茶一等奖	福建省宁德县茶业公司
天山绿茶·四季春	1986年获商业部全国名优产品评选“全国名茶”称号	福建省宁德县茶业公司
天山绿茶·清水绿	1986年获福建省名茶得分最高奖	福建省宁德县茶业公司
天山绿茶·明前绿2号（烘青）	1986年获福建省名茶得分最高奖	福建省宁德市茶叶公司
天山绿茶·银芽	1986年获福建省名茶一等奖	福建省宁德县茶业公司
天山绿茶·四季春	1986年获福建省名茶一等奖	福建省宁德县茶叶公司
天山绿茶·毛尖	1986年获福建省名茶一等奖	福建省宁德县茶叶公司
天山绿茶·银芽	1992年获福建省名茶	福建省宁德市茶叶公司
天山绿茶·毛尖	1993年获福建省名茶	福建省宁德市茶叶公司
天山绿茶·毫芽	1993年获福建省名茶	福建省宁德市茶叶公司
天山绿茶·翠芽	1993年获福建省名茶	福建省宁德市茶叶公司
天山绿茶·迎春绿	1995年北京第2届中国农业博览会名优绿茶金奖	福建省宁德市茶叶公司
天山绿茶·银芽	1995年北京第2届中国农业博览会名优绿茶金奖	福建省宁德市茶叶公司
天山绿茶·毫芽	1995年获福建省名茶奖	福建省宁德市茶叶公司
天山绿茶·迎春绿	1995年获福建省名茶奖	福建省宁德市茶叶公司
天山绿茶·银芽	1995年获福建省名茶奖	福建省宁德市茶叶公司
屏峰云雾	1995年获福建省名茶奖	宁德市赤溪茶厂
京华白雪芽	1996年获福建省名茶奖	宁德市赤溪茶厂
天山绿茶·清水绿	1996年获福建省名茶奖	福建省宁德市茶叶公司
天山绿茶·迎春绿	1996年获福建省名茶奖	福建省宁德市茶叶公司
天山绿茶·银芽	1996年获福建省名茶奖	福建省宁德市茶叶公司
天山绿茶·白玉螺	1996年获福建省名茶奖	福建省宁德市茶叶公司
天山绿茶·毫芽	1996年获福建省名茶奖	福建省宁德市茶叶公司

（续）

品名	时间、授奖单位及等级	获奖单位
天山绿茶·雀舌	1996年获福建省名茶奖	福建省宁德市茶叶公司
京华雪峰	1996年福建省名茶评比金奖	宁德市赤溪茶厂
茉莉毛尖	1999年获第二届中国国际茶博会金奖	宁德市仙山茶厂
天山绿茶·毫芽	1999年获福建省名茶奖	福建省宁德市茶叶公司
天山绿茶·白玉螺	1999年获福建省名茶奖	福建省宁德市茶叶公司
天山绿茶·雀舌	1999年获福建省名茶奖	福建省宁德市茶叶公司
天山绿茶·松子	1999年获福建省名茶奖	福建省宁德市茶叶公司
天山绿茶·迎春绿	1999年获福建省名茶奖	福建省宁德市茶叶公司
天山绿茶·银芽	1999年获福建省名茶奖	福建省宁德市茶叶公司
天山松针茉莉花茶	1999年获福建省花茶品质鉴评名茶奖	福建省宁德市茶叶公司
天山香毫茉莉花茶	1999年获省花茶品质鉴评金奖	福建省宁德市茶叶公司
一级茉莉花茶	1999年获省花茶品质鉴评金奖	福建省宁德市茶叶公司
憩园毛尖	2000年获韩国茶人联合会、第二回国际名茶评审委员会国际名茶金奖	宁德市仙山茶厂
鞠岭牌天山松针	2001年获福建省名茶奖	福建省宁德市茶叶公司
鞠岭牌天山绿茶	2002年获中国（福建）国际茶文化博览会金奖	福建省宁德市茶叶公司
鞠岭牌三杯香茉莉花茶	2000年获中国太姥杯茶叶品质大奖赛金奖	福建省宁德市茶叶公司
银毫花茶	2002年获中国（福建）国际茶文化博览会金奖	宁德市赤溪茶叶有限公司
银毫茉莉花茶	2002年获第三届全国茉莉花茶质量评比金奖	宁德市赤溪茶叶有限公司
中华茶王	2002年获福建宁德首届“名优茶”评比金奖	宁德市赤溪茶叶有限公司
鞠岭牌天山松针	2002年获福建宁德首届“名优茶”评比金奖	福建省宁德市茶叶公司
鞠岭牌天山雷鸣	2003年获第十届上海国际茶文化节——中国精品名茶博览会金奖	福建省宁德市茶叶公司
鞠岭牌天山松针	2003年获第十届上海国际茶文化节——中国精品名茶博览会金奖	福建省宁德市茶叶公司
天山迎春绿	2003年获福建省名优茶鉴评会省名茶奖	福建省宁德市茶叶公司
鞠岭牌天山迎春	2004年获“中绿杯”名优绿茶评比活动金奖	福建省宁德市茶叶公司
鞠岭牌天山绿茶	2004年获第三届中国太姥杯茶叶品质大奖赛“绿茶茶王奖”	福建省宁德市茶叶公司
鞠岭牌天山翠芽	2004年获第三届中国太姥杯茶叶品质大奖赛金奖	福建省宁德市茶叶公司
银毫茉莉花茶	2006年获首届“人文奥运与中华茶文化高峰论坛”暨“人文中国·茶香世界”中华茶文化宣传活动之中国名茶评选金奖	福建省宁德市茶叶公司
鞠岭牌天山绿茶	2007年获福建省名茶奖	福建省宁德市茶叶公司
鞠岭牌天山绿茶	2009年获福建省名优茶评比省名茶奖	福建省宁德市茶叶公司
洞天岩红	2009年获福建省名优茶评比省名茶奖	宁德市蕉城区思源茶厂

（续）

品名	时间、授奖单位及等级	获奖单位
大龙毫茉莉花茶	2009年获第六届全国茉莉花茶交易会评比金奖	宁德市天泉茶叶有限公司
老傅牌天山绿茶	2010年获上海世博会名茶评优金奖	福建省宁德市赤溪茶叶有限公司
鞠岭牌天山绿茶	2010年获上海世博会名茶评优金奖	福建省宁德市茶叶公司
天山御春芽	2010年获上海世博会名茶评优金奖	福建省蓝湖食品有限公司
仙山绿茶	2010年获上海世博会名茶评优金奖	福建省宁德市仙山茶业有限公司
冠红天山绿茶	2010年获上海世博会名茶评优金奖	宁德市天冠园茶叶有限公司
天山绿茶	2010年获上海世博会名茶评优金奖	宁德市三元茶业有限公司
老傅牌天山红	2010年获上海世博会名茶评优金奖	福建省宁德市赤溪茶叶有限公司
鞠岭牌天山红	2010年获上海世博会名茶评优金奖	福建省宁德市茶叶公司
天保韵金闽红	2010年获上海世博会名茶评优金奖	福建省天保韵茶业有限公司
宜记天山红	2010年获上海世博会名茶评优金奖	宁德市三也农业开发有限公司
华林苑天山红	2010年获上海世博会名茶评优金奖	宁德市华林苑茶业有限公司
天湖山茉莉花茶	2010年获上海世博会名茶评优金奖	福建省蓝湖食品有限公司
鞠岭牌天山绿茶	2011年获澳大利亚中国文化年——2011中国茶文化产业博览会名茶评优金奖	福建省宁德市茶叶公司
啊缘天山绿茶	2011年获澳大利亚中国文化年——2011中国茶文化产业博览会名茶评优金奖	宁德市华林苑茶业有限公司
宜记天山红	2011年获澳大利亚中国文化年——2011中国茶文化产业博览会名茶评优金奖	宁德市三也农业开发有限公司
鞠岭牌天山绿茶	2011年获福建省名茶奖	福建省宁德市茶叶公司
老傅牌天山绿茶	2011年获福建省名茶奖	宁德市赤溪茶叶有限公司
鞠岭牌天山红	2011年获福建省名茶奖	福建省宁德市茶叶公司
华林苑天山红	2011年获福建省名茶奖	宁德市华林苑茶叶有限公司
仙山八骏牌红茶	2011年获福建省名茶奖	宁德市白马山茶叶有限公司
青芸祥牌天山红	2011年获福建省名茶奖	宁德市青园农业有限公司
郁源牌白雪芽	2011年获福建省名茶奖	宁德市天泉茶叶有限公司
郁源牌龙芽	2011年获福建省名茶奖	宁德市天泉茶叶有限公司
“仙山八骏”牌红茶	2012年获中国（上海）国际茶业博览会“中国名茶”评选金奖	宁德市白马山茶叶有限公司
仙山八骏牌天山绿茶	2013年获福建省名茶奖	宁德市白马山茶叶有限公司
华琳茗苑天山绿茶	2013年获福建省名茶奖	宁德市华林苑茶叶有限公司
天山绿茶原生绿	2013年获福建省名茶奖	宁德市赤溪茶叶有限公司
仙山八骏牌红茶	2013年获福建省名茶奖	宁德市白马山茶叶有限公司
鞠岭牌天山红	2013年获福建省名茶奖	福建省福建省宁德市茶叶公司

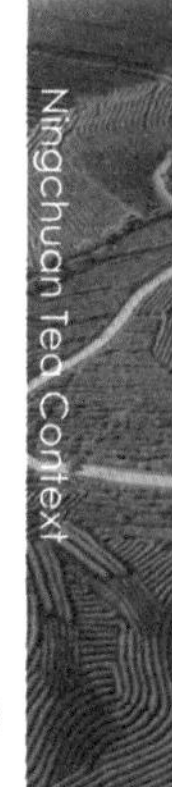

（续）

品名	时间、授奖单位及等级	获奖单位
金绿洲红茶	2013年获福建省名茶奖	宁德市金绿洲农业技术开发有限公司
三也宜记天山红	2013年获福建省名茶奖	宁德市三也农业开发有限公司
天基山牌天山红	2013年获海西生态农业研讨会暨第五届张天福名优茶评比金奖	宁德市余陆府茶业有限公司
宁思源牌天山红	2014年获第三届北京马连道全国斗茶文化节——斗茶大赛茶王	北京思源茶业有限公司
宁思源牌天山红	2014年获第三届北京马连道全国斗茶文化节——斗茶大赛金奖	北京思源茶业有限公司
宁思源牌天山红	2014年获第三届北京马连道全国斗茶文化节——斗茶大赛金奖	福建省思源茶业有限公司
仙山八俊牌红茶	2014年获第三届“国饮杯”全国茶叶评比一等奖	宁德市白马山茶叶有限公司
一旗九龙峰牌金牡丹	2014年获第三届“国饮杯”全国茶叶评比一等奖	宁德市九龙峰农业综合开发有限公司
金冠鸿牌红茶	2014年获第三届“国饮杯”全国茶叶评比一等奖	宁德市金绿洲农业技术开发有限公司
坑头茗茶天山绿茶	2014年获美国世界茶博会名茶评优金奖	宁德市蕉城区霍童镇金源茶叶专业合作社
支提香茗天山绿茶	2014年获美国世界茶博会名茶评优金奖	宁德市金闽农业有限公司
仙山八骏牌天山红	2014年获美国世界茶博会名茶评优金奖	宁德市白马山茶叶有限公司
一旗九龙峰牌天山红	2014年获美国世界茶博会名茶评优金奖	宁德市九龙峰农业综合开发有限公司
晶贵春牌天山红	2014年获美国世界茶博会名茶评优金奖	宁德市金贵春茶叶业有限公司
天山红	2014年获美国世界茶博会名茶评优金奖	宁德市龙桥农业发展有限公司
金观音乌龙茶	2014年获美国世界茶博会名茶评优金奖	宁德市云雾山农业开发有限公司
天山金观音乌龙茶	2014年获美国世界茶博会名茶评优金奖	宁德市古村落农业开发有限公司

附录二
宁德市蕉城区
茶叶品牌部分荣誉

荣誉证书

天山四季春在一九八六年名优产品评选中，荣获全国名茶称号，特发此证。

中华人民共和国商业部

一九八六年十月

1982年、1986年宁德县茶业公司天山绿茶两次荣获“全国名茶”称号

证书

天山绿茶

2012最具影响力

中国农产品区域公用品牌

2013年“天山绿茶”荣获“2012最具影响力中国农产品区域公用品牌”

福建宁德茶厂：

天山牌名特级天山银毫茉莉花茶经国家质量奖审定委员会批准荣获金质奖章特发此证书

国家质量奖审定委员会

1989 年“天山”牌天山银豪茉莉花茶荣获国家质量金质奖

2009—2014年蕉城区连续六年
荣获“全国重点产茶县”称号

2012年蕉城区荣获
“中国名茶之乡”称号

2009年“天山绿茶”荣获“中国地理标志证明商标”

2013年“天山绿茶”荣获“中国驰名商标”

2014年天山红荣获“中国地理标志证明商标”

天山绿茶

张天福

一抹天山绿　千载人间情

百味人生路上的贴心茶

后记

宁德县古称宁川，今为宁德市蕉城区，是中国东南“海上茶叶之路”的起点三都港和佛、道名山霍童支提山的所在地，她地处我国东南沿海，依山面海，有着得天独厚的地理条件，优越的自然生态环境，孕育了优异的茶叶品质，成为中国名茶“天山绿茶”的原产地和“中国名茶之乡”。

近年来，在蕉城区委、区政府的高度重视下，在区人大、区政协的关心支持下，蕉城茶产业得以持续、健康发展。全区现有茶园面积13.1万亩，茶叶产量10 610吨，全区16个乡镇216个村，涉茶人口 23万人，占农业人口的70%，茶叶已成为农村经济发展的支柱产业。迄今，蕉城区已连续六年被评为“全国重点产茶县”。2009年12月“天山绿茶”被国家工商总局认定为中国地理标志证明商标，2013年12月被认定为“中国驰名商标”。2014年4月“天山红”被认定为中国地理标志证明商标。

蕉城区产茶历史悠久，茶文化底蕴深厚，自然和人文景观丰富多彩。为了弘扬蕉城茶叶历史文化内涵，增厚茶叶历史文化积淀，2014年5月，我们着手开展宁德县茶叶历史文化资料的调查、挖掘、整理和编辑工作；组织茶叶、文史专家不辞辛苦，跋山涉水，深入乡村和野外调研、考察；召开多场座谈会，虚心求教，广泛挖掘、收集资料；组织专家对收集上来的文稿进行认真审阅，精心修改，数易其稿；经过近一年的辛勤努力，终于形成本书。本书以反映宁德县茶叶历史文化为宗旨，时间截止至1949年10月前，全书共分五个部分：第一章“茶韵千年”，主要介绍宁德县茶叶产制和茶文化传播历史；第二章“茶传万里”，主要介绍宁德县茶叶的流通和贸易；第三章“茶事茶人”，主要介绍宁德县茶庄、茶行以及茶人的繁荣与衰败；第四章“茶档寻真”，主要收集历史上有关茶叶的一些档案资料；第五章 “茶余佳话”，主要介绍有关宁德县茶叶的一些奇闻轶事和诗词歌赋等。

本书图文并茂、鲜明生动地展示了宁德县的茶叶历史文化面貌。本书的编撰工作得到蕉城区领导的高度重视，区政协文史委、诗词协会、社科联、新闻中心等单位对本书的编撰给予了大力支持，有关茶叶专家、文史专家和热心人士付出了不懈的努力和无私的帮助，特别是茶叶界“泰斗”、百岁老人张天福为本书作序和全国政协委员、中国道教协会副会长黄信阳道长的封面题字，更使本书增色不少，在此我们一并表示衷心的感谢！

我们希望这本书的面世，对继承宁德县深厚的茶脉传统，充实蕉城茶叶文化内涵，创造蕉城茶业未来的辉煌，能够起到一定的作用。

由于宁德县现存的茶叶史料有限，有些知情人已进入耄耋之年，这对挖掘史料和采访当事人带来一定困难，同时，限于本书编辑人员的能力与水平，书中疏漏、错误之处在所难免，恳请读者批评指正。

郑康麟

2015年5月

天山緑茶评为中国名茶二十周年纪念

天山緑茶
香味独珍

二〇〇三年
張天福
时年九十有四

《宁川茶脉》咏

——编后有感

陈永怀

钟声古刹“第一山”，茶韵千年世无双。
高僧颂经宁川地，大智传茶冠三韩。

宁川自古有奇香，茶传万里名过洋。
三都古港依稀闹，古道石阶已空闲。

清泉净水孕茗香，茶事茶人世代传。
宁邑儿女多睿智，天山佳韵仍传扬。

钩沉史海路茫茫，茶档寻真不畏难。
千年印迹今犹在，益显宁茶积淀长。

香盅陋室青灯伴，茶余佳话悟经禅。
茗赋茶诗千年唱，仙山圣贤古今谈。